U0181781

现代的历程（全四卷）

The Course of Modernity

机器改变世界

Machines Changed the World

1

启蒙时代

杜君立 著

天地出版社 | TIANDI PRESS

图书在版编目（CIP）数据

启蒙时代 / 杜君立著. —成都:天地出版社,
2023. 11
（现代的历程：机器改变世界）
ISBN 978-7-5455-7841-6

Ⅰ. ①启… Ⅱ. ①杜… Ⅲ. ①启蒙运动—欧洲—通俗
读物 Ⅳ. ①B504-49

中国版本图书馆CIP数据核字（2023）第122131号

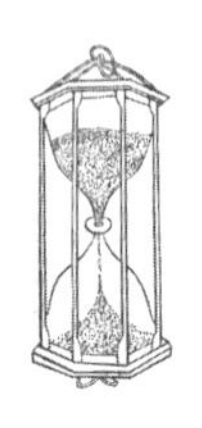

QIMENG SHIDAI

启蒙时代

出 品 人　杨　政
作　　者　杜君立
责任编辑　杨永龙　李晓波
责任校对　马志侠
装帧设计　今亮后声 · 张今亮　核漫
责任印制　王学锋

出版发行　天地出版社
（成都市锦江区三色路238号　邮政编码：610023）
（北京市方庄芳群园3区3号　邮政编码：100078）
网　　址　http://www.tiandiph.com
电子邮箱　tiandicbs@vip.163.com
经　　销　新华文轩出版传媒股份有限公司

印　　刷　河北鹏润印刷有限公司
版　　次　2023年11月第1版
印　　次　2023年11月第1次印刷
开　　本　880mm×1230mm　1/32
印　　张　56.5
彩　　插　64页
字　　数　1310千字
定　　价　298.00元（全四册）
书　　号　ISBN 978-7-5455-7841-6

咨询电话：（028）86361282（总编室）
购书热线：（010）67693207（营销中心）

“华文好书”评委刘苏里（右）为本书作者杜君立颁奖

《现代的历程》

获奖荣誉

华文好书 2016 年度评委会特别奖

第 12 届文津图书奖推荐图书

华文领读者 · 2016 年度好书

2016 百道好书榜年榜 · 人文类

深圳读书月 2016“年度十大好书”入选图书

《深圳商报》2016 年 9 月读书周刊榜中榜（科技榜）

新浪中国好书榜－2016 年 8 月社科榜

媒体荐评

《新京报·书评周刊》

机器或者物质正在快速改变我们的生活方式和思维，人们很大一部分时间都在和电脑、手机、交通工具打交道，一切在我们看来正常不过的选择、行动在 20 世纪甚至几年之前都是难以想象的。那么，究竟是什么塑造了我们今天的生活方式和思维，是什么造就了所谓的“现代人”？

《凤凰周刊·三地书》

既有史实也有史论，这使得全书在诸多方面都显得独树一帜，从而超越一般技术史观，许多具有创见性的发现和观点令人茅塞顿开。

《晶报·深港书评》

作者试图通过通俗的语言，以机器为主线揭开现代文明的真实血肉，回答人类是如何走向现代的，以及中国如何走向现代的大哉之问。

《华西都市报》

从人发明机器、使用机器，到仿效机器、成为机器，最终被机器奴役。现代的历程就是让人相信人是机器的历史。从这一轴线看，英国工业革命、美国福特时代、中国洋务运动都走上了迷恋科技的“同一性历史”。这也将东方与西方、古代帝国与现代国家同构在一个论述疆域之内。从而，全书横跨各大洲，融贯各时期，竟有同一个“机器技术的主题”，简直可谓历史书写当中的完美复调。

《新浪好书榜》

人类的命运因机器而改变，机器创造了时间和空间，从而推动人类社会从古代进入现代，改变了人类社会赖以存在的基础，人与自然的和谐相处。人类凭借机器的力量，征服了自然，同时也被机器所奴役。人类生活在机器所构建的世界之中，既享受着现代所带来的便利和丰裕，也体验着机器世界的冰冷和严酷。机器总是给我们带来新的希望，而这希望的背面却可能是更深的绝望。

读者口碑

谷正中
（媒体人）

就《现代的历程》而言，杜君立坚持的是技术视角。如果没有现代网络技术，作为草根阶层的杜君立纵然史才、史识、史胆了得，也不可能被已经越来越科层化的学术界认同。

王文剑
（经济学博士）

杜君立的《现代的历程》以一种宽广汪洋的胸怀和视角，反思了人类和机器共同演进，携手创造文明的历史轨迹。此书提出的话题，既充满厚重的历史感，更关照了当下和未来。让我们在思考建立在机器进化基础上的人类文明时，多一些理性的反思，而少一些无妄的蒙蔽。

邓　峰
（媒体人）

某种程度上来说，这本书是给现代人写的史书，是一本将更多精力聚焦于专业的历史学者不会轻易尝试的通史。这是大胆的尝试，这也是作者的呕心之作。

抽刀断水

杜君立先生这部著作从技术革命、思想启蒙、经济变革角度，回顾人类现代化发展的关键进程，分析了人类文明的变迁，对了解现代文明是如何形成具有极大的借鉴意义。

Journey	这本书一直是我案头镇纸一样的存在。它让人在平淡的叙事里面层层深入，感受从时间到文字、工业以及现代的历程，却在越靠近现代以后越展露出作者的真意。佩服于作者的吞吐量与大局观。
天方夜谭	阅读过程像爬一座高山。作者头脑中有一个图书馆，读者头脑中也得有一个书房。
布莱克特	不论每天多忙，心态多崩，每晚的睡前读物一定会是《现代的历程》这本书。作者平易近人、通俗易懂的书写，让我烦躁的心情得到抚平。我觉得读完这本书，我起码能用比较理性和历史的视角去理解我所处的现实。
西　毒	杜君立虽非传统所认为的学院派，但该书史观卓拔，思考深邃，识见超凡。值得推荐！
奔跑木子	《现代的历程》就像真实再现历史的自然课本。读《现代的历程》吧，这是一本丰富人生阅历的好书！

推荐序一

许倬云

收到杜君立大作《现代的历程》，其陈述从现代科学和资本主义开展以来，由欧洲发源的现代文明在各个方面不断进展的过程。

诚如本书卷二开头引用的狄更斯名言："这是最好的时代，这是最坏的时代。"现代文明的发展，四百年来，节奏越来越快，改变的幅度也越来越大。人类文化的开始不过只是一万年以内，文明的开始也不过几千年，现代的文明占了四百年。有一种比较流行的观点认为，现代人类源自非洲，人类大约在二十四万年前从非洲出走，分散到世界各地。把这二十四万年当作一天，如果从子夜计算，到第二天的子夜结束，这现代文明的四百年的时间，在时钟上，已经是十一点五十八分。最近，科学界的奇才霍金预言，人类的发展将要终结地球生命的历史，那个时候，也就离现在不超过十万年。我们从十一点五十八分计算，往下走恐怕不需要五六点钟，可能在一两点，或是两三点时，就已经到了不可收拾的局面。

这种对危机的紧迫感，自古以来，人类不断有之。战国时代，屈原曾经审视壁上历史图画，发为“天问”；犹太基督教信仰，常常提醒大家，劫难将至；佛家的教训，也经常提醒世人，在劫难逃。对近代变化的迅速与深刻，在最近半个世纪以来，已经不断有人提出警告，于是，二十世纪学术界的气氛，完全不同于十八、十九世纪的乐观，而是悲欣交集的复杂情绪。《现代的历程》卷二引用了狄更斯的感慨，正是反映同样的情绪。

本书作者陈述世界不是一条轴线，而是两条议题之线的交叉并行：一条是现代文明的发展过程，另一条则是，身为中国人经常会提出的问题，为什么中国稳定了两千多年，却在现代文明发展的比赛中长期缺席，以致到今天，还在追赶“现代”？第二条轴线乃是，十九世纪以来，差不多两百年了，在中国方面，李鸿章、梁启超、孙中山、胡适、梁漱溟等人士的另外一份“天问”。在西方学术界，这也是马克思、韦伯、李约瑟，以至于欧美的若干汉学家与历史学家，不断提出来的课题。

杜先生这部大作，虽然标题是“现代的历程”，实际上，他第二条轴线的重要性，在他的心目之中，也在读者的心目之中，超过了第一条轴线。

我个人认为，“现代”的竞技，西方参与，而中国长期缺席，乃是由于在文明开始的枢纽时代，东和西的曲调，有不同的定音。人类在提出超越的课题时，无论东、西圣人，基本上都假定有一个超越的理性，在东方谓之“道”，在西方谓之“圣”。儒家阐述的“道”，要兼顾个人的意志和全体人类的福祉，西方提出的“圣”，乃是盼望个人能力和意志的发挥，能尽其“至”，才配得上神的恩宠。

假如这无穷无尽的宇宙中，一个小小的星云群，其中有一个小小的银河系，银河系中又有一个小小的太阳系，其中又有一个更微细的地球，对于这个微小的个体，有一位“造物主”，亦即人格化的“道”和“圣”，发下两条指令，写在同一页的两面，东边和西边各看了一半；于是，东边尽力在神赐予的环境中，求得最大的平衡和稳定，以安其身，以立其命；西方从犹太教以来，始终是尽力求表现、求发展，甚至于不惜毁损自己寄生的地球。到了今天，人类，那一地球上的癌症，即刻就要毁损自己的寄主。到今天，占世界人口四分之一，此前没有介入大竞争的中国人，也奋不顾身投入竞技的最后一节。那一位“道”与“圣”人格化的造物主，会是怎么样的感觉？

杜先生自己陈述，他不是一个专业的历史学家。正因为他是一个关怀众生的知识分子，而不是专家，他能比专家们关心更大的问题，于是我们才有这么一部好书。

我们现在的时代，是人类历史上快速改变的时代。一方面过去的组织、过去的结构、过去的价值，都因为世界在逐渐混同，东方受到西方的挑战，西方受到东方的压力，都会有改变的需要。

同时，所谓科技的进步是祸是福，我们并不完全清楚。工业革命时代以机器代替人工，现在，人工智能要代替我们的脑子。我们人类一步步退下来，先向机器去让步，再向电子网络去让步。每次大转变都会有变化，可是从没有如这次急迫，急迫地压在我们心灵上，挑战我们的存在，挑战我们人类自身。

这几年来，中国文化圈内的各处，无论是中国本部，或者是本部以外的其他地区，包括海外的华人们，似乎都在警觉世变正亟，在各个领域，都有人关怀未来的发展。大家的情绪，常常呈现“悲欣交集”的情形，杜君立先生的《现代的历程》乃是许多著作中极可称赞的好书。作为读者，我感谢他；作为同样关心者之一，我也同意他的许多见解。

许倬云谨记。

2016 年 2 月 18 日于匹兹堡

许倬云（Cho-yun Hsu），江苏无锡人，著名历史学家。现为美国匹兹堡大学历史学系荣休讲座教授。

推荐序二

张笑宇

许多年前我曾经在欧洲接待过一位国内的学者。他本人是研究西方政治史的，成绩斐然，为人真诚直率，但很少访学。那一次我陪他在欧洲各地转了半个多月，去的倒也都是普通游人最熟知的大众景点。有趣的是，给他留下最深印象的行程，是对梵蒂冈博物馆的拜访。梵蒂冈博物馆有一件展品，是古代某位罗马教宗发布的诏书翻译成的中文版本，封皮装饰以传统的中国图案，上写着四个篆书大字：教宗上谕。

这位学者看到这件展品，瞪大眼睛，弯下腰来，看了许久。我问他为何如此受触动，他摇摇头说："按照中国人的观念，不是皇帝，谁能用'上谕'这个词儿？那肯定是大逆不道。可我没想到，他们还真就把教宗发的诏书叫作'上谕'。我今天才深刻理解了什么叫作'神的国度'。"

接着他又跟我感慨了良久。他说，还在上学的时候，他就反复从教科书上读到中世纪的"皇权与教权之争"。恰恰因为读得太多，见怪不怪，早对这个论题麻木了，所以他表面上知道这件事，心里却从不觉得它有什么好值得深挖的。现在亲身来了一次梵蒂冈，才知道原来教宗甚至可以给远在天涯的中国人下诏书，才知道中世纪的教权与皇权之争不是抽象的，而是那么具象的——如果你同时接到了皇帝的诏书和教宗的诏书，你到底听哪个？

这个小故事使我想起了一句话，这是哲学界内部常常自嘲的一句话：有些问题是哲学问题，有些问题是哲学家问题。它的意思是说，对，哲学思考很多人类的重大问题，比如说什么是道德，什么是正义。但是哲学家思考这些问题的方式，往往是研究其他哲学家说了什么，而对于不是哲学家的人在同样问题上发表的观点或实际做出的行动，却往往漠不关心。所以，哲学家对这些重大问题的研究，常常沦为哲学家小圈子内部运用彼此都熟悉的学术“黑话”“切口”的讨论。

避免学术研究沦为“黑话”和“切口”的语言游戏，最好的方法之一，就是回到感性之中，回到大量而丰富的历史细节之中。哪怕是对那些我们已经非常确信“它很重要”的问题，甚或对许多已经形成公论、通说和主流观点的意见来说，为之补充充分细节也是很重要的——或者毋宁说，越是对于成为公论的意见，历史细节就越是重要。J. S. 密尔说，纵观历史，许多教义和信条对其创始人来说原是充满意义和生命力的，但一旦它在论辩中获得胜利，被多数人所承袭，它的生命力也就此衰退。因为它不再经历反对者的种种诘难，而它的辩护者也不再以种种鲜明的历史案例或现实经验为它辩护。伪装成浮士德的魔鬼对年轻学徒说，理论是灰色的，而生命之树长青。信哉斯言！

而在我认识的诸多学者与作者中，杜君立先生是一个特别擅长提供大量丰富历史细节与鲜明感性案例的作者。这就是我特别喜欢他的书的原因。

我还不认识杜君立先生时，就在逛书店时发现了《现代的历程》这本书。翻了几页之后，我就决定把它买下来。

第一个原因是我喜欢读故事，故事的细节越多越好。虽然我能读，也读过不少艰深晦涩的学术大部头，但是我对自己有着非常清楚的定位：我是个俗人，没有鲜活故事的引导，那些枯燥的理论问题只会以组成它们的一个个汉字为形式，在我眼前滑过，不在大脑中有任何停留。

第二个原因是我在读故事之外还想满足一点品位的爱好。许多历史书籍和通识作者虽然表面上装出一副娓娓道来、亲近读者的态度，但骨子里对读者的智商与人生经验总有一种居高临下的轻蔑。写一段故事之后，他们总是像对待小学生一样，补一句“那么，这说明了什么道理呢？”然后给出一个中学生都能得出的幼稚结论。

杜君立先生的书恰好搔到了我的痒处。

他可以在讲完关于日晷、水钟和漏刻这些具体计时技术的故事后，紧接着以“时间的沙粒落下，天国正值黎明”的圣歌，与“吾以天地为棺椁，以日月为连璧，星辰为珠玑，万物为赍送”的庄子，将一室之内的器物与浩渺宇宙间人的时空感连缀一起。

他可以在讲完众人皆知的活字印刷术之后，马上接一段并非人人皆知的图画印刷，并联系到地图出版业对人类世界观的改造和颠覆。

他可以在讨论完现代社会的时间性与空间性之后，笔锋一转，以“时间的国有化”这样富于张力的洞察视角，将西方现代性的学术讨论与现实中我们每个人都感受过的切身经验联系在一起。

他以逻辑严谨、趣味丛生的方式，给我们讲述从电灯、电报、电话、收音机、电视机，一步步发展到电脑和人工智能的技术演变史，然后是这样一句话："自古以来，技术都是人类智慧的一种，但令人想不到的是，智慧最后会成为技术的一种。"

这种写作方式看起来行云流水、自由洒脱，但其实最为累人。它得将三种需要日积月累、经年打磨的能力结合起来：对东西方思想文献的庞大阅读量、对学术问题内在脉络的长期深入思考，以及总是能够保持生动感性和把握鲜活历史细节的能力。民科不具备第一种能力，复读机不具备第二种能力，教条主义者不具备第三种能力。

书可以为大众而写，但作者自己需要经历长期磨炼后，保持一种格调和品位，使自己的文字能够对读者有西方教育理念中的"提升"(promotion)之效，而非迎合与媚俗。在这样一个为流量而写作甚嚣尘上的年代，我唯一的抗议方式，就是为杜君立先生这样的书花钱。用粗鄙一点的方式来说，在我们这个年代，这么一本凝聚了作者多年心血的书，价格竟然远远比不上快餐手游的皮肤，有什么不值得我们为它花钱呢?

题名为"现代的历程"的这部书，以钟表、印刷机、纺织机、蒸汽机、电脑等机器为骨骼，以大量旁征博引的历史细节为血肉，讨论了全球化时代东西方文明相遇、碰撞与汇流的灵魂问题。

这是贯穿了超过一个世纪的、引无数风云人物为之折腰的、一直萦绕在我们这个民族心头的根本问题。在中国，如果有哪个思考者对这个问题表示麻木，那他恐怕本质上不属于这个国度，而是生活在别处。

但正因为这个问题太过重要，参与讨论的人太多，所以它也难免会面临从"哲学问题"变成"哲学家问题"的危险。这也就是说，有许多象牙塔中人，以西方学界的研究方法和问题意识为圭臬，认为关于“现代化”的大历史线性叙事是危险的，“现代化”的历程其实是不存在的，甚或后现代问题比现代问题更值得探讨。

在我看来，这些“哲学家问题”，与许多人思考“现代化”或“现代性”时，更多的时间是花在阅读大量理论框架、术语探讨、学派梳理和思想家研究上，有莫大的关系。如果你的阅读时间有一半以上是花在那些灰色的理论材料上的，那么你眼中的世界，一定有一半以上是灰色的。

更重要的是，这些灰色的写作，有可能“隔断”我们在思考现代性与现代化问题时所应关切的那些感性的历史认知。对许多经历了与现代世界遭遇的非西方民族而言，这些感性认知可能更为重要。

试想，就我们每个人对时间性的感受而言，究竟是斯宾格勒在《西方的没落》里描绘的历史哲学对我们的影响更大，还是念书上班前每天早起叫醒我们的闹钟影响更大？就我们每个人对现代社会的规训体验而言，究竟是福柯在《规训与惩罚》中给我们揭示的现代组织体系作用更直接，还是公司企业明确的规章制度对请假和旷工规定的惩罚措施更直接？就我们对机械文明系统化精神和对自然主义的祛魅效力的认知而言，我们是通过刘易斯·芒福德的《技术与文明》感受到了这一点，还是直接通过蒸汽机车驶过乡村、高速公路通往山区、通信讯号覆盖少数民族聚居地这些活生生的例子感受到这一点？

这就是《现代的历程》所采取的丰富、鲜活的历史视角之意义所在。历史的细节中蕴含着塑造我们现代人骨骼、血肉和灵魂的“魔鬼”，我们不是通过象牙塔中的理论和术语感受到这一点的，我们是通过被卷入进来的现代生活的每个具体经验和场景感受到这一点的。

杜君立先生不在高校任职，不拿体制内工资，没有发论文的要求，没有学者的同侪压力，正因如此，他对于现代化与现代性的思考，既不至于沦为三流思想者人云亦云的老生常谈，亦不至于陷入学术界内人士逐渐狭窄化的问题意识与“黑话”切磋中。在我看来，他是更有条件在讨论这个重大问题时，保持“允执厥中”的人。他所有的阅读都是为了自己的兴趣，所有的写作都是为了回应他在人世间感受到的真正有价值的问题意识。我不知道别人称此为什么，我称此为自由。

一个自由的写作者是无求于他者的，讨论问题本身就是写作的最好回报。因此对我来说，我没有更好的方式向杜君立先生表达我对他的尊重，以及我对这部书的喜爱。我能想到的唯一方式就是，郑重地将这部书推荐给更多的人。如果你对阅读有类似的品位，对历史细节有类似的向往，以及对现代性和现代化问题有类似的兴趣，那么你也会和我有类似的感受。

张笑宇，华东师范大学世界政治研究中心研究员，
上海世界观察研究院研究员，兼任宽资本产业研究
顾问、腾讯腾云智库成员。

推荐序三

陶　林

一本好书是一场灾难，这句话出自古希腊诗人卡里马科斯，原话是“一部大书是一场灾难”。这句格言流传了两千多年，深得英国哲学家罗素欣赏。曾几何时，又因王小波先生的不懈传播，这句话已成为当下人们对一本书最崇高的赞语。

大道至简，诚哉斯言。“一本书，如果我们读了之后，却没有头上被猛击一掌的感觉，那我们读它何用？”卡夫卡的这句话堪做一个精妙的注脚。

一本好书，就像《盗梦空间》中那枚小小陀螺，在读者意识中放置了一种别样的思想，乃至颠覆已有的认知。一本好书貌似润物无声，但过后看来，却往往是一场意识观念的风暴，一次使世界观天翻地覆的灾难。

杜君立先生就是一位不动声色的“灾难制造者”。感谢他为我们奉献出如此令人拍案叫绝、三观全毁的好书——它也是一部大书。

很多人不了解，杜君立既非历史专业，也非中文专业，写作于他纯属业余爱好。与许多“文学爱好者”不同，他曾是一位职业机械师，甚至接受过两年机械科班训练——这也是其最高学历。或许正是这种职业天性，使他能够别开生面，饶有兴致地探究这些一般人不太关注的“历史的细节”，比如马镫、轮子、火药、弓箭和船。在人类历史上，这些貌似简单的器械和装置，无一不造成颠覆传统秩序的“灾难”。

对待历史，仁者见仁，智者见智。这或许就是一部机械师眼中的历史。

一本真正的好书，往往是顺乎自然的，但又出人意料。在今天，任何一个关注现实的普通人都会意识到，社科与历史本身都需要全新的历史，来说明现代世界的社会系统是如何形成的，并且以此来让我们更加准确地理解当下社会以及我们自身。

要做到这样，除应有的“野心”和努力外，还要有清晰的头脑和整合碎片信息的能力，更离不开大量的阅读和探索的勇气，以此来完成一种历史言说，或者说描绘出一种接地气的历史场景。只有这样，历史才能真正地站立起来，自从人类进入现代时间以来的光辉历程都将历历在目。

在这一点上，杜君立令人惊奇地做到了。他以其洞隐烛微的思考和陋室孤灯的坚守，为我们打通了历史谱系中从古代到现代的任督二脉。

《现代的历程》延续了《历史的细节》那种细致的梳理和思索的兴趣，以极其丰富的素材写作了一个“古老”而又“新鲜”的话题。杜君立巧妙地将诸多众所周知的历史事件，如文艺复兴、工业革命等，置放于一个由机器文化构建的整体框架中，使人既感到熟悉，又感到新奇。

这既是一种对历史的重构，又是一种对历史的颠覆。因为有了机器这条主线，本书更加完整和紧凑。

作者在叙述机器发展进程的同时，触类旁通，切中肯綮，时不时地刺破历史史料的表皮，露出现代文明的真实血肉，让我们不得不重新考量现代人赖以生存和发展的基石——机器。

机器逻辑与历史逻辑

本书从时间机器（钟表）开始，经文字机器（印刷机）、效率机器（纺织机）、力量机器（蒸汽机），至智能机器（计算机）结束，构成一个完整的机器衍化史。

作者以其庞杂的涉猎，思接千载，旁稽博采，历史知识与科学常识纷然胪列；借助机器的演化进程，将现代文明历程全面而清晰地呈现出来。

从日晷、沙漏到机械钟，从“骡机”、水力纺纱机到珍妮纺织机，从蒸汽机、内燃机到电动机，从来复枪、马克沁机枪到 AK 47，从雕版印刷到谷登堡印刷机，最后到伟大的互联网……不同的机器，如同现代社会不同历史阶段的标志和镜像，以这种“曹冲称象”的工科方式，来精心勾画人类走向现代化的发展足迹，可谓独辟蹊径，在当下历史写作和阅读中实属难得。

当然，作者并不只是对史料简单地编辑整理，而是进行了全面和系统的分析与整合，夹叙夹议，既有史实也有史论，这使得本书在诸多方面都独树一帜，从而超越一般技术史观，许多具有创见性的发现和观点令人茅塞顿开——

了解历史的人都知道，谷登堡发明印刷机，引发了宗教改革、科学革命和启蒙运动，但本书却提供了另一种诠释：印刷机实现了书籍的大量生产，带来阅读热潮；近视眼的激增刺激了眼镜制造业，镜片加工技术突飞猛进，放大镜、望远镜和显微镜随之诞生。正是这些貌似简单的器械，开创了现代天文学和生物学，同时引发了军事、医学、地理、物理和化学等领域的巨变。

如果把历史看作一场游戏，那么技术进步往往会带来“多米诺骨牌效应”，以至于人们常常用“革命”“爆炸”，甚至“灾难”来形容新技术的登场。

如果说中国的近现代历史始于鸦片战争，那么近代的到来对中国确实是一场灾难，至少也是从一场灾难开始的。

书中讲到这样一段历史：晚清时期，洋务运动虽然炙手可热，但人们却对火车坚决拒绝，“一闻修造铁路电报，痛心疾首，群起阻难”。现代军工厂的建立，煤炭、钢铁、蒸汽机日益普遍，迫使清廷最后不得不接受火车，清朝不久便亡于一场铁路风潮。

正如有了一双新袜子，就得有一双新鞋，接下来还会有一身新衣服。所有的历史都是推理史。机器逻辑就是这样神奇，不经意间主宰了历史逻辑。

在世界范围内，传统时代的人们将机器带来的“现代（文明）”视为洪水猛兽，但在一场接一场的“灾难”侵袭下，人们最后不得不接受机器。一旦机器取得合法地位，“现代”这场灾难必然会无远弗届地席卷整个社会。对于现代人来说，这场机器带来的“现代”并不那么可怕，甚至那么可贵。

“灾难”之说一般源自以传统观念来看待现代，因为观念的改变比技术的改变要难得多。

机器并不只是一种冰冷的工具，仅用“工具理性”来诠释现代文明无疑是狭隘的。机器的“泛滥”，不仅极大地提升了人类创造财富的效能，更重要的是解放了人本身。至少有一点，没有车，人只能风尘仆仆地步行，而拉犁推磨和背负运载的绳索仍会套在人身上。

机器最大限度地消解了人对人的奴役，使自由和平等成为现代文明的最大特征，让暴力和奴役成为前现代和野蛮的代名词。

人们常常将历史比作滚滚车轮，机器与历史其实是同构的，它们的共同逻辑便是进化和进步。当一部机器的效能提高一倍的时候，它就绝不会向后倒退一步；相反，它会以加速度的方式进行自我更新换代。这种机器逻辑在电脑时代被称为“摩尔定律”。

其实早在一个世纪之前，就有人发现了这种“加速度”法则。马尔萨斯预言之所以在现代失效，就是因为加速度法则的出现。

在机器逻辑下，人类财富以加速度积累，现代二三百年所增加的财富，远远超过之前几千年的财富总和。支撑机器逻辑的，是人类持续改进、精益求精的工匠精神，创新精神带来了关于人的解放、自由、平等和富裕。现代文明的辉煌背后，有许多这样超越宏大叙事的细节，值得我们去品味、去深思。

对现代人来说，对历史的理解常常被一些象征物代替。正如那个经典画面所展示的，一根骨头被抛出，瞬间变成一艘飞向太空的飞船。

如果说每个人都有他的故事，那么每一件工具、每一台机器背后，同样充满无穷无尽、惊心动魄的历史，这些往事并不比我们津津乐道的宫廷权谋或帝国兴衰逊色。甚至说，当我们静下心，去检讨历史的真谛，或许会发现，那些用权力和战争编织的历史，其实只有一种话语快感上的意义。真正圣贤大德的历史，往往在于人自身之教化，以及智力的创造，如黄帝造车，如大禹治水。

每个人内心都有建设与破坏的双重冲动，不幸的是，传统历史常常将暴力—权力、战争—政治视为主旋律。几千年来，人类在暴力争斗中消耗的财富和精力，足可铸成一道黄金之墙，绕地球数周，而用来创造和建造的付出却少得可怜；即使如此，人类所创造的精神和物质成就，仍足以让所有的英雄、暴君和独裁者黯然失色。

科学史学家乔治·萨顿说，科学的历史虽然只是人类历史的一小部分，但却是最本质的部分，是唯一能够解释人类社会进步的那一部分。正如暴力体现了人的野蛮和愚蠢，技术传递的是人的文明与智慧。社会学家理查德·桑内特将科学家、艺术家和作家都称为“匠人”，他认为，匠人才是改变世界的力量。

“只要拥有为了把事情做好而把事情做好的愿望，我们每个人都是匠人。”特别是对今天的每一个现代人来说，科技已经无处不在，须臾莫离。任何工具和机器都是人的延伸，甚至说是创造者灵魂的永恒结晶，正如“苹果”构成乔布斯遗留在人间的“魂器”。

今天，那些人类无法拒绝的机器正以其雄辩的逻辑改变着历史，改变着人们愚顽的头脑。

如果现代意味着文明，那么现代语境中的历史，应当不再是一部暴力史，而是一部技术史。

有其器必有其道

一部现代史，也是人类的重生史，现代人已经完全不同于古代人。

在古代，人们生活劳作完全依赖自己的双腿和双手。人们用双腿走路和站立，古代的器具很少，也没有飞机、火车、汽车、摩托车。古人无论种地还是驾船，都要用尽全身的力气。如今人类用机器替代了自己的胳膊和双手，比如蒸汽机、起重机、电钻、推土机、挖掘机、铆钉机、洗衣机、吸尘器，以及缝纫机等。就连人的大脑，在功能上也被望远镜、显微镜、眼镜、广播、电视、电话、雷达、印刷品和计算机等取代和扩展。

从人猿叩别的那一刻开始，人就依赖工具而生存。百万年来，人类的进化何其缓慢，而机器的进化何其神速。

古人说，俟河之清，人寿几何？一部进化史，仿佛是机器在挽着我们前行，机器拯救了我们，满足了我们的欲望，也重塑了我们的文明。作为人类史的一部分，中国文明同样起源于时间，起源于轮子，起源于文字，中国甚至以“四大发明”开启了现代世界的铁门。

归根到底，历史是一门阐释的学问。在马克思看来，人类完全是凭借机器创造了历史，特别是现代史，“手工磨产生的是封建主为首的社会，蒸汽磨产生的是工业资本家为首的社会”。这是马克思的一个著名论断。

无论是政治史、社会史，还是技术史、经济史，最终都是思想史。在历史经过的道路上，本书用机器做里程碑，为我们标示出了一条醒目的路径。从古老的日晷到苹果手表，所谓现代的历程，就是人用机器寻找到自身自由的历史。

中国自古就有道器之辨，“形而上者谓之道，形而下者谓之器”。王夫之称：“天下惟器”“道者器之道”“无其器则无其道”，“未有弓矢而无射道，未有车马而无御道，未有牢醴璧币、钟磬管弦而无礼乐之道”。

机器如同人类的影子，没有了机器，人类或许还在，但现代文明肯定将不复存在。

一沙一世界，一书一天堂。

一本好书的标准不外乎文句优美，思维缜密，结构精妙，内容严整，识见若高屋建瓴，叙述如行云流水。

尝一脔肉而知一镬之味，《现代的历程》以几粒“沙粒”，神奇地串起了一部现代文明史：钟表完成了地球的统一，印刷机终结了欧洲的中世纪，纺纱机终结了田园牧歌，蒸汽机终结了对人的奴役，枪炮终结了能征善战的游牧帝国，互联网终结了帝国时代的篱墙……

在我看来，一部现代史，就是关于“一粒沙就是一场灾难”的寓言。

很多年前，一粒粒毫无价值的沙子，经过工匠之手，变作神奇的玻璃，成为望远镜、显微镜和烧瓶，它们带来科学，而科学带来了现代；很多年后，很多人都学会了制作玻璃，但新一代工匠们又将沙粒变成了石英、硅片和光纤，将人类所有的智慧和文明传至世界的每一处应许之地，一个伟大的后现代来临了。

有时候，一个人并不比一粒沙子更有思想。在猴子眼中，一本书如同一粒沙；在人类眼中，一粒沙却是一本书。古人以为，一沙就是一沙；现代人则相信，一沙就是一个未来。

在这个后印刷时代，旧书、新书如恒河沙数；如果说弱水三千，只取一瓢饮，那么，请从这部标新立异的作品开始。或许你会发现，这真的是一本让人舍不得读完的好书。

陶林，江苏盐城人，作家，译者，书评人。

新版说明

杜君立

这是《现代的历程》修订后第二次出版。

第一版《现代的历程》出版于2016年，出版后获得社会广泛好评，获得腾讯华文好书2016年度评委会特别奖，并被国家图书馆选为第12届文津图书奖推荐图书。

应出版社要求，2018年，又出版了本书的缩写版《现代简史》。2020年，本书的港台版出版，书名被改为《人机文明传》。

从首版至今，过去几年来，现代世界发生了巨大的改变，尤其是数字技术和新冠肺炎疫情对全球化构成强烈的冲击，这引起很多人对现代机器文明的警惕和反思。基于这样的历史背景，我借这次再版机会，对全书进行了一定程度的增删和修订。

《现代的历程》脱胎于《历史的细节》中的"机器"一章。从最早酝酿构思到后来写作出版，前后花费了六年时间；如果加上这几年的修订，有十年左右工夫。曹雪芹写《红楼梦》是“批阅十载，增删五次”，看来要真正写好一部书，没有十年是不行的。

这部书的写作就像是一台大型机器的蓝图设计，装配图背后是一摞零件图；又像是画一幅工笔长卷，主题骨干自然重要，然而各种细节最费心思。一位画家朋友告诉我，工笔画不同于写意画，不能一挥而就，首先要仔细画好稿本，再反反复复修改；定稿之后，再用小狼毫认真敷色，层层渲染，所谓慢工出细活。这样打磨出来的画，才能尽其精微。

《现代的历程》与《历史的细节》是我这十年的主要作品。这两部书再加上《新食货志》，都属于世界通史类的大众通识读物，它们都是从不经意的细节着眼，没有多少宏大叙事，这种个人化倾向基本代表了我的写作风格。

很早就有人告诫我，历史写作离不了出处。《现代的历程》在实质上属于读书笔记，我只是个“历史搬运工”，通过大量阅读来获得相关历史知识，集腋成裘，撰成此书。出于诚实与负责，对于各种引述和借鉴，我在书中都做了详细说明。注释分为脚注和尾注：引文出处均为脚注，文字较多的补充说明改为书后尾注，这样做的好处是在阅读中不会被分散注意力。

另外一个调整，是将原来的章节进行了拆分，并将全书分为四册。这样调整后，每个章节的体量变小，内容更加紧凑，读起来更加从容。分册后，拿在手中阅读时也更加方便、轻松。

整体而言，《现代的历程》貌似内容庞杂，贯通古今中外，但它算不上是一本严肃意义上的“通史”，也非百科全书。我的初衷，仍是尝试将机器（技术）对现代文明的重要影响进行一个系统性的归纳与解释，以期引起读者对当下社会的些许认知与思考。

与古人不同，现代社会中机器无处不在。与其说机器进入每个人的生活，不如说每个人都必须嵌入机器之中，按照机器的规则才能生存。关于现代、关于机器，这个主题虽然如此重要，却少有相关的书来告诉人们机器的前世今生，来告诉我们现代社会将往何处去。

本书内容谈不上有什么创见，但就本书的主题而言，或有发现“房间里的大象”之意义。这也是我写作本书的初衷所在。

最后需要说明的是，本书与学术专业无关，本人才疏学浅，也不敢自言创见。

读书如吃饭，面对一桌珍馐美味，可以浅尝辄止；面对读不完的书，随便翻翻就好。古人说“开卷有益”，本书的结构是开放而松散的，读者既可按顺序从头阅读，也可翻开其中一册一页任意浏览，但有一两句话能入眼入心，便可令人欣慰了。读书这件事，只要不为功名利禄，就是人生一大快乐。

历史的过程不是单纯事件的过程而是行动的过程，它有一个由思想的过程所构成的内在方面；而历史学家所寻求的正是这些思想过程。一切历史都是思想史。

——［英］科林伍德

总目录

1

启蒙时代

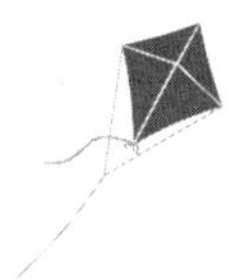

2

工业时代

3 国家时代

4 全球时代

1 目录

第四章　印刷革命

第五章　文字战争

尽管好几十万人聚居在一小块地方，竭力把土地糟蹋得面目全非；尽管他们肆意把石头砸进地里，不让花草树木生长；尽管他们除尽刚出土的小草，把煤炭和石油烧得烟雾腾腾；尽管他们滥伐树木，驱逐鸟兽；在城市里，春天毕竟还是春天。

——［俄］列夫·托尔斯泰

引子

最早的人类

在撒哈拉沙漠，生活着这样一群人，他们是小巧可爱而又优雅的布希人。他们在沙漠中过着自给自足的生活。他们是世界上最知足的人；他们没有犯罪和刑罚，也没有暴力和法律，更没有警察和资本家。他们相信上帝是乐善好施的，世界是善良美好的。

布希人孤陋寡闻，他们从没听过或见过所谓的文明。有的时候天空万里无云，就会听到打雷声，他们认为那是上帝吃饱了在打嗝。他们很和善，从不惩罚孩子或厉声厉色。孩子做起游戏来既可爱又富有创意。他们打猎时常常会向猎物忏悔，说若不是为了生计，他绝不忍心下手。

他们与别处之人最大的不同是没有所有权意识。他们生活的环境确实也没有什么可争的，那里只有草木和野兽。这些布希人从没见过石头，他们认为最硬的东西是木头和骨头。他们生活在一个平和的世界里，那里没有石头和钢筋水泥。

在布希人往南近千公里就是一座现代化的城市。在这里，你能看见所谓的文明。

现代人不甘心屈服于大自然，反过来，他们要改造大自然。他们制造了城市、高速公路、汽车、飞机和各种机器。为了节省

电影《上帝也疯狂》剧照

劳动力，他们绞尽脑汁，但似乎永远没有尽头。他们越想改进生活环境，反而使生活变得越发复杂。一个孩子必须用 10 到 15 年的时间，在学校学习如何在这复杂危险的环境中生存。

不愿臣服自然环境的文明人逐渐发现，他们必须时时刻刻去适应他们自己所创造的这个环境。每当星期一的时钟指向 7 点半，他们就必须离开舒适的巢穴，去另一个截然相反的地方。一到 8 点，每个人都忙碌起来……

生活就这样支离破碎地过着，每天都得去适应新的生活。而撒哈拉沙漠里的日子随你怎么高兴就怎么过，每天都是礼拜天，不需要由钟表和日历来支配你的生活。

这是喜剧电影《上帝也疯狂》[1]中的一段开场白。

按照西德尼·史密斯[2]的说法，世上的人分为两种，大洪水前的人与大洪水后的人。大洪水后的人进入人类社会已经数千年，认为末日为时不远，于是人们努力学习和工作，以适应其短暂的生命。相反，大洪水前的人还没有意识到传统时代已经结束，因而一如既往地悠然生活，不知今夕何夕。[1]

毫无疑问，“布希人”的状态停留在大洪水以前，而那些城市里的现代人的状态则属于大洪水以后。

大洪水前其实就是旧石器时代，约始于300万年前，从制作出第一个粗糙简陋的工具算起，直到发明第一个机器——弓箭为止。

按照《抱朴子》记载：“曩古之世，无君无臣，穿井而饮，耕田而食，日出而作，日入而息；泛然不系，恢尔自得，不竞不营，无荣无辱；山无蹊径，泽无舟梁。川谷不通，则不相并兼；士众不聚，则不相攻伐……势利不萌，祸乱不作，干戈不用，城池不设；万物玄同，相忘于道；疫疠不流，民获考终；纯白在胸，机心不生；含铺而熙，鼓腹而游。”

从时间上来说，这部分早期历史占据人类全部生存史的99.5%。也就是说，人类步入文明世界只不过是刚刚发生的事情。

按照一些宗教的解释，是“神”创造了我们人类。不仅如此，“神”还创造了世间万物。一位古文字学家综合现代考古学和宗教学，写成一部重新复述人类发展史的《地球编年史》，书中有很多大胆的说法，比如说现代智人其实源自外星人，并非地球土生土长，而是来自太阳系的第十二个天体。

1-［美］雅瑟·亨·史密斯：《中国人的性格》，李明良译，陕西师范大学出版社2010年版，第27～28页。

卡尔·曼海姆说："历史并不是某种独立存在的实体，而是某种不断演化的集体所具有的属性；它不仅是一份对于变迁的记录，而且是一种对于发生变迁的事物的说明。"[1] 早在"科学"出现之前很久的岁月，古代的人们就已经开始思考一个不得不面对的问题，即怎样理解这个"世界"。

"世界"二字出自佛教经典《楞严经》，"世"是时间，"界"是空间。这与中国传统上的"宇宙"二字类似。[3]

在整个世界的轨迹中，人类文明并不一定很深刻，但文明发生的范围却要宽广得多。

人类学家认为，在农业发明之前的石器时代，人类还没有产生定居文化，经常性地四处迁徙才是正常状态，这导致人类族群总是频繁地聚合离散，互相婚配和混血。后来，人类发明了农业，有了文字和铁器，开始进入文明阶段，并产生了国家。即使这时，不同族群的交流仍然持续不断，但这种交流逐渐走向文明碰撞与征服战争。

随着农业社会的扩展，传统的人类大迁徙慢慢停滞下来，只有一些游牧民族依然保持着这种浪迹天涯的迁徙习惯。对那些定居性的农业社群来说，他们以自己的身体、语言和文化为中心，形成民族和种族概念。

在近代社会，人类一般被概括为互相接近的三大类，即黄色人种、白色人种、黑色人种，此外还有一些人口较少的人种。就大致区域来说，黑色人种主要集中在非洲，白色人种在欧洲，亚洲以

1-［德］卡尔·曼海姆：《文化社会学论集》，艾彦等译，辽宁教育出版社 2003 年版，第 43 页。

黄色人种为主。布希人就属于非洲的黑色人种。

在非洲广袤的稀树草原上，还有很多类似布希人这样的原始部落。他们不仅与自然和谐相处，甚至是自然生态系统的一部分，那里不乏将人当作猎物的大型食肉动物。他们不像我们一样从外面惊奇地向内观察，更不是高高在上地傲慢俯视其他生物族群。

一种叫向蜜鸟的动物，堪称这种“天人合一”的生存状态的完美象征——它们发现野蜜蜂的蜂巢后，就叽叽喳喳地飞舞着，引导猎人，跋山涉水，来到蜂巢。当猎人打破蜂巢取走蜂蜜后，这些“告密”的小鸟就可以得到其中的蜂蜡。

农业的出现不过一两万年，而广义上的“文明人”在这个地球上已生活了约 300 万年。他们 99.5% 的时间是在狩猎和采集阶段中度过的。

在地球上曾生活过的近 800 亿人中，其中 90% 的人像布希人一样，靠狩猎和采集度过一生，6% 的人是在农业社会中度过的，生活在现代工业社会中的人只有 4%。美国农业经济学家哈伦（J. R. Harlan）指出：农业并不是什么发明和发现，也不是革命，而是经过很长时间后，人们极不情愿地接受下来的；相比之下，采集—狩猎生活是迄今为止人类所能达到的最成功、最持久、最适应的方式。

人类从依靠游牧狩猎采集演进到农业社会，不再为追逐动物而不断改变生活方式，人们可以在自己的住所周围种植庄稼。人类社会从此发生了巨大变化。

现代工业社会的人常常看不起农业，认为农业原始、简单。

但实际上，农业是工业的基础，或者说，农业构成现代文明出现的重要前提。狩猎采集是“寻找”食物，农业则是“创造”食物。回顾人类早期历史就会发现，那些率先涌现文字、冶金术、先进工艺和专业化政府的复杂社会，无一不出于那些天然拥有可驯化动植物的地区，而驯化本身就是人类的创造。

在农业革命前，人类只能以家庭为单位，聚集成流动的小部落。游牧部落因其流动性，注定无法建造长期性住所和大量存储食物。不仅如此，他们还不得不耗费大量精力来进行迁徙和运输，而不是进行生产。

农业革命使人类开始长期定居，定居者有更多的时间投入其他活动中。相对高效的农业能够养育更多的孩子，供养更多的人口，这就带来劳动力过剩。因此，一些人开始从事农业以外的工作，比如建筑、书写、宗教、艺术，等等；这些专业性事务随即创造出专业的工具和机器，也包括复杂的语言和文字，人类开始记载自己的历史。

相较于狩猎采集文明而言，农耕文明对于自然灾害有更大的抵抗力，而且能在更小的地区内养活更多的人，所以只要条件允许，农耕最终都取代了狩猎采集。然而，随着人口密度和农耕强度的增加，农耕文明也无法逃过周期性衰落的命运。我们总是一厢情愿地以为，古人都过着与自然和谐相处的农耕生活，但实际上，几乎人类历史上的每一个农耕文明，都在不断地重演“生态兴则文明兴，生态衰则文明衰”的悲剧。

中国古人称农业为“稼穑”，也就是种植和收获。用斯宾格勒的话来说，“种植”的意思并非要去取得一些东西，而是想去生产一些东西。因为这种关系，人变成了农民，也等于变成了植物。人们扎根于他所耕种的土地上，与土地休戚与共，在乡村和土地的束缚中寻求心灵慰藉。原本陌生的自然变成了朋友，土地变成了家乡。在播种与生育、收获与死亡、孩子与谷粒之间，人类产生了一种深厚的感情。[1]

农业改变了人与自然的关系，人通过对种子的主动选择，发现可以运用自己的意志和意图来改变事物的发展。从这个意义上讲，农业的发现是一切科学思想的基础，也是科技发展的基础。有了农业，陶器就出现了，人类的创造性开始大放光彩。

农业离不开储存，富余的粮食不仅可以用来供养手工匠人，也可以饲养家畜；一些动物被驯化后用来作为肉食，一些则被用来替代或帮助人类干活。狗、猪、鸡、羊、牛、马和骆驼等就这样进入人类社会。最重要的是牛马之类的动力型家畜，让人类获得了更大的肌肉力，不仅可以耕种更多的田地，而且可以更快速地移动，人类世界由此发生了天翻地覆的变化。尤其是马对人类历史的影响，在一定程度上甚至超过后来出现的火车、汽车和飞机。

农业革命带来更多的食物和更多的孩子。为了养活更多的孩子，就需要更多的粮食，人们仿佛双腿踩上仓鼠玩的滚轮，从此便无法离开。毫无疑问，在农业大家庭里，农民的生活水平和财富数量都要高于狩猎采集者，但无论工作还是食物，却都变得重复而

1-［德］奥斯瓦尔德·斯宾格勒：《西方的没落》，张兰平译，陕西师范大学出版社 2008 年版，第 61 页。

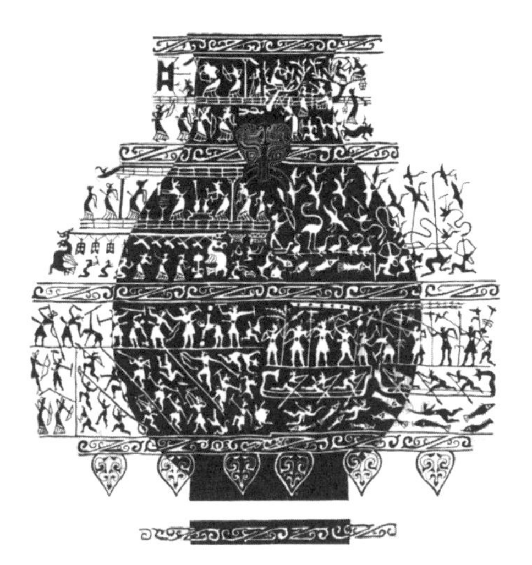

战国宴乐铜壶上的浮雕画，展示了早期农耕渔猎战斗的场景

单一。

农业革命和最初的物物交换经济，使得人类能够生产的产品范围得到迅猛扩张。这使得人类将时间运用到那些超越食物和住所的、维持生存的最基本需求的更高层次的行为中去，由此产生了超越部落的、更大规模社会组织的政治活动，权力和国家诞生了。

与采集社会相比，农业社会更容易反复兴衰更替，由此形成的历史就像是一条蜿蜒穿过废墟的小径。

美国学者布莱克认为，人类历史上有三次革命性的转变：第一次是 300 万年前人类出现，第二次是人类从原始进入文明，第三次是从农业文明或游牧文明过渡到工业文明。

一般而言，人们将第三次大转变理解为“现代化”。

文明与文化

在现代人看来，传统时代是“静止的历史”，历史只是长时期结构上的延续。所谓现代化，并不是一个“静态的文明结构”，而是一个过程，一个我们当下世界仍在继续的历史衍变。

孟德斯鸠在《论法的精神》中将人类分为三种：原始人、野蛮人和文明人。

原始人是一种分散的小民族，野蛮人是一种联合的小民族，这两种民族都建立在道德、习俗和传统之上；而所谓的文明人，即生活于公民社会中的民族，他们的生活完全是建立在法律之上的。

照此说，如果电影里的“布希人”属于原始人，那么中国早在黄帝时代就已经进入“野蛮人”阶段；毫无疑问，“文明人”完全是现代（文明）的产物。

正像“文明人”不同于“文明”，文明与文化也是两种不同的概念。

所谓文化（culture），是一个社会的整体知识、信仰、习惯和常规的总和。文化决定了人们的生活组织。不管是素食主义还是肉食主义，包括各种各样的社会习俗、科学技术、文字礼节和行为规范等；从劈开一块石头，到分裂一个原子，从毛笔到轿子，从

文明是一种以驯化动植物以及人类为目的的体系

骡子到太监，从贪污到堕胎，这都属于文化。甚至可以说，没有文化也是一种文化。

简单地说，文化就是生活方式。

英国人类学家爱德华·泰勒认为，文化是指人类在历史经历中所产生的思想、事物的“复杂的复合体”。[4]荷兰学者霍夫斯泰德将文化定义为一种“思维软件”，即一个群体典型的感知、思维和行为方式。斯宾格勒更凝练地说，文化就是国家形式的民族存在。

文明（civilization）可以被视为一种特殊的文化。简单一点说，它是一种以“驯化”植物、动物和人类为目的的大型的复杂体系。

文明的构成方式千差万别，但典型的文明形态一般包含有乡村和城市、政府和社会、阶层和职业等文化样式。用威尔·杜兰特的话说，文明是增进文化创造的社会秩序，它包含了四个方面：经济生产、政治组织、伦理传统和知识文化。

亨廷顿曾以“文明冲突论”而闻名，他对文明的理解是指一种“文化实体”，它“由语言、历史、宗教、习俗和制度等客观因素以及人们主观上的自我认同这两方面的因素共同界定”。在他心目中，界定文明最重要的标尺是宗教。按他的划分，世界主要分为西方文明、中国儒家文明、日本文明、伊斯兰文明、印度文明、斯拉夫－东正教文明、拉美文明以及可能的非洲文明等几种文明。

在历史维度中，文明是一个持续发展的过程，这使其常常难于被定义。

胡适先生说，“文明是一个民族应付他的环境的总成绩”“文化是一种文明所形成的生活的方式”[1]。《牛津词典》对“文明”的定义是“指社会高度发达、有组织的一种状态”。长期以来，人们在说到“文明”时，总是冠以“古代”或“现代”，“东方”或“西方”等前缀，以此显示文明的“分野”。

中华文明几经沉浮，但最终被发扬光大；印加文明曾经辉煌，却最终湮灭无存。文明之间的区别离不开宗教信仰、社会风俗、政治结构和艺术形式，这些要素都基于技术；换言之，技术构成文明的某种基础。

从游牧到农耕，技术是文明的根本体现。

无论文化还是文明，都是人类的专利，人类以此作为自己区别于动物的标志。相对而言，文明比文化要大得多。所有文明都是

1- 胡适:《我们对于西洋近代文明的态度》,《现代评论》1926 年 7 月 10 日第 4 卷第 83 期。

文化，或者是文化的集合体，但并不是所有的文化都是文明。

现代与古代之所以不同，就是因为这是两种不同的文明。

离开技术和知识，仅从人本身来说，古代人与现代人并没有什么两样。如果将历史的命题专注于文明与文化，那么技术就居于一个不可或缺的中心位置，技术进步与文明进步和文化衍变息息相关。

很多动物像人类一样懂得生存和繁衍，甚至与人类有着相似的基因，却造不出火箭，也没有建立国家。为什么是人类而不是大猩猩统治地球？

进化学家凯文·拉兰德指出，使人类与其他物种迥然不同的，是人类的进化过程，而文化不仅仅是这个进化过程的伟大成果，它还是这一过程背后的关键驱动力。拉兰德认为，人类的成功是文化过程和生物过程共同影响的结果；累积学习和累积文化之间的关联，使人类能够精确地模仿其他个体，并能跨越时空转移大量信息。

据说在大约五六百万年前，我们的远祖和黑猩猩在进化的道路上分道扬镳，终于演变为人类。再后来，他们中的一部分冒险走出东非大裂谷，流散到地球各地。为了适应不同环境下的生存斗争，人类逐渐发展出不同的生存策略和生存形态，演化为不同的种族和不同的文明。

虽然人类的不同种族在外貌上看来相差很大，其实在基因上的区别微乎其微。但人类最初的文明基因在潜移默化中决定了后来不同的价值观念、社会制度，以及不同的民族性。这就是孔子所说的“性相近，习相远”。

有人认为，区分新旧两种“人类”的主要特征并非物质技术甚至智力差别，而是精神性的感知。一位哲学家就指出，人类进化上的重要转折是约10万年前出现的“宗教意识”，正是这一转折带来了所谓的人类革命。

人类学家玛格丽特·米德曾有一个著名的论断，即将“愈合的股骨”作为人类文明的最初标志。

在远古茹毛饮血的年代，如果有人摔断了股骨，根本无法生存，即使没有活活饿死，也会被四处游荡的野兽吃掉。因此，如果发现了一段古老的愈合股骨，那就表明曾有人将股骨断裂者带到安全的地方，并花很长时间照顾他，直到他身体康复。也就是说，人类懂得在困难中帮助别人，这个时候就是文明的起点。

事实上，即使从“前文明”的“野蛮人”算起，人类文明也是一个新生事物，仅仅占全部人类史的0.5%。

与整个人类文明相比，现代文明则更加年轻。

假如以工业革命作为起点，那么现代的历史也仅占全部人类文明史的5%左右。对中国而言，假如以逐步建立起独立的比较完整的工业体系作为一个节点，那么在整个中华文明史中，中国全面进入工业和城市生活的时间或许只有0.5%左右。然而就是这0.5%或者5%，却是一个完全不同于古代传统的中国和世界。

历史的发展并不是匀速的，也并不总是前进的。但如果说人类社会的发展有一个主线，那么它就是一个从低级到高级、由野蛮到文明的过程。

就整个历史大趋势而言，它的进步不仅是不可逆转的，而且是加速度的。

所谓“现代”，就是历史进步的结果。这种“进步”体现在多方面：在物质上，由贫穷匮乏发展到丰裕富足；在精神上，由愚昧无知发展到智慧文明；在能源上，由人力畜力发展到煤炭石油；在技术上，由手工的简单石器、木器发展到钢铁智能的复杂机器；在经济上，由封闭或掠夺的农业游牧发展到一定规则下的全球市场经济；在政治制度上，由个人或家族的暴力专制发展到民主政治；在社会关系上，从血缘等级的人身依附发展到独立自由的公民个体。

荣格[5]曾说，世界历史上的那些重大事件其实并不重要，最重要的事情是个体的生活；它们创造着真正的历史。只有这时，伟大的转变才得以发轫，无数个体的涓涓细流汇成洪流沧海，从而造就历史和未来。

在某种程度上，文明并不是文化的简单相加，现代也不是历史的直接延伸，而中国无疑正成为世界不可分割的一部分。

荀子云：“水火有气而无生，草木有生而无知，禽兽有知而无义，人有气、有生、有知亦且有义，故最为天下贵也。”（《荀子·王制》）虽然人类的历史并不长，但人类拥有比其他任何动物更为复杂的社会生活，更为丰富的物质器械，以及更为长期的历史连续性。

历史犹如上帝掷出的骰子。面对历史，人类不仅好奇，而且喜欢解释。正像伏尔泰所说，我想知道人类由野蛮进到文明每一阶段的情形……

世界上最神秘的莫过于时间，那个无始无终、无声无息和永不停止的东西，叫作时间。它像包容一切的无际海潮，人们和整个宇宙好似漂泊海潮上的薄雾，像幽灵那般时隐时现。

——［英］托马斯·卡莱尔

第一章 时间权力

世界之始

人是一种思想动物。思想就是疑问，比如是人创造了历史，还是历史创造了人。

人们常常把历史比作一面镜子，而不是一幅画；所谓历史，其实就是当下人类的镜像。司马迁谓“居今之世，志古之道，所以自镜也”(《史记》)。

古希腊有个传说，纳西索斯在水边发现了自己的倒影，迷恋得不能自拔，最后竟蹈水而亡。历史或许源于人类的某种自恋，这注定历史充满吊诡。在吊诡的历史中，人类文化常常显得如此荒诞和不可思议。

当我们照镜子的时候，看到的不只是自己，也是时间，更是一部历史。镜子中的这张脸，不仅有岁月的印记，还有来自父母的遗传，也有祖父母和外祖父母的特征；如果继续向前追溯，历史便呈现在我们面前。我们无论何时何地，始终都站在历史之上，只是很少注意到这一点。

对任何人来说，历史总是存在的，虽然并不总是以历史的形式体现。通过历史，我们能更深刻地认识自己；失去历史，人就陷于无知。作为历史的结果，人类的暂时化实际就是时间的人类化。

在历史的长河中，时间从来没有停止过流动。正如奥维德[1]

所说，时间吞噬一切，历史如同一个时间的黑洞。时间与空间相反，但又与空间相关，就如同生与死相反，但生命又与死亡相关一样。

人与时间一样，就其消除存在而言，都是一种否定性的存在。人对自己本质占有的同时，也是他对历史演变的一种把握。历史是自然发展的现实部分，自然的意外嬗变产生了人类这种精灵。

许多故事都有一个这样的开头：在很久很久以前……从宏观上说，时间是没有起源的，时间的出现肯定比人类的出现要早得多。时间或许是一种相对概念，它对人类和对宇宙并不一定意味着同一个意思。

> 对宇宙而言，只有一个白天和一个黑夜。那个白天持续了最初的30万年，从那时起便一直是黑夜，黑夜持续了约150亿年，不要被太阳的假象所迷惑，即使现在也只是宇宙的黑夜，你每日看见的白天是由地球的旋转所创造的。当你所在的地球的那部分面向太阳，你看见太阳，你拥有白天。当你那部分地球背对太阳，你拥有黑夜且看到宇宙自身，它黑暗一片，于是夜的黑寂便是宇宙的黑寂。[1]

根据《创世纪》的记载，宇宙是在公元前5000年诞生的。现代考古发现，人类文明也确实是从那时候开始的。但宇宙无疑比

1-［美］萨缪尔等:《爱因斯坦的圣经》，李斯、马永波译，海南出版社2000年版，第34页。

人类要古老得多，而上帝或许只是人的想象。

据说，上帝造人只用了七天。为了给女儿赚学费，霍金用两年时间写出了《时间简史》。这本用量子物理探讨鸡生蛋还是蛋生鸡的书，被译成40多种文字，并卖出不可思议的2500万册，几乎成为当代人的《圣经》。事实上，这本“上帝缺席的书”全世界也没有多少人能真正看懂，霍金压根儿没有讲什么“时间的历史”。[2]

时间有历史吗？时间从哪里开始，到哪里结束，或许连智慧得全身只剩下大脑的霍金也没有找到答案。因为宇宙在空间上没有边界，在时间上没有开始和结束。

奥古斯丁[3]在《忏悔录》中说：时间究竟是什么？没人问我，我倒清楚；有人问我，我反倒糊涂了。在奥古斯丁看来，时间和世界无疑是上帝同时创造的——

> 你创造了所有的时间，你存在于所有的时间之前。在时间没有存在之前，没有任何时间。所以，在你创造什么东西之前没有时间，因为你创造了时间本身。[1]

在欧洲，“时间老头”和圣诞老人一样，是一个家喻户晓的古老形象。他又老又秃，走路还一瘸一拐，肩上长着一对翅膀，手里拿着一把镰刀，还有一条咬着自己尾巴的蛇，有时还带着一只沙漏。

1-［古罗马］奥古斯丁：《忏悔录》，周士良译，商务印书馆1963年版，第241页。

人类既不知远古，也不知未来，这种迷惘让人产生对时间的追问

这是人们对时间的人格化想象。手持镰刀同样也是死神的特征，时间与死亡微妙地联系在一起。因为一旦人死了，就不会再有时间。

与欧洲相反，在中国传说中，人们认为时间就是“永恒”或者“生”；中国古人常常将时间的形象赋予“寿星”、神龟或者老槐树。

奥古斯丁说：“一切都是不确定的，只有死是确定的。”时间和死亡无疑是人类最早遇到的严肃问题。《庄子·大宗师》中说："死生，命也；其有夜旦之常，天也。"在一个传统的中国人看来，一个人的死与生，就像白天与黑夜一样，是再正常不过的事情，所谓"死生如昼夜"。

从哲学上来说，如果说时间代表生命，那么死亡就是时间的消失，或者说是"反时间"。时间和死亡不仅构成宗教的起源，也成为最大的哲学命题。虽然社会意味着差别，但时间和死亡却是最平等的事情，它对任何人都一视同仁。正所谓"天行有常，不为尧存，不为桀亡"(《荀子·天论》)。

卢克莱修说："时间本身并不作为时间而存在。"哲学家的思考总是玄奥的。人类一直在努力，让时间变得更容易被感知到。人是一种时间性生物，人的生命系统天然地存在一种时间的方向感，这种时间方向感是一种原始概念。

客观上，时间是绝对的和均质的，可以用科学方法加以度量，但在人们的感知中，时间却是相对的和不均质的，有时快有时慢。人的存在体现出时间性；或者说，只有当人有时间性，人才能存在。人不仅生存于"时间之中"，(有限的)时间也构成人的生命本质。

人被赋予时间和历史，但对人来说，时间本身不是目的，人只是利用时间去完成自己的历史。

历史学是一门关于时间的学问。时间与空间不仅是人类历史的背景，也是人类历史的动因之一。人类数千年的历史，也是关于存在与时间的历史。布罗代尔说，一部历史也就是按时间顺序排列的一系列形式和经验。

海德格尔把时间和历史观念引入对人和存在的理解。时间和历史不是年、月、日，不是时、刻、分、秒，而是人的本源性存在方式。人的存在是时间性的，因而也是历史性的，“历史性作为生存的存在建构归根到底只是时间性”。在《存在与时间》中，他将人定义为存在者，“存在感”构成人的基本意识。因为存在感，个人与世界之间总是处于一种对抗状态：人难免一死，世界为什么没有末日？让人感到可怕的是，“我”死了，“我”不存在了，而世界还存在。时间因此体现了人与世界的联系。

人的根本性存在是时间性的，所以笛卡儿说，我思故我在。“因为我们活着，我们自己就是时间。”

从唯心的观点来说，时间几乎是所有灵性动物的“意识形态”；但似乎只有人类才具有时间观念，并将时间理解为一种社会制度，这对于现代人来说尤其如此。[4]

> 自从18世纪下半叶以来，人们越来越频繁地提到新的时代。很快，就出现了“现代”这样一个新的时间概念，它表达的是一个新时代的特征：“时间不仅仅是反映所有历史事件的形式，它自己还赢得了一个历史性的品质。历史不再是在时间里进行的，而是通过时间来实现的。这样，时间被赋予了生命力，自身成为一种历史动力。”[1]

1- [奥] 赫尔嘉·诺沃特尼：《时间：现代与后现代经验》，金梦兰、张网成译，北京师范大学出版社2011年版，第65页。

周期与轮回

历史是关于时间的故事。在历史意识当中，时间的无意识运动从未停息。赫拉克利特说：“人不能两次踏进同一条河流。”时间不仅是生命的体验，也是历史的体验。

远古以来人类社会的发展历史，其实也是时间观念从确立到成熟的过程。“生活之泉如此美好，但转瞬即逝。”人们一代接着一代，建立了对过去、现在和未来的不同认识。

在中国传统中，曾有“八千岁为春，八千岁为秋”[5]的远古传说。在印度传统中，时间观念是依“劫数”轮回的，一劫长达13亿年[6]；漫长的时间使人显得非常渺小，印度人没有任何时间的紧迫感，人生的过程被看作微不足道的尘埃的瞬间，而人这一生想改变世界是不可能的。[7]

在原始的狩猎采集时代，人类的时间意识就已经开始启蒙。如果说计算是人类最早的语言，那么最早的时间计算无疑是从天文学开始的。

象征时间的太阳和月亮成为早期人类不约而同的神祇。著名的英国巨石阵可能是一座古老的天文台。科学家经过仔细观察和严密计算，认为通过巨石阵可以精确了解太阳和月亮的十二个方位，并可观测和推算日月星辰在不同季节的起落。

毫无疑问，在天然的生物钟之外，太阳是人类通用的第一种定时器，它从东方升起，从西方落下，帮助人们确定白昼的时间，而具有周期性圆缺变化的月亮则是人类的第一个日历。

远古时期有所谓“结绳记日”，即用打绳结的方法来记录日期。直到距今6000多年前，人类才基本确定了年、月、日的时间概念。地球自转一周为一天，月亮绕地球一周为一月，地球绕太阳公转一周为一年。

人对短时间的计算比长时间更准确，而月亮提供了一种很好的参照。因此，用月来计算时间的历史比用年来计算时间的历史要早得多，甚至连人（man）、计算（measure）这些英文单词都与月亮（moon）和月份（month）有关。西方复活节至今仍用满月来计算日期。

据说，2万年前的人们就已经通过月亮的圆缺来计算天数。

在公元前4214年左右，古埃及出现了人类历史上最早的历法。它根据尼罗河的泛滥周期，将每年分为洪水季、生长季、收获季，并以365天为1年，1年12个月，每月有3周，每周10天，年终另加5天作为节日。

古埃及的太阴历，只比现行的阳历少四分之一天。罗马征服埃及后，又借用埃及历法制定了儒略历和格列高利历，后者即现代历法。

中国传统历法为阴阳合历，传统的“阴历”是根据月亮周期制定的，二十四节气则根据太阳运动编制。[8]在距今5000多年前的

“大河村”遗址中，就发现有太阳纹、月亮纹、日晕纹、星座图等天象图案。

《尚书·尧典》记载：“（帝尧）乃命羲和，钦若昊天，历象日月星辰，敬授民时。”尧还命羲和四子（羲仲、羲叔、和仲、和叔）分赴东、南、西、北四方，司掌春、夏、秋、冬四时，“咨！汝羲暨和，期三百有六旬有六日，以闰月定四时，成岁。允厘百工，庶绩咸熙”。这就是说，阳历一年为366日，阴历一年为354日，以闰月来解决两种历法的矛盾。《尧典》里说“岁”不说“年”，是因为两者是不同的时间概念，“岁”指阳历二十四节气的总和，“年”指阴历十二月的总和。

尧帝距今大约有4300年，据此可以看出中国历法的起源相当早。

就文字记录而言，中国历史起源于“三代”，即夏、商、周。殷墟的发掘使商代历史逐步得到确认，关于更早的夏，则依然扑朔迷离，人们对其所知甚少。

位于两河流域的苏美尔人最先创造了十二进制和六十进制，包括一年12个月、一天24小时、一小时60分钟以及圆周为360°。

古老传说中，天上有十个太阳，他们的名字分别为甲、乙、丙、丁、戊、己、庚、辛、壬、癸，每天有一个太阳值日，十天一个循环，为一旬。这十个太阳的名字就叫“天干”。

中国传统上以十天干和十二地支（子、丑、寅、卯、辰、巳、午、未、申、酉、戌、亥）相配来纪日，60日为一个周期。古史学家董作宾认为，这与苏美尔人的六十进位制有关。

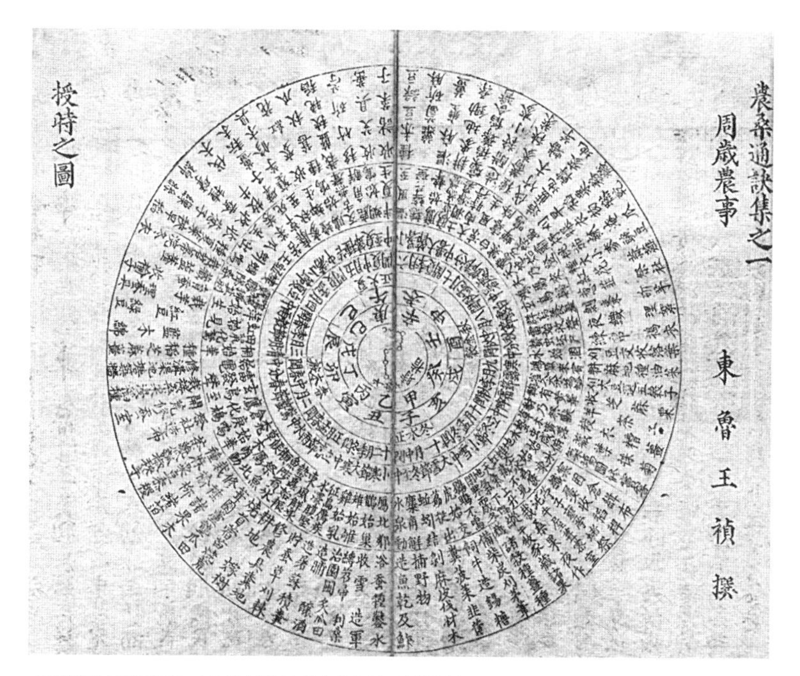

中国传统的授时图包括二十四节气以及各种农业生产活动的计划

《左传》记载，鲁隐公三年二月己巳发生日食。由延续至今的干支纪日向上逆推，这次日食发生的时间以公元计，为公元前 720 年 2 月 22 日，距今已有 2700 多年。

《周易》中说："观乎天文，以察时变，观乎人文，以化成天下。""与天地合其德，与日月合其明，与四时合其序，与鬼神合其吉凶。先天而天弗违，后天而奉天时。"有人认为，原初意义上的易经八卦和六十四卦都是为了计时；作为象形字的"卜"字，本意就是用竖立的木杆来观测太阳阴影；占、卜、贞、筮等也都是计算时间。

《史记》中专门有《日者列传》。所谓“日者”就是卜筮者。在司马迁看来，卜筮者对人类经验的传承具有特殊的历史地位。

中国古代将研究自然的学问分为数术与方技，天文和历法便属于数术。可以说，历法是人类对数学的最早探索，抽象的数学反映了人类文明的理性觉醒。在中国历法中，十进制、十二进制、六十进制已经全部登场。

澳大利亚和非洲的一些原始部落依然停留于二进制阶段，对他们来说，最大的数字是3，3以上的数字只能用“许多个”来表示。[1]虽然计算机已经发展得超乎“智能”，但它的运算却是建立在二进制的基础上。周易八卦无疑是最古老的二进制，其实它也是最古老的文字，据说是源自河图洛书，“河出图，洛出书，圣人则之”。[9]

从月亮历到太阳历是一个大的跨越。

在远古时代，美洲的玛雅历法堪称当时世界上最完美的太阳历。玛雅人的一年为365.242129天，这同今天科学测定的绝对年长365.242198天的数值相差不足千分之一。相比之下，祖冲之在公元464年计算的年长为365.2428天。

古老的玛雅历法认为，地球生命有5个太阳纪，分别遭遇人类的5次浩劫：第一个太阳纪是洪水浩劫，世界遭受大洪水；第二个太阳纪是风蛇浩劫，建筑物被飓风摧毁；第三个太阳纪是火雨浩劫；第四个太阳纪是地震浩劫；第五个太阳纪就是世界末日，太

1- 可参阅［美］G. 伽莫夫：《从一到无穷大》，暴永宁译，科学出版社2002年版。

阳会消失，大地剧烈摇晃，灾难四起……当第五个太阳纪来临时，地球会彻底毁灭，按照玛雅历法为3113年，换算成耶稣纪元的公历，便是2012年12月21日。有人因此认为2012年将成为世界末日。

事实上，玛雅神话与印度神话相似，蛇咬着自己的尾巴代表世界轮回。第五个太阳纪结束后就出现一个新的美好世界。尽管2012年具有很重要的象征意义，但它只是一个旧时代的结束，更是一个新时代的开始。

如今2012已成过去，世界还在，我们还在。

历法是最古老的数学。

玛雅人的数学体系被称为“人类头脑最光辉的产物”，他们对“0”的发明与使用，甚至比欧亚非大陆文明中最早使用“0”的印度还要早。

运用长纪年历，玛雅人可以准确无误地记下几千万年中的每一个日子。

考古学家依照流传下来的碑文，推算出玛雅纪年的元年为公元前3114年8月13日。这相当于中国传说中的神农时代。

伏羲、女娲、神农是中国传说中“三皇五帝”的“三皇”，也是中国人眼中的人类始祖。比神农更早的伏羲与女娲，在某种意义上就如同西方传说中的亚当和夏娃。

在伏羲女娲图中，伏羲手里拿的是尺子，称“矩”，象征着权力；女娲手里拿的是“规”，象征着历法，据说中国最早的历法就叫“女娲历”。

“女娲补天”是中国一个古老的传说。所谓“补天”，或许并不是天漏了，而是关于日历的完善。一年有365天，一般女性正常月经周期为28天，十三个月经周期正好是364天，如果给二月“补上一天”，正好是365天，这样日历就准确起来了。

传说之所以不是真正的历史，是因为其模糊和不精确。在传说时期，无论日期还是年代，都是无法当真的。关于中国历史的精确纪年，以往一般认为是从公元前841年逐周厉王开始的。2000年，夏商周断代工程依据科学的研究方法，推定夏始于约公元前2070年，夏商分界约为前1600年，武王伐纣为前1046年。有了精确纪年，精确的日期便可以确定了。

历法与权力

中国古语说："日往则月来，月往则日来，日月相推，而明生焉；寒往则暑来，暑往则寒来，寒暑相推，而岁成焉。"（《周易・系辞下》）作为农业文明的产物，自然时间是以天文规律、季节流转、植物生长等自然现象为参照标准的时间体系，构建了时间的初级文明。

随着农业文明的到来，人类已经具备足够的智力去思考时间这个复杂而抽象的东西。与奔波动荡的狩猎采集生活不同，农业时代提供了一种可以预期的稳定；人类开始定居，春耕、夏耘、秋收、冬藏，时间因此变得规律起来。

在甲骨文中，已有春、夏、秋、冬四字，并有月、日和时间的记录。因此有学者认为，中国"历法之发生，不始于畜牧时代之夏，而始于农业兴盛之殷"[1]。[10]

甲骨文的"岁"字是一种有刃的农具，代表收割庄稼。农作物从春种到秋收，一般需要一年的周期，因此"岁"也就成为太阳年的时间单位。同样，甲骨文的"年"字是人顶着谷物，象征谷

1- 黄现璠：《古书解读初探：黄现璠学术论文选》，广西师范大学出版社2004年版，第359页。

物成熟。《说文》云："年，谷熟也。"《尔雅 · 释天》中说："夏曰岁，商曰祀，周曰年，唐虞曰载。""岁"取星行一次，"祀"取四时一终，"年"取禾一熟，"载"取物终更始。

古人认为四时有序，万物有灵。农人靠天吃饭，最重农时，乃至生活作息也须与天时节令同步，不敢越雷池一步。一年遵循十二个月份、二十四节气，最早见于《周书》，有王政之"敬授民时"句。如果将《夏小正》视为中国最早的历书，那么中国历法应始于夏代，因而称"夏历"。

孔子在《论语》中说"行夏之时"，一般认为商、周两代沿用夏历，"殷人历法"也属于"夏历"。

"殷人历法是以太阴为准则，所以他的纪月的方法是以月的圆缺一次为纪月的方法。每月分三十天，但是月的圆缺一次有时又不足三十天，于是便分大建和小建；大建每月三十天，小建每月二十九天。以一年而论，普通是分作十二个月；不过为了要与太阳年合，又不得不设置闰月，不设置的话，一年的时间就不会准确，就会发生错乱。所以殷人有十三月，这十三月便是年终置闰。"1[11]

中国传统历法其实是太阴 - 太阳历，称作四分历。在中国农历中，月亮运行到地球与太阳之间成一直线的那天，为一个月的开始，即初一（朔日）；白昼最长的一天为夏至，白昼最短的一天为冬至。以夏至和冬至为准，一年平分为二十四节气。

1- 杨荣国：《中国古代思想史》，人民出版社 1973 年版，第 16 页。

《周礼》说：“正岁年以序事。”汉代时，以近立春的朔日为每年之始，即正月初一（春节）。《史记·历书》说：“夏正以正月，殷正以十二月，周正以十一月。”可见三代时期，每年的起始时间并不相同。

公元前 4 世纪的战国时代，中国已经使用四分历，一年被定为 365 又 1/4 日。

元朝时期，郭守敬受命修建了 27 座观星台，最北的在贝加尔湖，最南的在南沙，以登封观星台为中心台。通过一系列精准的天文测量，至元十八年（1281），郭守敬成功地制定了《授时历》，这部历法与 300 年后的格列高利历分毫不差。

在中国古代，每年重新确定历法是皇帝的特权，使用皇帝颁布的历法是承认皇帝主权和归顺臣服的表示，这就是“奉正朔”。[12]

秦始皇灭六国，不仅统一了文字、车轨和度量衡，也统一了时间，以十月为岁首。秦的计时法通行全国，万里一朔，覆盖六国原有计时法，建立统一的“帝国时间”，最后形成规范化的“年、月、月朔、日、干、支”的计时格式，最终在汉代形成了年号纪年。

自古以来，乃至到了 19 世纪，历法都是中国文化与政治的表征。中国边疆藩属，只要遵奉中国历法，所谓奉正朔，就表示遵行中国文化。

在近代科学革命和民主革命之前，专制时代的皇权一般都以权力神授来宣示其“合法性”，这就要求皇帝必须准确地判断太阳和月亮的运行时间，日食、月食，甚至彗星的出现，都具有重大的

登封观星台

政治意义。对中国古人来说，彗星一直是带来灾运的扫帚星和丧门星。

“十月之交，朔日辛卯，日有食之，亦孔之丑。”这是《诗经》中唯一记载日食的诗篇。据天文学家推算，这次日食发生在西周末年周幽王六年周历十月一日，即公元前 776 年 9 月 6 日，这是世界上年、月、日皆可确考的最早一次日食记录。

今天我们知道，人类要弄清楚自己在自然界中的位置，首先必须搞明白地球、月球和太阳这三者之间的关系，此外还有许多不期而遇的星星。但这一切都需要复杂的天文学知识，仅靠人的经验是根本不够的。根据经验，人们曾认为日月星辰都在围着地球转，而地球也不是球体。

在相当长的时期内，远古的人们对不期而遇的日食、月食、彗星和陨石等异常天象充满恐惧。

公元前800年，古巴比伦人就已经可以准确地预知月食的日期。受“天人合一”与“天人感应”说的影响，天象是中国历史最重要的内容之一。虽然《论语》中说“子不语怪力乱神”，但秦汉时期，谶纬之学相当风靡。包括《春秋左传》在内的中国古代史书中，对异常天象一直保留着完整而详细的记录。《资治通鉴》中，除了记载各种水旱地震等天灾，还有365则日食记录、63则彗星记录、26则流星陨石记录，以及17则异常天象记载，如《资治通鉴》载乾祐二年（949）“四月，壬午，太白昼见，民有仰视之者，为逻卒所执，史弘肇腰斩之”。

中国历代王朝都设有专职的天象官，历代编制的历法也有近百部之多。就天文历法而言，中国曾受外来文化的影响，其中三次重大历法改革在一定程度上都与宗教学者有关。[13]

在自然农耕时代，“敬天畏命”并不意味着“迷信”，反而是一种传统智慧。

著名政治史学家芬纳在《统治史》中这样写道：“中国的情况奇怪而有趣，中国人相信一种非常模糊的超自然实体，即‘天’。皇帝合法性的一个依据就是他拥有‘天命’。”[1]

1-［美］芬纳：《统治史（卷一）：古代的王权和帝国——从苏美尔到罗马》，马百亮、王震译，华东师范大学出版社2010年版，概念性序言第32页。

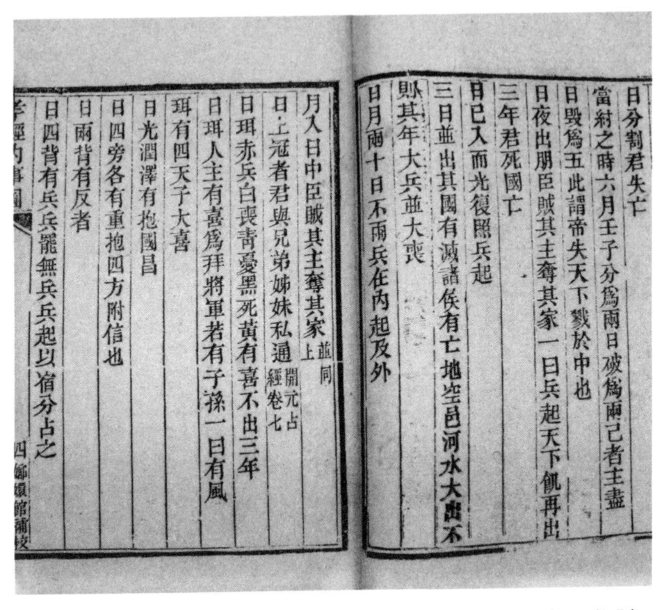
日分割君失亡
當紂之時六月壬子分爲兩日破爲兩已者主盡
日毀爲五此謂帝失天下戮於中也
日夜出朋臣賊其主奪其家一曰兵起天下飢再出
三年君死國亡
日已入而光復照兵起
三日並出其國有滅諸侯有亡地空邑河水大出不
則其年大兵並大喪
日月兩十日不雨兵在內起及外

月入日中臣賊其主奪其家 上並同
日上冠者君與兄弟姊妹私通 開元占經卷七
日珥赤兵白喪青憂黑死黃有喜不出三年
日珥人主有喜爲拜將軍者有子孫一曰有風
珥有四天子大喜
日光潤澤有抱國昌
日四旁各有重抱四方附信也
日兩背有反者
日四背有兵兵罷無兵兵起以宿分占之
孝經內事圖

《孝经内记图》中关于日月变化与社会事件的记载，体现了中国传统“天人合一”的思想观念

在中国，“天”是至高无上的，皇帝乃是上天之子，“奉天承运”。同时，任何天灾都是上天的谴责。汉代的董仲舒在向皇帝推荐儒学的同时，提出了自己的“灾异”学说：“天地之物有不常之变者，谓之异。小者谓之灾，灾常先至而异乃随之。灾者，天之谴也；异者，天之威也。谴之而不知，乃畏之以威。”（《春秋繁露》）《晋书·天文志》记载，太阳主宰万物，是君主（天子）的象征，月亮是皇后的象征；如果君主行为有过失，上天就会显露出某种征兆，以此来警告他，而日食就是一种严重警告。

汉哀帝元寿元年（前2）正月，长安发生日食，一群儒生因此集会，谴责皇帝放逐王莽而招致日食。于是，皇帝不得不召回权臣王莽；此外，皇帝还颁布“罪己诏”于天下——“乃正月朔，日有蚀之，厥咎不远，在余一人。公卿大夫其各悉心勉帅百寮，敦任仁人，黜远残贼，期于安民。陈朕之过失，无有所讳。”（《汉书·哀帝纪》）

朱文公曰：“唯天为大，唯君最尊，政教兆于人理，灾祥显于天文，行有玷缺，则日象显示。”（《大明天元玉历祥异图说》）按照传统，皇帝作为“天子”，自然应该知晓“天意”。如果不能提前预知日食和月食的发生，君主的权威往往会受到严重损害，并造成社会混乱。正是因为这种政治敏感因素，古代中国在天文技术上多少显得有些早熟。[14]

中国古人很早就发现了日月之间的关系。《隋书·天文志》云：“月者，阴之精也。其形圆，其质清，日光照之，则见其明。日光所不照，则谓之魄。故月望之日，日月相望，人居其间，尽睹其明，故形圆也。二弦之日，日照其侧，人观其傍，故半明半魄也。”

在世界范围内，天文技术的出现标志着人类的时间观念已经初步成熟。各种计时工具和历法随之诞生，人们逐渐掌握了日食和月食的发生规律。即便如此，太阳和月亮的非常状态仍令人困惑。

一份关于乾隆年间发生日食的记录写道：

> 我们在通州的时候，正碰上一场预测了大致时间的月食，大街小巷都贴了布告，各色官员一律素服，所有店铺当天全都闭门歇业。荷兰使团在京期间，1795年1月21日也发生了日

食，那天正好是他们的正月初一。……那可是一件最坏的事情，预示他们的国家会有一个凶年。于是，皇帝将会三天不上朝，百官皆素服。全国上下这天原本该有的一切宴饮娱乐都取消了。……日食开始时，他们个个跪倒在地，叩头九下，同时锣鼓喧天，号角齐鸣，意在吓跑吞食太阳的恶龙。[1]

1- [英] 约翰·巴罗：《我看乾隆盛世》，李国庆、欧阳少春译，北京图书馆出版社 2007 年版，第 206 ~ 207 页。

奉天承运

所有历史都是时间的历史。在汉语中，“历史”的“历”，其实也是“日历”的“历”。对日历的垄断也是对历史的垄断。中国皇帝颁布新历法，就如同欧洲王权国家铸造金币，以用来彰显其“敬授人时”之权威。

1645年，耶稣会士汤若望将《崇祯历书》改名《时宪历》并献给新王朝，因为历书只编写了200年，便被杨光先指责其诅咒清朝短命；1678年，南怀仁给康熙皇帝呈上一份长达2000年的《永年历》。

显而易见，中国历法与神秘的皇权政治相关。一般人认为，不准确的历法会使看天吃饭的农民错过节气和农时，甚至遭灾。其实这只是一种表象，更重要的是历法为权力的合法性背书。[15]

对于日食、月食这类自然天象，如果皇帝宫廷的钦天监不能准确预报，会使人们怀疑皇帝不懂“天意”，从而威胁到皇帝的合法性。《左传》就有这样的记载：“（隐公）三年春王二月，己巳，日有食之。三月庚戌，天王崩。夏四月辛卯，君氏卒……八月庚辰，宋公和卒。”

正因为这个原因，明清时期的西方传教士就利用其在时间与历法方面的科学优势，得以成功进入中国宫廷。在此之前的三四百年中，中国一直沿用回历。元时阿拉伯人札马鲁丁担任司天台提点，制定《万年历》，建立观象台，创制浑天仪，并制作了几乎是最早的地球仪。[16]

明朝时期，朝廷禁止民间私习天文、历法，这导致中国在天文学方面严重退步。《万历野获编》载："国初，学天文有厉禁，习历者遣戍，造历者殊死。至孝宗弛其禁，且命征山林隐逸能通历学者以备其选，而卒无应者。"万历至崇祯年间，钦天监屡屡出现测算日食和月食的失误，对政权的合法性造成了负面影响。

崇祯三年（1630），德国人约翰·亚当被聘为掌管历法的钦天监监正，他将名字改为汤若望。他根据西洋历法重新修订的《崇祯历书》，后来被清廷改为《时宪历》，颁行天下。

康熙三年（1664），杨光先（回族）对汤若望发难，指责《时宪历》封面上"依西洋新法"五字属"暗窃正朔之权，以尊西洋"；同时讥讽汤若望说：你说地球是圆的，那么地球下方的人岂不是都无法站立。经过廷议，钦天监监正汤若望、刻漏科杜如预、五官挈壶正杨弘量、历科李祖白、春官正宋可成、秋官正宋发、冬官正朱光显、中官正刘有泰等被判处凌迟。杨光先担任钦天监监正后，一度恢复了回历。在不久之后的一次日食预测中，杨光先预测的是2点15分，南怀仁预测的是3点，结果日食于3点出现。即使如此，汤若望和南怀仁仍被判处死刑。传说在判决以前出现了彗星，判决之后北京接连四天发生地震，汤南二人因此而幸免于难。

虽然钦天监后来重新交到西洋传教士手中，但杨光先的那句名言却流传更广："宁可使中夏无好历法，不可使中夏有西洋人。"

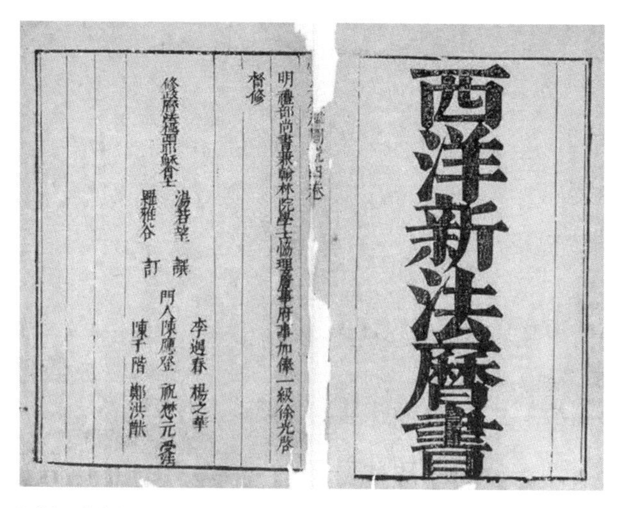

西洋新法曆書

明禮部尚書兼翰林院學士協理詹事府事加俸一級徐光啓

督修

修政曆法極西耶穌會士 湯若望 譔

羅雅谷 訂

門人陳應登 李遇春 楊之華 祝懋元

陳于階 鄭洪猷

汤若望、徐光启根据西洋历法编撰的西洋新法历书

“古者帝王之治天下，以律历为先。儒者之通天人，至律历而止。”（《宋史·律历一》）在中国，皇帝一直是历法的掌管者，或者说，年月日完全是被皇帝规定的。康熙甚至为此而学起了数学。[17]

“历虽精，而行之数百年则必有差。”（《读通鉴论》）中国传统历法几经变迁，不仅每朝每代不一样，甚至每年都要由朝廷确定一个全新的日历，并把它印行和传播到全国。

雕版印刷术刚刚诞生，就被广泛用于历书印刷，有时候官方（司天台）还没有颁布新历，历书就已经被盗印出来。

唐朝末年，天下崩乱，僖宗逃入四川，司天台无人管理，江东各地遂自行印刷历书。有两家书商因所印历书不同而互相攻讦，最后告官，县官劝道：“你们争大月小月，不就是差一天吗？这有什么关系呢。”

> 三代以上，人人皆知天文。“七月流火”，农夫之辞也；“三星在户”，妇人之语也；“月离于毕”，戍卒之作也；“龙尾伏辰”，儿童之谣也。后世文人学士，有问之而茫然不知者矣。(《日知录》)

历法的意义，在于实现年、月、日之间的换算。传统时代，历书对人们的生活影响巨大。

在中国历书中，不仅有金木水火土的分别，还包括卜筮、风水等经验，人们常常根据书中的规定对买卖、出行、婚丧、动土，甚至洗澡、搬家、行房等日常生活做出决策。皇帝也会以十五天为一个周期，轮流临幸他数量极其可观的嫔妃。[18]

秦汉以降，中国人的生活节奏以五日为一候，一年为七十二候。《汉书》记载：“每五日洗沐归谒亲。”唐朝以后，改为十日一休沐，即旬休，每月分为上、中、下三旬。及至明清，以朔望为节奏，根据月亮圆缺变化，每月初一和十五日为休息日，朝廷官吏可以放假一天。[19]

与日期类似，中国同样也以天干地支来纪年，六十年为一个循环，称为一甲子。这种纪年既没有起点，也没有终点。

此外，中国常用的是年号，即以皇帝命名的一个吉祥词为某一年间的纪年，这种方式由汉武帝刘彻所创。公元前 113 年，汉武帝以当年为元鼎四年，并追改以前为建元、元光、元朔、元狩，每一年号为六年。

在明清时期，每个皇帝从登基到驾崩，一般只有一个年号，年号也就成了皇帝的代称。

年号代表的是皇帝对时间的支配权。年号纪年跟干支纪年一样，都是一种短期计算。中国最终没有产生像基督纪年那样，将某一起点定为元年而永远数下去的想法。

巧合的是，西汉平帝刘衎所用年号为“元始”，其起始年恰好为西方的公元1年。不过“元始”年号只用了5年。[20]

公元前104年，汉武帝改年号为“太初”。该年阴历十一月（子月）的朔日，刚好是六十干支最初的甲子日，而且当天夜半时刻又正好是冬至。根据中国历法，这与宇宙万物刚形成时的状态相同（甲子朔日冬至）。

于是，在司马迁的提议之下，朝廷修改历法，制定《太初历》，将年首从十月（亥月）改为正月（寅月）。

“太初”与开创天地相同，代表宇宙结束一个循环，开始新的循环。司马迁就是在这个值得纪念的公元前104年开始撰写《史记》的。

传统的皇权体制崩溃之后，中国引进了耶稣纪元的格列高利历，称其为“阳历”或“西历”，“以黄帝纪元四千六百零九年十一月十三日为中华民国元年元旦”，即公元1912年1月1日。同时，还以“七曜历”[21]为公私生活准则，即礼拜日制。为了体现与世界接轨，当时还一度废除了中国农历和春节。[22]

从年号到公元，从干支到数字，这次文化意义上的时间革命，使中国人逐渐改变了传统的时间观念，将中国纳入整个现代文明体系当中，中国成为世界的一部分。

阿伦特指出，在我们现代的时间系统中，基督的诞生日成为世界历史的转折点并非决定性的，因为人们一直以来就这么认为，而且它对我们现代纪年的影响，也没有它对从前许多个世代的影响强烈。决定性的改变其实是，人类历史上第一次可以追溯到无限的过去，也可以延伸入无限的未来，我们既可以随心所欲地增添过去，也可以随心所欲地探查未来。在现代这种观念中，过去和未来的双重无限性消除了所有开始与终结的观念，而建立起一种潜在的、世俗不朽的观念。[1]

1-［美］汉娜·阿伦特:《过去与未来之间》，王寅丽、张立立译，译林出版社 2011 年版，第 64 页。

上帝的时间

《易经》云："观乎天文，以察时变，观乎人文，以化成天下。"如果说由日月星辰的运行构成一种"自然时间"的话，那么人类社会则重构了一种"主观时间"，这种时间意识极大地影响了人的行为方式和感情变化，从而改变了人类社会的政治行为。

这其实是一种公共时间意识，即一个人或者一个组织团体在进行社会活动时所遵守的共同时间概念。

从这种角度来说，时间或许是宗教和政治的产物。在中文里，"时"字的繁体字就是太阳加上寺庙，即"日 + 寺"。许多宗教节日都与天象有关，比如基督教的复活节就对应着月相。

从某些方面看来，月亮比太阳更适合用作参照日历。在伊斯兰教中，人们始终坚持遵从先知穆罕默德和《古兰经》的指示，严格按照月亮的周期生活；他们的标志就是一弯新月。《古兰经》说，新月是"为人民和朝圣所安排的固定时间"。[23]

各种宗教几乎都要求人们每日在固定的时间进行祈祷，大多用敲钟来提醒人们祈祷；而燃烧一支蜡烛或一炷香的时间，则是人们祈祷的过程。

罗马帝国解体以后，整个欧洲世界礼崩乐坏；在迷惘与惊恐之中，修道院逐渐建立了一种新的秩序和权力。从公元7世纪开始，所有的修道院每天敲7次钟，这种固定循环的时间规范，使基督社会有了一个共同跳动的脉搏。按照基督教义，基督徒的定时祈祷和礼拜可使灵魂得到永恒的祝福。

当时，宗教节日不仅对神职人员有特殊的意义，对普罗大众也同样重要：僧侣要在节日举行仪式救赎灵魂，普通人则要围绕节日安排生产和生活。播种、收获、赶集、假日、大型宗教典礼，一切活动都要在特定的节日进行。因为这样的需求，钟渐渐从教堂流传开来，悄然出现在欧洲大小城镇的广场上。

约翰·奈夫在《工业文明的文化基础》一书中写道："在1533年，拉伯雷[24]死后的100年时间里，有许多迹象表明，无论在公众生活还是个人生活中，准确的时间、准确的数量、准确的距离开始越来越受到重视。对于准确性的关注，最让人印象深刻的就是罗马教会为人们提供了更准确的历书。在整个中世纪，天主教徒们计算时间信息的方法与罗马时代毫无二致。在拉伯雷时代，人们仍然使用着公元325年制定的恺撒历法。"1[25]

公元前46年，恺撒大帝借用古埃及历法，制定了罗马儒略历，一直沿用到哥白尼时代。为了体现自己的权威，儒略·恺撒将自己生日所在的7月以自己的名字Julius命名。奥古斯都也效仿恺撒，用自己的名字Augustus命名了8月；他还强行将8月改为大

1- [加] 马歇尔·麦克卢汉：《谷登堡星汉璀璨：印刷文明的诞生》，杨晨光译，北京理工大学出版社2014年版，第270页。

格列高利十三世于 1582 年颁布的历法影响了整个现代世界

月（31 天）。[26]

公元 4 世纪，罗马皇帝君士坦丁大帝将基督教作为国教，并把一直以来罗马人庆祝太阳神阿波罗生日的 12 月 25 日改为基督教圣人耶稣的生日，所谓圣诞即由此而来。

罗马教皇格列高利十三世因屠杀新教徒而声名狼藉，但他也因颁布了沿用至今的格列高利历法而名垂青史。1582 年 10 月 4 日，他宣布次日为 10 月 15 日，现代历法就此诞生。“失去 10 天”使整个基督世界怨声载道，惶惶不安；人们为自己少活 10 天而愤怒，奴仆们因为主人少发 10 天的工资而生气。新教徒的英国以及美洲殖民地始终拒绝新历法，直到 1752 年才改用新历。

吴国盛在《时间的观念》中说："时间就是权力，这对于一切文化形态的时间观而言都是正确的。谁控制了时间体系、时间的象征和对时间的解释，谁就控制了社会生活。"[1]

路易十四号称"太阳王"，他并没有说过自己是太阳，但他确实说过"我就是国家"。据说每当路易十四问起时间的时候，马上就有人谄媚地回答："陛下，您希望现在是几点就是几点。"

法国大革命时期，革命者推行的革命历法为前所未有的十进制，每周为 10 天，每天为 10 小时，每小时为 100 分钟，每分钟为 100 秒。12 个月虽然没改，但每个月都给改了名字，从公历的 9 月 22 日开始，依次为葡月、雾月、霜月、雪月、雨月、风月、芽月、花月、牧月、获月、热月、果月。当时发生的一系列革命事件也都以此月份名字命名，如热月政变、芽月起义、牧月起义、葡月暴动、果月政变、花月政变、雾月政变等。

这种浪漫主义的历法被革命政府苦苦坚持了 13 年，最后拿破仑恢复了传统的格列高利历。

按照《圣经》的说法，上帝在六天的时间里，创造了日月星辰、天地万物，以及人类鸟兽；到了第七天，上帝宣布休息。

1- 吴国盛：《时间的观念》，北京大学出版社 2006 年版，第 99 页。

实际上，以七天为一周远比“上帝造人”更古老，据说是苏美尔人发明的，他们以七天为一星期，周一和周日以月亮和太阳命名，周二到周六分别以火星、水星、木星、金星、土星等五大行星命名。这种星期制后来被犹太人继承，随着基督教的传播而发扬光大。

上帝创造了人，人创造了七天一周制，这似乎与自然天文没有多大关系。

在格列高利历法颁布后不久，约翰·莱夫特通过仔细研究《圣经》，最后竟然神奇地计算出了所谓上帝造人的准确时间，“人类是由三位一体创造而成，时间是在公元前 4004 年 10 月 23 日上午 9 时整”[1]。

奥古斯丁在《三位一体论》中说，记忆、理智和意志三种官能构成灵魂，人的灵魂高于他的肉体，但低于上帝。上帝创造了一切。在上帝创造一切以前，一切都不存在，包括时间。对上帝来说，他是独立于时间之外的绝对存在。无论是过去、现在、将来，对上帝来说都是现在。至于现实，完全是上帝按照数学原则创造出来的。

奥古斯丁认为，时间是主观的，只有当它正在经过时才可以衡量。一切时间都是“现在”：过去事物的现在，即回忆；现在事物的现在，即视觉；未来事物的现在，即期望。因为现实存在既不

1-［加］隆纳·莱特:《进步简史》，达娃译，海南出版社 2009 年版，第 14 ~ 15 页。

是过去，也不是未来，所谓时间就是现在的一瞬间。

奥古斯丁一生热衷阅读、思考和写作。他以黑衣僧侣隐修期间，一度兼任修道院的敲钟人。他的计时方法与众不同——他依靠读经来计算时间，每当读到“亚萨的诗歌，交与伶长。调用休要毁坏”时，便出去敲钟……

在欧洲中世纪，教会是时间的垄断者，所有的历史时间都必须从上帝创世和基督诞生算起，人们通过教堂的钟声获知时间的进程；或者说，教会通过控制时间控制着人们的生活——

> 一切想使时间摆脱他们控制的企图都遭到了强有力的反击：教会禁止在宗教节期工作；规定在什么时间性关系是允许的，什么时候则是一种罪恶。对社会时间所实行的全面控制导致人们屈从于主导的社会和意识形态体系。对于个人来说，时间不是他个人的，时间不属于他，而属于一种更高的、处于支配地位的势力。[1]

1- 吴国盛：《时间的观念》，北京大学出版社2006年版，第99页。

时间的进化

在大多数人类历史中，太阳就是时间。在汉字中，表示日出的“旦”，就是白昼的开始。

作为古代一种最普遍的计时装置，日晷几乎同时出现在各种不同的人类文明里。在汉字中，“晷”即日影的意思。

最早的日晷出现在六千年前的巴比伦，据说巴比伦人还发明了圭表 。圭表不同于日晷，日晷适合用作时钟，而圭表可用作日

袁州谯楼的圭表。袁州谯楼又叫宜春鼓楼，建于宋代，集测时、守时、授时三大功能于一体，是世界上现存最早的地方天文台

历。天文学成为精密科学，始于圭表的应用，这一装置能够精确测量太阳的运动。

从科技史来说，圭表是体现科学与技术重要联系的一个绝佳范例，它是一项为实用目的而发明的时间机器，由此开启了科学发现的大门。圭表使远古的人们得以精确计算每个季节的天数。

如今看来，日晷和圭表的传播具有普遍性。

在现代发掘的陶寺宫城遗址中，有一个观象台遗址。研究者认为，中国先民通过十三根柱子之间缝隙中照过来的阳光来确定春分、秋分、夏至、冬至。这个观象台形成于4000多年前，比英国巨石阵观测台早了将近500年。

《周礼·地官》中记载，春官大司徒的职责是用日晷（土圭）测定太阳离地的距离，确定日影的准确长度，以求出地的中点，即“地中”。[27]按照《周髀算经》的记载，一根八尺长的竿子（即“周髀”），夏至这天正午，其日影长度为一尺六寸，冬至这天正午，其日影长一丈三尺五寸。[28]

在故宫的太和殿两侧，相对着设有日晷与嘉量，二者都是皇权的象征。

中国最古老的华表（表木）实际也是一种简易日晷。华表不仅体现了时间的民主化，同时也体现了政治的民主化。作为“谤木”，它曾是民众言论自由权利的象征。

孔子在河岸上说：逝者如斯夫，不舍昼夜。人们也试图用水来记录时间的流逝。

最迟在3500年前，古埃及人就已经发明了水钟。通过水钟的发明，古埃及人首创了一天24小时制，白天12小时，夜晚12小时。因为水钟可以用于夜间计时，因此也叫夜钟。

从古埃及开始，水钟计时就成为古代世界的标准计时方式。有观点认为大约在孔子时代，水钟传入中国。[29]无论是中国宫廷，还是西方的修道院，水钟（漏壶）一直是最主要的计时工具。《周礼》中就有专职计时的“挈壶氏”。

春秋时期，齐景公擢司马穰苴为将军，以庄贾为监军。穰苴在军营“立表下漏而待”庄贾。庄贾迟到被斩，三军惊惧。司马贞注解：“立表，谓立木为表以视日景；下漏，谓下漏水以知刻数也。”（《史记·司马穰苴列传》）

直到13世纪，能测量时间的仪器也只有日晷和漏壶。日晷只能在太阳下使用；除非天寒结冰，漏壶可以全天候计时。为了防止水钟结冰，古代中国还出现过水银钟。

从张衡到郭守敬，中国的刻漏计时反复改进，一直领先于世界计时水平。

中国漏刻分为受水型和泄水型。水流变化会影响漏刻的准确度，为此初唐时代的吕才制作了四壶式漏刻：水从夜天池、日天池、平壶、万分壶到水海，一层一层流下，流水更加均匀。水海中设一铜人手持浮箭，浮箭上标示刻度。杜甫有诗曰：“五夜漏声催晓箭。”

中国早期将一天分为10时，每时10刻，一日即100刻。一个刻度约为15分钟，“刻”这个漏壶时代的时间单位一直保留到现代。

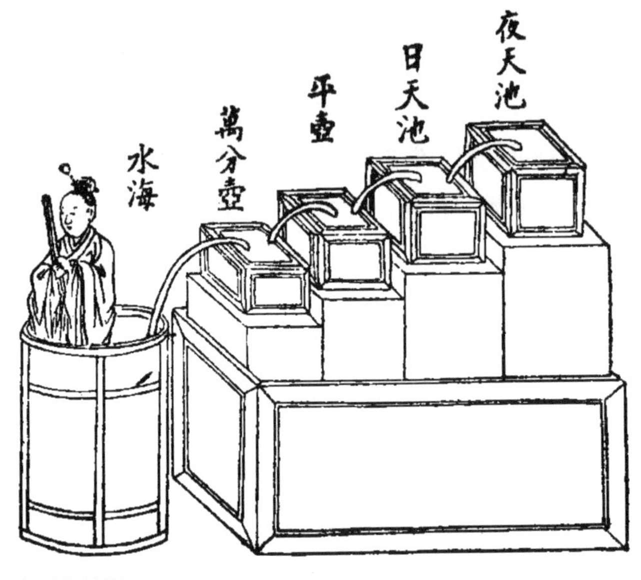

中国古代水钟图

据说日本将每年的6月10日作为时间节。671年，即唐咸亨二年、日本天智天皇十年，日本有了第一台可以计时的水钟，是大唐将军郭务悰带去的。[30]

与日晷相比，漏壶计时更加准确；日晷的计时误差一般达到15分钟，而如今复制的沈括水钟，其每日误差甚至只有几秒。

制造于北宋元祐五年（1090）的浑天仪，堪称中国机械工艺的巅峰之作；它既有机械擒纵机构，同时又以漏壶流水的稳定性，来控制齿轮系统的机械传动。

在机械钟出现之前，漏壶和沙漏都是较早利用人工制造的物理过程来进行计时的装置；换句话说，就是通过测量物理运动来代替直接测量时间。

沙漏是与水漏相似的一种计时工具，从古希腊时代就盛行于西方，神父常常用它来掌握说教时间。英国人常将沙漏放入死者的棺材，表示人生的终结。圣歌唱道：“时间的沙粒落下，天国正值黎明。”

庄子将死，弟子欲厚葬之。庄子说：“吾以天地为棺椁，以日月为连璧，星辰为珠玑，万物为赍送。”（《庄子·列御寇》）

在中国古人的观念中，天地与日月都是永恒的。汉语中的“时间”，其实包含时间和空间两层意思，“时”是指时间，“间”则是指空间。

时间与空间的一个重要区别在于，人们的意识活动不可能在空间中定位，但却可以在时间中定位。所以马克思说：“时间是人类发展的空间。”[1]

> 在传统思想中，时间被理解为一根线、一条河流，总之被形象化地理解，这种形象化必定是空间化的。空间图像是一个全部呈现在我们眼前的既定的东西，而时间表征的是尚未产生、尚未出现、尚未成形的东西，将时间空间化本身就是取消了真正的时间，将未完成等同于已完成。[2]

1-［德］马克思：《工资、价格和利润》，载《马克思恩格斯全集》第十六卷，人民出版社1964年版，第161页。

2-吴国盛：《时间的观念》，北京大学出版社2006年版，第187页。

“有时自发钟磬响，落日更见渔樵人。”[31]毫无疑问，传统的时间长期处于空间状态之中，无论是看到还是听到。

在古代文学作品中，时间只是空间的一部分，或者说，时间依附于空间。“朝辞白帝彩云间，千里江陵一日还。两岸猿声啼不住，轻舟已过万重山。”

在古代，时间的空间性常常与听觉有关，这来自时钟的出现。也就是说，人类早期对时间的感受是经常听到而不是看到的。人们即使不认识时针，但都听得懂报时的钟声。在英文中，钟（clock）的原意是铃，所谓钟指的是闹钟。

在欧洲，农民可以听到教堂里做弥撒的钟声；在东方，农民可以听到寺院里和尚做功课的钟声。“在寺院里，用钟和鼓来宣告每日时间表的时刻，而且寺院准确的钟声也实在有助于邻近的俗人。有些僧侣的确负起唤醒人们的责任，在每天早上打铁牌子或敲木鱼。”[1]

齐武帝（483—493）时，为使宫中都能听见报时声，便在景阳楼内悬一口大铜钟，晚上敲击报时，首开钟楼之先河。此后，为使声音传得更远，铜钟越做越大，钟楼越建越高。明清时期，中国的每一座城市都修建了报时的钟楼和鼓楼，晨钟暮鼓成为中国古代城市的一景。西安的钟楼和鼓楼因为保存完整，已经成为这座现代城市的标志性建筑。

1- 杨联陞：《国史探微》，新星出版社 2015 年版，第 52 页。

无论东方还是西方，钟楼都成为城市的象征。这些早期的钟楼只有钟，并没有显示时间的“表”。在报纸、广播、电视等现代媒体出现之前，代表时间的钟往往构成唯一的公共传播媒介。所有公共事件均以钟声来宣告，诸如火灾、战争、死亡，等等。1776年宣告费城独立的自由钟被美国视为国宝。

在漫长的农耕时代，公鸡一度是全世界最普遍的闹钟，提醒人们起床劳动。世界任何地方操不同方言的人们，都可以听得懂这种语言。雄鸡一声天下白，白天就这样被一只鸡宣布来到。

烂柯的传说

从蒙昧时代，人类就对火有着普遍的崇拜。

中国古人说："人之死，犹火之灭也。火灭而耀不照，人死而知不惠。"（《论衡·论死》）火也被视为生命的象征，而生命本身就是一种时间存在，因此"火钟"在宗教仪式中具有特殊的隐喻意义。

中国古人用焚香来表达对神灵的崇拜，也用香来计时。根据香的规格不同，一炷香的时间从一刻钟到一个时辰不等。

在欧洲修道院和贵族社会，蜡烛不仅用来祷告和照明，也用来计时。

13世纪的法国国王路易九世在晚上计时，就是问"第几根蜡烛"。当他去教堂礼拜时，他心中的时间就是一支正在燃烧的蜡烛。

据说，被称为"英国国父"的阿尔弗雷德大帝（849—899）勤于政务，他把一天的时间分作几个时段，每个时段专心做某一件事。为了精确地划分时间，他专门将蜡烛制作得大小相同，并在每个蜡烛上都画有刻度。用这种蜡烛计时，几乎跟时钟一样精确。但蜡烛点燃后，常常会遇到从门窗吹进来的风。为了让蜡烛均匀燃烧，国王特意在蜡烛外面罩上羊皮纸，这在无意中成为英国最早的灯笼。

一直到中世纪晚期，阿姆斯特丹的拍卖行仍在使用蜡烛计时。拍卖开始时，拍卖师把一根针插在蜡烛侧面，当蜡烛燃烧到这个位置时，针就从熔化的蜡烛上落下，拍卖师就不再接受新的出价，宣告拍卖结束。

唐代笔记小说《北里志》写长安城的生活，平康里的妓院用蜡烛来计时，一根蜡烛点完，收费 300 文。可见用蜡烛计时的不止有欧洲。

中国人常用“一炷香的工夫”来表示一段时间。与蜡烛相比，中国香要便宜得多。在石油时代到来之前，古代的蜡烛只能用蜂蜡制作，属于奢侈品，一般人根本用不起。

在1739 年的英国，一支蜡烛的价格为1 便士。除了特定时刻，一般人都是在屋里摸黑生活的。当时有个贵族夫人在她那富丽堂皇的家中举办了一场聚会，总共使用了 60 支蜡烛，仅光照一项就花了 5 先令，这相当于当时一个工人一周的收入。

中国远古时代流传的《击壤歌》云：“日出而作，日入而息。凿井而饮，耕田而食。帝力于我何有哉！”农耕社会中，时间只是少数人考虑的事情。对大多数农民来说根本不需要时间，他们甚至不知道自己的出生日期，“不知有汉，无论魏晋”。

农业时代的中国有一个“观弈烂柯”的古老传说，“王质入山斫木，见二童围棋，坐观之。及起，斧柯已烂矣”（《晋书》）。俗话说的“天上一天，人间一年”，多少有些“现代一天，古代一年”的味道。

意大利理论物理学家卡洛·罗韦利在《时间的秩序》中说，时间在不同地点确实是不一样的，时间的流逝在山上要比在海平面快，甚至放在地板上的钟表走得要比桌上的钟表稍微慢一点。这一差别非常小，但可以用精密的计时器测量出来。而且，变慢的不只是钟表，在较低的位置，所有进程都变慢了。按照罗韦利的解释，这属于“时间结构改造”，即物体会使它周围的时间变慢。地球是一个庞然大物，会使其附近的时间变慢。这种效应在平原处更明显，在山上要弱一些，因为平原更近。

当然，这种基于相对论的“科学道理”只有现代人才能懂，因为现代人几乎已经隔绝了自然。然而，在传统年代，一切依然是自然的、缓慢的。人们最多也只是关心季节变化和昼夜之分，春种秋收，早出晚归。夜晚就是一片黑暗，只能睡觉。[32]一位意大利神父说：“农民每天就是为了吃饭而工作，为了有力气工作而吃饭，天黑就睡觉。”

现代人常常一觉睡到天亮，但在中世纪的欧洲，人们则习惯将漫漫长夜分成两个阶段。睡到半夜时，人们会醒来，从床下拿出夜壶，回想一下刚才的梦境，或者祈祷，或者闲聊，或者在烛光下找点事儿做，等有了睡意，再继续“第二场睡眠”。

因为人造光源成本高昂，人们都习惯了早睡早起。没有任何一家公共图书馆拥有足够的资金以提供人工照明。为了节省一点蜡烛或灯油，人们晚上尽量都不活动。

“日暮汉宫传蜡烛，轻烟散入五侯家。”诗人从来都是浪漫的，“昼短苦夜长，何不秉烛游”。然而，在中世纪的欧洲，灯油和蜡烛毕竟是极其昂贵奢侈的，只有富人才用得起。上层社会常常在夜里用照明公开宣示他们的权力与财富，利用夜晚进行各种娱乐活动，歌舞升平，通宵达旦。

对今天的人们来说，过去的历史是个巨大的信息黑洞，正像赫拉利说的，历史只是告诉了我们极少数人在干什么，而其他绝大多数人的生活，就是在不停地挑水耕田。

这种缓慢的生活节奏使时间失去了现实意义，特别是对于小单位时间的精确计算，更没有太大必要。

晚清时期来华的美国传教士明恩溥惊奇地发现，中国人即使有钟表，也不会用它来安排生活。虽然每隔几年总要清洗一次钟表，但只是为了保证它能正常运转。普通人完全是根据太阳的高度来把握时间的，于是把太阳高度说成一竿子高、两竿子高，或者几竿子高。若是遇到阴天，就根据猫眼睛瞳孔的放大和缩小来知道时间，对于日常生活，这已经足够准确。[1]

在中国传统社会，人们认为生活的真谛在于享受家庭的和睦和淳朴的闲暇——

> 云淡风轻近午天，
> 傍花随柳过前川；
> 时人不识余心乐，
> 将谓偷闲学少年。[2]

1- [美] 雅瑟·亨·史密斯:《中国人的性格》，李明良译，陕西师范大学出版社2010年版，第27页。

2- 宋·程颢:《春日偶成》。

今人忙来古人闲，但这并不是说古人就没有“时间观念”。

按照《国语·鲁语下》的记载，早在“昔圣王”时代，就规定了“时间律法”，比如卿大夫要“朝考其职，昼讲其庶政，夕序其业，夜庀其家事，而后即安”，士（读书人）应“朝受业，昼而讲贯，夕而习复，夜而计过，无憾，而后即安”，而庶人以下（即普通民众）“明而动，晦而休，无日以怠”。

在古人的时间观念中，“岁有春、秋、冬、夏，月有上、下、中旬，日有朝、暮，夜有昏、晨、半星”（《管子·宙合》）。中国从汉武帝时颁行太初历，改一天十时为十二时，即将一天分为十二个时辰：夜半、鸡鸣、平旦、日出、食时、隅中、日中、日昳、晡时、日入、黄昏和人定。

这种时间属于典型的自然时间，以太阳为中心，“鸡鸣”“人定”就是凌晨鸡叫和入夜人睡觉。

按照《唐律疏议》和《宋刑统》的规定，昼漏尽为夜，夜漏尽为昼，一天被分为白天与黑夜。古人一日两餐，“食时”“晡时”表示吃饭时间。夜里的五个时辰称为五更，在城里由守更人击鼓鸣报，夏季一更约为一个半小时，冬季一更约为两个半小时。

打更是中国传统的夜晚报时方式。

打更起源于原始的巫术，原本是驱鬼。从受人尊敬的巫师到卑微的更夫，反映了时间的世俗化过程。

古代社会一般都有宵禁的习惯，《唐律》规定：“五更三筹，顺天门击鼓，听人行。昼漏尽，顺天门击鼓四百捶讫，闭门。后更击六百捶，坊门皆闭，禁人行。”还规定“闭门鼓后，开门鼓前，

打更是古代中国社会夜间报时的常用方式，
夜间分为五更

有行者，皆为犯夜”；在未经官府同意，夜间擅用灯火者，也属“犯夜”，要遭到刑罚。由此可见当时“日出而作，日入而息”“日中为市”的古老风习。[33]

古罗马儒略历沿用了古埃及历法及 24 小时制，白天和夜晚各有 12 小时。季节变化和昼夜长短不同，白天 1 小时与晚上 1 小时相差悬殊。

时间的均匀性是一个重要理念，是技术时代的一个重要特征。古希腊时代就已经出现了等长 24 小时制，这完全分离了时间与自然（季节）的联系。

中国的 12 个时辰也是等长平分的，宋时还实行 24 时辰制，与现代 24 小时制一致。受现代西历影响，明清改 100 刻制为 96 刻制[34]，即一昼夜 24 小时为 96 刻，一刻即 15 分钟。“午时三刻”即中午 11 时 45 分。一个时辰称为 1 大时，半个时辰为 1 小时，即 60 分钟。

值得一提的是，这些时间单位都比机械钟的出现早得多。

走出中世纪

罗马用战争征服希腊的同时，希腊则用它的文化征服了罗马。在欧洲历史上，罗马人建立的不只是一个国家，也是一种生活方式。

每一个罗马人作为公民（civis），都是罗马公民社会（civitas）的一分子，“civitas”后来衍生为两个比较含糊的现代字眼：“civilidas”（国家）和“civilization”（文明）。“罗马人把自身看作世界公民，他们不断向外扩张、拓展和移民。于是罗马的制度就随着罗马的发展而世界化了——一方面是罗马走向世界，另一方面是世界走进了罗马。”[1]

英语中“city”源自拉丁文“civitas”，公民与城市具有相同的出处；“公民”的另一层意思是“居住在城市的人”（市民）。马克思指出，城市造成新的力量和新的观念，造成新的交往方式，新的需要和新的语言。人类学家基辛认为，没有城市，“文明”就不可能兴起；准确地说，这个“文明”其实是指“现代文明”。

城市既是文明的象征，也是文明的产物，因此时间最早都出现

1-［英］培根：《培根人生随笔》，何新译，人民日报出版社 1996 年版，第 113 页。

在城市，并成为城市的一种典型特征。

现代城市不同于古代城市，古代城市基本都是政治城市，即围绕皇帝和官吏而形成的权力机构所在地。比如古罗马时代的罗马城和汉唐时代的长安城。“长安城的建筑，原本就不是以居民的生活为出发点的，而是根据 6 世纪末到 7 世纪初王都的理念，设计建成的一座宏伟的理想都市。”[1]

唐代长安城按里坊规划，东西两市加 108 坊。每个里坊都是四方围合，居民住在坊内，唯一的出口由“坊正”“里正”把守，天黑即是夜禁，任何人不得出坊。唐诗有言“长安城中百万家”。整个长安城只有东市和西市两个商业中心，而且营业时间很短，日中而市，日落闭市。这些商人还经常遭受官家恶奴的“随兴掠夺”，正像白居易《卖炭翁》序所说，“苦宫市也”。

清代的北京城人口达到百万，号称当时世界上最大的城市，其实也就是一个超大的村庄，这里没有多少自由商人，基本都是达官贵人和他们的家奴。与唐代的长安城相比，北京城只不过是将里坊改成了栅栏。据说内城有大小栅栏 1100 余道，外城有 440 余道，所有栅栏的门也都是晨启昏闭。

其实，西方早期的城市也都是政治和军事中心，直到商业和贸易兴起之后，一些具有自治色彩的商业城市才开始向现代城市的方向发展。威尼斯作为现代第一个城市国家，对中世纪欧洲产生了重要的示范效应。

1- [日] 妹尾达彦：《唐都长安城的人口数与城内人口分布》，载《中国古都研究》(第十二辑)，李全福译，山西人民出版社 1998 年版。

一定程度上，现代国家也是城市自治精神的产物。

按照韦伯的说法，现代国家与农业帝国是截然不同的。“倘若‘国家’指的是一个拥有系统宪法与成文法律，并由一个受法律限制和约束、高素质的公务员队伍所管理的政治联合体，那么具备这些特征的国家也只存在于西方。”“除西方以外，‘公民’这一概念仍未出现在其他国家，‘资产阶级’这一概念也同样如此。”[1]

古罗马帝国崩溃之后，西方世界进入所谓的“中世纪”。

一些研究中世纪历史的学者认为，中世纪是“欧洲的学徒期、青春期、少年期”，现代意义上的许多思想都可以追溯到中世纪：“因为中世纪占统治地位的政府和政治观念创造了我们今天的世界。我们现代的概念，我们现代的制度，我们的政治义务和宪政观念，或是中世纪理念的直接遗产，或是通过反对它而成长起来的。”[2]

事实上，直到 11 世纪，散布在平原和森林中的乡村与城堡仍是欧洲最常见的景象，整个社会显得封闭而支离破碎，教会与贵族主宰着一切。后来，持续两个世纪的十字军运动打破了这种沉寂，加快了欧洲走向世界的步伐，城市开始兴起。

公元 1300 年时，欧洲的人口跃升至 7900 万，这是公元 600 年 2600 万人口的 3 倍。这一时期，巴黎的人口增长了 10 倍以上，

1-[德]马克斯·韦伯：《新教伦理与资本主义精神》，陈平译，陕西师范大学出版社 2007 年版，第 4、10 页。

2- 丛日云：《在上帝与恺撒之间：基督教二元政治观与近代自由主义》，生活·读书·新知三联书店 2003 年版，导言第 17 页。

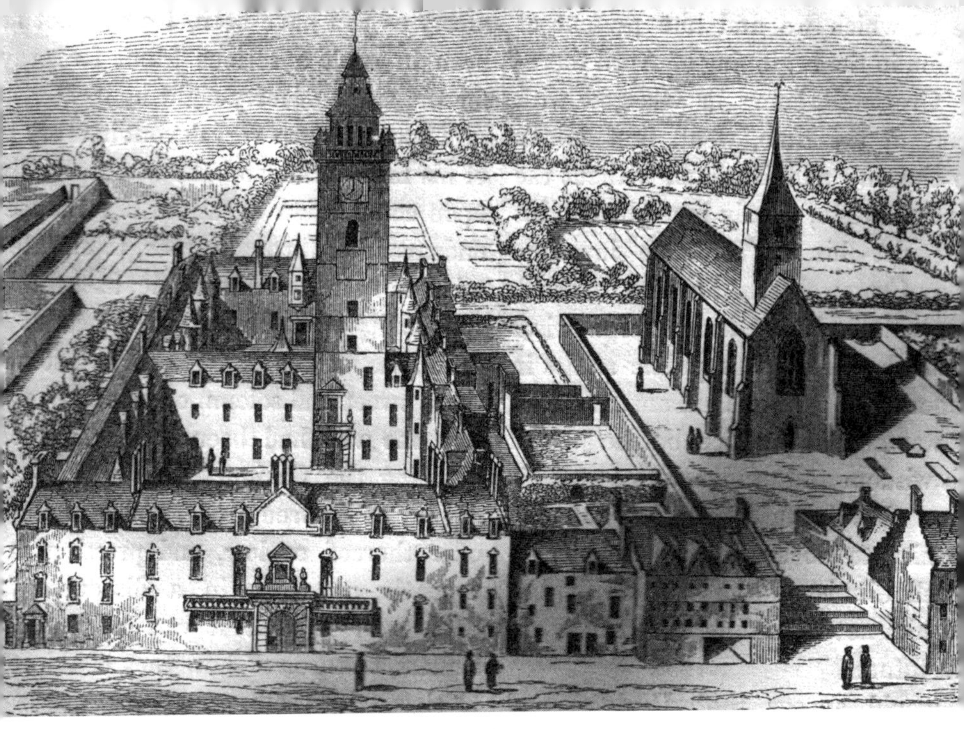

成立于 1451 年的格拉斯哥大学，当时教会经学和民法法律都在这里传授

在 1300 年时达到 22.8 万人，到 1400 年，已经增加到了 28 万人。[1]

与城市化进程同步，人口的增加也促进了城市文化的繁荣。由手工业者和自由商人构成的城市市民，都想用宏伟的建筑来体现自己城市的荣耀，从而向那些守旧的封建领主示威，所以欧洲城市到处都在修建教堂。

除了教堂，大学也出现了。1088 年，世界第一所大学成立于博洛尼亚，接着又有了牛津大学（1168）和巴黎大学（1180）。因

1- 可参阅［美］詹姆斯·E. 麦克莱伦第三、哈罗德·多恩：《世界科学技术通史》（第三版），王鸣阳、陈多雨译，上海科技教育出版社 2020 年版，第 202 页。

为农民一般付不起上大学的费用，而且大学生要在城市就业，所以大学都设在城市。大学主要培养牧师、医生、律师、官员和教师。随着古希腊和古罗马文献陆续公布于世，中世纪文化至此达到一种巅峰状态，所谓“西方”传统便由此形成。

中世纪最具代表性的无疑是骑士，尤其是由教会发动骑士进行的十字军运动。当时，欧洲的教堂建设热潮正方兴未艾，所以有人也将其称为“教堂的十字军东征”。[35]

1144 年，巴黎建成了世界第一座哥特风的教堂——圣德尼大教堂。接下来，法国又陆续建成了 60 多座哥特风的城市教堂。随后从法国开始，这种哥特风格的新教堂扩散到了整个西欧，乃至英国的一些教堂也兴起了哥特风。1175 年，坎特伯雷大教堂建成；1194 年，沙特尔大教堂重建时也转向了哥特风。

这些教堂大多数高度都超过了 100 米，彻底改写了中世纪的天际线。可以说，中世纪欧洲最壮观的成就，就是高耸入云的哥特式大教堂。荷尔德林在诗中写道：“在柔媚的湛蓝中，教堂钟楼与金属屋顶遥相辉映……人生充满劳绩，然而诗意地栖居在大地上。”

在此之前，146 米高的大金字塔一直是世界最高建筑，1310 年建成的林肯大教堂以 160 米的高度打破纪录，并将这个纪录保持到了 19 世纪。

这些教堂高大威严，被视为人类精神的纪念碑，是圣灵灌入物质世界的极致表现。这时的教堂已经不同于中世纪的修道院，也不像贵族的军事城堡，而是城市公共生活的中心。这里不仅举行宗教仪式，也兼作市民大会堂、公共礼堂、市场和剧场。这种世俗化的大教堂往往显得既庄重又祥和，充满生气。

机械钟表的出现恰逢其时，使钟楼几乎成为欧洲教堂最醒目的标志。

机械时钟是修道院制度的产物，也是中世纪手工制作技术高度发达的见证。11 世纪的僧侣们发明了许多机器，不仅有节省劳动力的脚踏水车、水磨和风车，也包括计时钟。为了安装大钟，原为崇拜上帝而建造的教堂塔楼变成了钟楼；每个教堂都有卡西莫多这样的专职敲钟人。

教堂热和十字军运动都是欧洲文化的一场大整合，人们在宗教认同中重新确立自己的身份，这种身份认同其实产生于与他者的对视之下。

抛开军事层面，十字军运动对西方世界来说是一场主动的碰撞和学习，被边缘化的西欧因此得以瞥见东方的光明与辉煌。与骑士们阴沉沉的城堡相比，东方城市完全是另一幅广阔天地。许多关于东方世界的游记也风靡一时。

十字军运动持续了将近 200 年，在这一系列对异教徒的军事入侵中，欧洲的精英阶层经历了一场东方文明的再塑造过程——高大的城墙、巨大的塔楼、辉煌的宫殿和高耸的教堂令他们敬畏，神秘的香料和丝绸令他们痴迷。当中国、印度和阿拉伯的许多发明创造被他们学习和吸收时，便引发了一系列改变商业、军事和航海的革命，古老欧洲逐渐走出“黑暗的中世纪”。

东方的启示

古希腊文化是西方文明的最早出处，“西方”作为相对于“东方”的地理和文化概念，便出自古希腊。

实际上，古希腊眼中的“东方”主要指波斯和印度。与更加“东方”的中国相比，它们其实处于中间位置，所以东亚属于远东，而中亚属于中东。

近水楼台先得月，自古以来，波斯与欧洲的交流就比较密切。早在 9 世纪时，阿拔斯王朝的第五世哈里发就曾送给亚琛国王查理曼一只造型优雅的豪华水钟。水钟上面有 12 扇小门，每过一个小时，就会有小球滚下来，撞击一下钹，同时会有雕工极其精美的骑士从其中的一扇门中骑马而出。这不仅是一个计时钟，也是一件精巧的艺术品。

在某种程度上，中世纪的伊斯兰文明是犹太和古希腊—罗马文化遗产的继承者，它们居于东西方古典文明交汇之要冲。当时，基督教与伊斯兰教互相敌视，但也发生着一场东西方之间的文明大交流。阿拉伯人作为中间人，在欧洲吸收外来文化方面扮演了某种重要角色，比如中国的“四大发明”就是经阿拉伯人之手传入欧洲的。[36]

中世纪的伊斯兰世界分外强大。伊斯兰社会在很大程度上属于精英政治，穆斯林统治者常常是战士加商人。虽然丝绸产自中国，但把持全球丝绸贸易的却是阿拉伯人，从陆上丝绸之路到海上丝绸之路，从骆驼到单桅帆船，伊斯兰教被传至世界各地。

除了商业上的成功，伊斯兰世界在科学技术方面也取得了耀眼的成就。至少在公元800—1300年那一段时间，伊斯兰文明几乎在一切科学领域都居于领先地位。

到9世纪初，阿拔斯第七王朝建立了世界科学圣殿“智慧宫”，东西方文明在此荟萃交融。当时欧洲大概只有三部古罗马医学家盖伦的著作，可是在伊斯兰世界，学者们在政府的支持下埋头苦干，已经有了129部译本。据说智慧宫的图书馆有40间房屋，藏书大约有12万到200万册，其中仅自然科学方面的书籍就有1.8万册。

智慧宫图书馆馆长、阿拉伯数学家花拉子米撰写的《印度数字计算法》(825)，使阿拉伯数字（包括0在内）取代了传统的罗马数字。[37]对所有的伊斯兰教信徒来说，知晓祈祷的时间和麦加的方向是必要的，而祈祷时间和通往麦加的方向，只能通过数学、几何学（后来还有三角学）和天文学来精确测定。

对一位虔诚的穆斯林来说，每天都有五次固定时间的祈祷，因此每个清真寺都有计时器和专门的计时人。伊本·沙提尔就担任大马士革清真寺的计时人，他是14世纪最伟大的天文学家。

伊本对世界历史最大的贡献，在于率先使用等量时辰的太阳时钟。

1371年，他建造了一座2米长、1米宽的水平日晷，放置在大

智慧宫成为欧洲文艺复兴的最早源头

马士革清真寺的宣礼塔上，上面设置了三个表盘，分别测量日落之后、日落之前，以及日落当时的时间。不过最关键的是他校准了这个太阳时钟的纬度，好跟地球的极轴平行，如此一来，运用几张详尽的图表，他就克服了季节时钟的麻烦，规定了不分季节每小时长度一律都是 60 分钟。这标志着时间现代性的开端。

伊斯兰世界在天文学方面的贡献由此可见一斑。

当时，穆斯林工匠的工艺水平举世瞩目。在伊斯兰世界各地，人们广泛使用水力来研磨谷物、锯木，捣碎原材料和进行其他生产。匠人们发明或改良了许多实用器具，包括块状肥皂、自来水笔、金属釉陶瓷、彩色玻璃、精致的油灯、各种管弦乐器、用于土地测绘的照准仪、计时器以及用来计算天体位置的星盘。

君士坦丁堡被土耳其人占领之后，改称伊斯坦布尔，成为整个伊斯兰文化的中心。当时，各路学者聚集在塔居丁建造的天文台里，研制各式各样的测量工具，并发展了历法。

“实际上欧洲钟表所有的技术和装置，包括自动装置、复杂的齿轮系统和齿轮组件，以及重力驱动和发声信号装置，都出现在安达卢西亚人（亦即信奉伊斯兰教的西班牙人）的钟表制造技术中。有趣的是，林恩·怀特认为，六项钟摆装置的发明显然是12世纪的印度人婆什迦罗（Bhaskara）赋予的灵感。”[1]

1206年，伊斯兰伟大的发明家加扎利撰写成《精巧机械装置的知识之书》。该书详细介绍了逾百种精巧的机械装置。这些机械发明往往采用多种方式灵活运用轴、齿轮和圆筒，著名的象钟便是其中之一。

象钟的原理是这样的：大象模型的头部有个储水的容器，容器内有只浮在水面的深碗。碗的底部有一小孔，容器中的水由小孔渗入碗中，将其注满需30分钟。注满水的碗因重力缓慢沉入水中，下沉的碗牵动与之相连的锁链，锁链带动象钟中部塔内执笔的人偶，从而显示出经过的时长。30分钟后，碗完全沉入水中，牵动象钟塔顶的锯齿装置。这时，最顶端的不死鸟便发出布谷鸟的

1- [英] 约翰·霍布森：《西方文明的东方起源》，孙建党译，山东画报出版社2009年版，第118页。

叫声。接着，象钟露台上的人偶身体偏向另一侧，他的手从鹰嘴处抬起，使弹丸从鹰嘴落下，掉入龙嘴。龙身向前倾斜，把弹丸吐入象背上的花瓶，继而恢复原位。弹丸落入花瓶后产生的动力牵动象夫（前侧驾驭大象的人）挥舞手上的斧子和权杖击打象头。龙恢复原位产生的回弹力，使执笔的人偶恢复原位；同时，与碗相连的锁链把下沉的碗拉出水面，并将碗中的水排空。在最上面，只要弹丸还在储水容器的上方，为排空碗中的水提供动力，上述过程就会周而复始。[1]

象钟是一种使用水力自动计时的时钟。有趣的是，它包含了多种文化元素：大象让人想到印度和非洲，龙代表中国，不死鸟让人想到古埃及，水力装置则令人不禁想到古希腊。

这体现了伊斯兰世界多元文化融合的特性。

进入 11 世纪，越来越多的先进文化被引入西方，特别是托莱多陷落（1085）之后。对中世纪的欧洲来说，阿拉伯就是一座关于文明的“智慧宫”。

> 这是几百年来欧洲第一次睁开自己的眼睛，放眼观察其周围的世界。与阿拉伯科学的这一不期而遇，甚至使中世纪初期就已在西方基督教徒中失传的报时技术得以恢复。如若对时间和历法没有精确的掌控，社会的理性组织将是难以想象

1-［韩］宋炳建：《图说世界经济史》，杨亚慧、彭哲译，湖南人民出版社 2020 年版，第 29 页。

的；科学、技术和工业的发展以及人类摆脱自然的束缚，也将是难以想象的。阿拉伯人的科学和哲学帮助基督教世界从愚昧无知中解脱出来，并且使真正的西方思想得以形成。[1]

对欧洲来说，尽管早期的技术发展极其缓慢，但计时进步所带来的社会意义还是很快显现出来了。

时钟的出现，通过重构时间而改写了人们的观念。欧洲依靠机械时间建立起一种新的文明形态，这就是所谓的现代。当这种文明成为世界主流时，一个现代世界就这样诞生了。

“八百年前，一些欧洲城市的居民开始感觉到自己有一种独一无二的且至今未止的愿望。他们想知道：现在是什么时间。”[2]从12世纪开始，中世纪的落日余晖正逐渐褪去，上帝时间开始给世俗时间让步。

薄伽丘在《十日谈》中讲了一个故事，10个从佛罗伦萨逃出的难民聚在一起，商量如何推举一个首领——

凡事必须得有个规章制度，否则就不会长久。是我首先提议让大家聚在一起的，我也希望我们的欢乐能够长久持续，所以，我想我们有必要推选一个大家共同尊重和服从的领袖。他必须专心筹划如何让我们过得更快活。我们所有人都应体

1-［美］乔纳森·莱昂斯：《智慧宫：阿拉伯人如何改变了西方文明》，刘榜离等译，新星出版社2013年版，第6页。

2-［奥］赫尔嘉·诺沃特尼：《时间：现代与后现代经验》，金梦兰、张网成译，北京师范大学出版社2011年版，第9页。

> 会下责任的压力和权力的快感，这样就不会有人心生嫉妒。因此，我提议大家轮流承担这份负担和荣耀，每人一天。[1]

12世纪末，伦敦从国王那里获得了“自治特许状”。从1216年起，市长由商业行会选举，在24名市议员的协助下实施管理。这种自治制度一直持续至今，2019年当选的威廉·罗素是第692任市长。

1-［意］薄伽丘：《十日谈》，转引自［美］乔纳森·戴利：《现代西方的兴起》，董文煦译，文汇出版社2021年版，第58页。

时间的福音

在自然条件下，无论日晷还是刻漏，都不是理想的计时工具，日晷在阴天和夜里无法工作，水钟会在冬天结冰。于是人们进一步发明了机械钟。

汤因比曾说：对机械的爱好是西方文明的特征，正如对美学的爱好是希腊人的特征，或对宗教的爱好是印度人的特征那样。李约瑟对此很不以为然，并以苏颂的水运仪象台钟作为例证。其实，苏颂的水钟本身也可以看成是一种机械钟：当纯粹依靠机械传动而不需要水时，就出现了纯粹的机械钟。

1270年前后，纯粹的机械钟最早出现在意大利北部和南德一带。整个钟架在高塔上，利用重锤下坠的力量带动齿轮，齿轮再带动小时指针走动；并用"擒纵器"控制齿轮转动的速度，从而得到比较正确的时间。它甚至还可以自动鸣响报时。

据说第一座公共时钟出现于1309年，它被安装在米兰圣欧斯托乔教堂的塔楼上。[38]第一条关于机械钟的明确记载，描述的是米兰的维斯孔蒂宫，时间在1335年。"沉重的钟锤每天敲响24次……将每个小时区别开来。这对所有人都很重要。"[1]

1-［英］詹姆斯·伯克：《联结：通向未来的文明史》，阳曦译，北京联合出版公司2019年版，第11页。

钟楼在中世纪晚期非常普遍

虽然早期的机械钟结构非常简单，计时也不够准确，还常常需要用日晷和水漏来校正时刻；但在接下来的半个世纪里，机械时钟还是很快传遍欧洲各国，法国、德国、意大利的教堂纷纷建起钟塔。斯宾格勒在《西方的没落》中写道："数不尽的钟塔，其声音回荡在西欧，夜以继日，成为其历史的世界感的一个最美的展示。"[1]

在惠更斯发明摆钟之前，时间是脆弱又不规律的，这些简陋的钟表经常发生故障，神奇的钟表更多属于城市的一种荣耀而非实用。对于一些领主和君主来说，钟表是权力的象征。用中世纪经济史专家林恩·怀特的话说——

1-［德］斯宾格勒：《西方的没落》，陈晓林译，黑龙江教育出版社 1988 年版，第 11 页。

在欧洲的乡镇里，除非在钟的敲击声中，行星按时旋转，天使按时唱歌，公鸡按时打鸣，使徒、国王和先知按时行止进退，否则没有一个乡镇感觉能够抬头挺胸、扬眉吐气。[1]

1410 年，布拉格一座教堂的钟楼安装了一上一下两只联体的神奇天文钟，上面的钟一年转一圈，下面的钟一天转一圈；每天中午 12 点，十二尊耶稣门徒雕像从钟旁依次现身。[39]

在整个 13 世纪，欧洲各地教堂的钟楼和市政厅的大型塔钟，以整齐划一的小时鸣响，预示着时间意识即将来临。中世纪诗人厄斯塔什·德尚写道："生命轮回，并用刚发明出来的时针模仿它。"

"时间是上帝的一个恩赐，所以不能出售。中世纪曾用来反对商人的时间禁忌在文艺复兴露出曙光之时被解除了。只属于上帝的时间从今后成了人类的财产。"[2] 当时钟被搬上教堂的尖塔和市镇的钟楼时，钟表和时间就已经完全世俗化，从宗教工具变成了商业工具。

但当时的时间并不统一，有的地方以午夜为零时，有的地方以正午为零时，还有的地方以日出为零时，这种前工业时代的时间仍然难以与自然时间脱离。

1370 年，法国国王查理五世下令，巴黎市民必须根据王宫的钟声即"国王的时间"来调整自己的私人生活、商务生活和产业生

1-［美］乔尔·莫吉尔：《富裕的杠杆：技术革新与经济进步》，陈小白译，华夏出版社 2008 年版，第 55 页。

2-［法］雅克·勒高夫：《试谈另一个中世纪：西方的时间、劳动和文化》，周莽译，商务印书馆 2014 年版，第 93 页。

活，宫廷的时钟每60分钟敲响一次。同样，巴黎的所有教堂也受命调整时钟，它们不能再遵循原来礼拜时才敲钟的习惯。从此以后，按时传出的钟声改变了人们的生活。

> 时钟的好处立竿见影，更广泛、更有效调动社会力量的新形式随即产生。在整个欧洲，宫廷和数量日增的城镇对时钟的需求使人应接不暇。市镇的钟声使行会和政府有了协调工匠和市民行为的手段。在布鲁塞尔，纺织工和捻接工听见钟声起床，听见晚钟下班，当局还为皮鞋匠安排了一个专用的时钟。法国亚眠市政府在1355年颁布法令规定，人们何时上班、何时下班、何时吃饭，都必须按照政府设立的时钟进行。[1]

时钟让同一个城市的人们有了一种关于时间的认同，每个人都觉得自己与这座城市休戚与共，因此人们都希望自己的城市能有一座时间之钟。

里昂市议会曾经收到一封请愿书，要求安装一座大钟，让全城每个角落的人都能听到它敲响。“有了这样一座钟，更多的商人将来到我们的集市，市民会更安心，更快乐，过上更有秩序的生活，我们的城市也将更加美丽。”[2]

在人们的经验中，时间如同离弦的弓箭一般不可逆转，因此有

1-［加］戴维·克劳利、保罗·海尔：《传播的历史：技术、文化和社会》，董璐、何道宽、王树国译，北京大学出版社2011年版，第96页。

2-［英］詹姆斯·伯克：《联结：通向未来的文明史》，阳曦译，北京联合出版公司2019年版，第184页。

“时间之矢”的说法。

有趣的是，无论是漏刻还是机械钟，人们不约而同，都用一根箭头（指针）来指示时间。尽管最早显示时间的“表”只有一根指示小时的时针，但随着“表”的出现，时间从听到变成看到，时间的形象与意义立刻凸显出来。

机械钟的出现使时间不再是教会的专利，每个人都有了“时间的权利”——时间被民主化了。时钟创造了秩序和组织，创建了一套人人共享的客观信息。

> 到了中世纪末期，人们在生活中普遍感到惶惶不可终日。现在意义上的“时间概念”开始产生，分钟已变得有价值。这种新的“时间概念”产生的一个重要标志是，自十六世纪以后，纽伦堡的钟每隔一刻钟敲一次。[1]

早期的机械钟都以 24 小时为一周期，这导致机械结构非常复杂，后来改用 12 小时后，钟表的制造成本大大下降；但意大利直到 19 世纪，仍在使用 24 小时制的钟表。

到了 14 世纪中期，1 小时分为 60 分钟，1 分钟分为 60 秒，这种习惯已经成为公认的标准。对所有人来说，9 点就是 9 点，1 小时就是 1 小时，我见到的就是你见到的。

这就是技术的客观。法国社会学家马塞尔·莫斯指出：技术

1-［德］埃里希·弗罗姆：《逃避自由》，陈学明译，工人出版社 1987 年版，第 81 页。

产生了人类的平等和神的焦虑，技术将人类从精神和物质的危机中解救出来；人类由此成为自己的主人，主宰自己的命运。“工业资本主义的兴起能够压倒一切，这是一个人类工具理性和逻辑思维如何摆脱传统限制的故事，这也就是韦伯所命名的‘彻底祛魅的世界’。”[1]

原始机械钟的动力都来自地心引力，即由重力带动钟表走动。14 世纪，欧洲制造出了冠状擒纵机构，15 世纪出现了发条，使钟表驱动摆脱了地心引力的限制。机械钟至此基本趋于完善定型。

用李约瑟的话来说，擒纵机构是人类在动力控制方面取得的第一项伟大成就，而机械钟的发明是科技史乃至一切人类技艺和文化史上最重要的转折点之一。

发条也就是弹簧，它会随着逐渐松开而力量减弱，导致钟表越走越慢，为此人们发明了均力圆锥轮，用它来调解发条力量的大小，以保证钟表指针匀速转动。到 16 世纪，发条钟已经小得可以做成表了，这样的小型钟表完全适用于普通家庭使用。

从某种意义上来说，机械钟几乎可以作为人类技术的最佳范例，它包括一系列复杂的齿轮、传动装置和杠杆，通过落下的砝码和摆锤（或者弹簧发条）提供动力。

1- 赵鼎新：《国家、战争与历史发展：前现代中西模式的比较》，浙江大学出版社 2015 年版，第 28 页。

钟表的隐喻

作为物理学先驱，伽利略常常用脉搏来计时，后来他发现了单摆的等时性；不久，惠更斯便制造了第一座带有钟摆的时钟。小小的钟摆催生了人们对机械规律的发现和信任，这象征着一个新时代的来临。

科学出现了，人类成为自然的客体。海德格尔指出，科学不同于思想，思想具有时间性和历史性，而科学缺乏本源性和历史性，科学使人遗忘“存在”，失去“根本”。

在量子物理学家多伊奇看来，解释是科学的重要前提，或者说科学也是一种解释。能够创造和运用解释性知识，使人获得了一种改变自然的能力。世界最终是否有意义，取决于人——与我们相似的人——选择怎样去思考和行动。

在启蒙运动以前，因为压抑创造性和不允许批评的传统，人类文明长期都处于静态社会中，这种社会不利于好解释的出现；随着一个“动态社会”的出现，真正的文明开始了。

在钟表出现之前，人类完全依靠自身的生物钟和生活事件来确定时间。这种时间完全是生活的一部分，人们根据生活知道时间。

作为一种机器，时钟提供给人们的是纯粹的抽象“时间”；或者说，钟表将时间从人们的生活中分离出来，建立了一个独立存在的时间序列；这个抽象的数字世界构成科学的基础。

从这种意义上来说，钟表催生了科学革命。马克思最先意识到了钟表的特殊意义——

> 钟表是由手工艺生产和标志资产阶级社会萌芽时期的学术知识所产生的。钟表提供了生产中采用的自动机和自动运动的原理。与钟表的历史齐头并进的是匀速运动理论的历史。在商品的价值具有决定意义，因而生产商品所需要的劳动时间也具有决定意义的时代，要是没有钟表，会是怎样的情景呢？[1]

从日晷到水钟和沙漏，从中世纪修道院里的钟声到中国更夫的打更声，人类世界的“时间”几乎停滞了几千年。直到伽利略和惠更斯的出现，“时间”在机械技术上最先获得突破；或者说，机械在时间技术上最先获得突破。

自从14世纪人类进入机械时代，有史以来第一次出现了精确的、统一的、客观的、终年不变的“小时”。

在伽利略之后半个世纪，人类计时的平均误差从每天15分钟一下子下降到不可思议的10秒。1675年发明的游丝发条被用于弹性驱动的钟表，表盘上第一次出现了表示分钟的分针；至此，人类

1- [德] 马克思：《机器。自然力和科学的应用》，中国科学院自然科学史研究所译，人民出版社1978年版，第68页。

从“小时时代”一下子跨入“分钟时代”，接下来就是“秒时代”。

从最早只有时针的钟表，到 1760 年有了时针、分针和秒针，钟表将时间计量得越来越精确，社会生活被分割得越来越精细，人们的生活节奏也随之加快。机械钟的“小时”“分钟”和“秒”，使永生和来世变得遥不可及；从这一点来说，现代工业时代的关键机器应当是钟表，准确地说是时钟，而不是蒸汽机。

技术史学家林恩·怀特指出，时钟基本是一场持续几个世纪的机械技术革命的产物，“也许开始于 983 年塞尔基奥（Serchio）的漂洗机，11 世纪和 12 世纪已经将凸轮运用于大量操作之中。13 世纪发现了发条和踏板，14 世纪将齿轮发展到了难以置信的复杂水平；15 世纪通过精致的曲轴、连杆、调速器，极大地便利了将往复运动转换为连续转动。考虑到人类历史向来的缓慢节奏，这场机械设计的革命发生之迅速令人震惊。”[1]

“机械学成了新的宗教，它带给世界新的救星：机器。”[2] 作为人工技术，钟表是一种完美的机器——“机械中的机械”，它完全按照装配线的模式生产统一的秒、分、时等时间单位。钟表作为机器所达到的完美程度，是任何其他机器都望尘莫及的。

所谓现代，其实是从时间革命开始的。

如果说时间是永恒的，那么至少钟表是人类的创造，机器时

1- 吴国盛：《什么是科学》，广东人民出版社 2016 年版，第 207 页。

2- [美] 刘易斯·芒福德：《技术与文明》，陈允明、王克仁、李华山译，中国建筑工业出版社 2009 年版，第 42 页。

从沙漏计时到机械钟，一种重要的因素是科学的介入

代或许就从钟表开始。无论在机器领域还是社会领域，钟表都是最具影响力的机械装置，它制造的产品是周而复始的时间，每一分钟、每一秒钟都是相同的和标准的。

时钟是欧洲中世纪机械发明中最伟大的成就之一。虽然对于当时的欧洲人来说，现实生活并不需要过分准确的时间，但机械表作为一种完美的机械装置，已经成为全社会普遍认同的审美趣味。

作为机器与时间的象征，机械钟表重塑了欧洲的技术、文化与社会，其影响甚至超过同一时期的谷登堡印刷机，并形成以钟表为中心的机械论。

机械论是 17 世纪中叶以来现代科学的核心范式，它将世界视为一个大机器，或者说是一个大钟表，由惰性物质构成，通过外部力量作用才能运转，比如钟表通过卷绕弹簧驱动才能运动。所有机械装置都缺少能动性，运动要依靠外力；自然界作为一个庞大的机械装置，也同样是被动的。

在伟大的文艺复兴时期，时间和钟表已经成为一种象征：由无数齿轮组成的机械钟象征着天国和生命，而传统的沙漏则象征着流逝和死亡。机械钟周而复始永不停息，它的时间是永恒的，沙漏的时间则是一种倒计时的结束。

用具体的时钟去测量时间，这种想法在古希腊物理学家看来也许过于相对主义。他们认为，真正的时钟应当是一个永恒流动的理想沙漏。"一般来说，机械论思想并不适合希腊人；即使它以后来的形式显示出来，将宇宙描绘成由超人的智慧构造出来的一台完美而实用的机器，一经发动便自行运转，希腊人也同样不会赞同（当然德谟克利特、伊壁鸠鲁和卢克莱修不会如此）。因为那样一来，宇宙就成了一个没有灵魂的东西，大多数希腊思想家都竭尽全力反对这种假设。希腊宇宙论的各个发展阶段都会显示出一种信念，即宇宙是一个有生命、有灵魂的整体；事实上，有生命比无生命更强大，有灵魂比无灵魂更高贵。"[1]

实际上，所有的时间测量技术都没有测量时间本身，而是测量了不同的物理运动。

中国人常说的"一寸光阴"，就是指日晷上晷针的影子在晷盘

1- [荷] E. J. 戴克斯特豪斯：《世界图景的机械化》，张卜天译，商务印书馆 2015 年版，第 106 页。

移动一寸，或水钟的浮箭移动一寸所耗费的时间，水钟和沙漏通过测量流体流动来计时。当然，测量是一码事，准确则是另一码事。

复杂的机械钟取代了简单的沙漏，只要上好发条，机械钟就可以不停地走动，准确地显示一天的时间；不需要任何人工干预和修正，它忠实地履行自己的职责。

亚里士多德认为，如果没有外力推动，任何物体都不会移动。人类制造的机械钟似乎颠覆了这一真理，它嘀嗒作响，似乎有自己的生命。这在机械钟尚未出现之前是无法想象的。

到了 16 世纪，巴洛克风格的机械钟装饰了玲珑精致的金银铜雕像，复杂的齿轮不仅成为上帝完美的化身，也是太阳系、宇宙乃至人类灵魂的象征。

欧洲哲学家们将宇宙看作一个巨大的钟表结构，将上帝看作“钟表制造者”，将人体视为一种机械系统。启蒙时代的思想家们坚信，人的身体“不是别的什么，就是一台钟表”。

机械耶稣

在 15 世纪时，英国肯特郡的一个修道院吸引了大批朝圣者，因为这里有一尊会动的机械耶稣像——

> 这个机械耶稣像可以在复活节和耶稣升天节当天运转，“可以拉动头发丝带动眼睛和嘴唇”。而且，这个塑像还能够自己弯腰和起身、摆动双手和双脚、点头、转动眼珠、对行人指指点点、弯曲眉毛，最后指指自己的眼睛。每一个动作都能准确地传达其感情。他时而抿嘴皱眉，时而前倾；觉得受到侵犯时会面露不屑；高兴时会面露笑容，和蔼可亲，显得亲切而愉悦。[1]

在中世纪后期和文艺复兴时期的欧洲，天主教会拥有很多惟妙惟肖的机械雕塑，这些机械装置通常都出自钟表匠之手。当时，关于圣经题材的机械表演传遍整个欧洲，甚至远及一些乡村僻壤。

随着谷登堡印刷机的问世，天主教会还赞助翻译和印刷大量

1- [美] 杰西卡·里斯金：《永不停歇的时钟：机器、生命动能与现代科学的形成》，王丹、朱丛译，中信出版社 2020 年版，第 3 ~ 4 页。

关于机械和液压自动机的古代文献，这些文献也激发了新机器的出现。

最早的时候，这些机械形象主要出现在教会的一些宗教仪式中。许多形象一般和钟表有关，以便更好地适应新的日历系统，更加准确地预测斋日的到来。

钟楼的流行不仅使得钟表更加普及，也推动了自动机械的发展。

钟楼并不是只有一个钟表就可以。除了钟表，钟楼上还离不开一个敲钟人，而这个敲钟人常常以机器人来代替。在中世纪欧洲，这个手执木棒敲钟报时的机器人很常见，英国人叫他“杰克”，佛兰德斯人叫他“让”，法国人叫他“杰克马特”，德国人则叫他“汉斯”。

卡西莫多是孤单的，但机器敲钟人并不孤单。

从1499年开始，威尼斯圣马可广场的钟由两位巨大的机械牧羊人敲响，同时一位机械天使吹响号角，机械的东方三博士紧随其后；另外还有一只机械公鸡拍着翅膀打鸣。当时，东方三博士的形象是教堂钟表上常见的主题形象。除此之外，钟表上还包括星星的位置、十二宫图、月相，以及托勒密的天体模型。

从这方面来说，钟表只是当时流行的机械技术之一种。比如16世纪末至17世纪初，在盛产钟表的德国南部，各种机械动物风靡一时，小的有机器小龙虾、机器蜘蛛，大的有机器神龟和狗熊；机器熊和真熊一样大，身披真熊皮，边走边打鼓。

当耶稣会来到东方世界后，这些稀奇古怪的欧洲机器便在全球传开了。

清朝几代皇帝都对这种西洋机器人迷恋不已。清代徐朝俊写的《自鸣钟表图法》序中说："至于一切矜奇竞巧，如指日、捧牌、奏乐、翻水、走人、拳戏、浴鹜、行船以及现太阴盈虚、变名葩开谢诸巧法，只饰美观，无关实用，且近于奇技淫巧之嫌。"

清宫西洋机器中最著名的，当属英国钟表匠威廉森制作的一台会写字的自动机器人：木雕方形底座，上部四层亭阁，内有一位机械木偶，单腿跪地，一手扶案，一手执笔；启动开关，写字人便在面前的纸上写下"八方向化，九土来王"八个汉字。

17世纪末期，欧洲上流社会又刮起了"复古乡土风"，钟表匠创作的机器人常以狩猎聚会和乡村生活为主。

在当时情况下，这些手工精制的自动机器都属于奢侈品，或者说是富人的玩具。路易十四小时候就拥有许多这样的机器玩具，包括自动钟表、机械马车、机械士兵，还有一个机械剧场，里面能上演五幕歌剧。路易十四的儿子更不得了，他有一个巨大的自动玩具库，其中包括上百名机械士兵。

汤因比说，"机器"一词的含义并不准确。当人们说"一种精巧的机器"或"机械般地灵活"或"熟练的机械师"时，这使人想到人定胜天的说法。操纵一些虽无生命却能执行人类意愿的物件，就像一排士兵机械地执行军官的口令，所以，机械的发明极大地提高了人类驾驭环境的能力。

其实，大自然早已赋予人类在机械方面的天性，而人类很早就已拥有了一件天然机械，它就是人体。

西方现代哲学领域里如果没有笛卡儿，就和科学领域里没有牛顿一样，只能是一片荒原。笛卡儿第一个完满地证明了动物是纯粹的机器，法国思想家拉・梅特里进一步指出："人是动物，因而也是机器，不过是更复杂的机器罢了。"[1]

虽然笛卡儿曾明确断言"人不是机器"，但梅特里仍将人视为"一架永动机的活生生的模型。体温推动它，食料支持它"[2]。笛卡儿认为人的心脏是一个火炉，哈维则认为是一个水泵。哈维将心脏外廊和心室的连续运动比作一个机械装置，在这个装置里，一个齿轮带动另外一个齿轮同步运动。

作为钟表匠的儿子，卢梭在《论人类不平等的起源和基础》中认为：任何动物都是一部精密的机器，自然给它装上感觉，使它活动起来，保护自己，并在某种程度上防止自己受到干扰或破坏。人也是这样的机器，不同的是，在运作动物这台机器时，自然是唯一的操作者，而人作为一个自由的操作者，在运作机器和形成性格上享有一部分权利。动物由本能来决定取舍，而人则依靠自由意志。[3]

哲学家眼中的物质世界与工匠眼中的机器别无二致。机器没有思想，因为所有动物都是机器，而且是"纯粹的自动机器"，人除了理性思维，其他部分也是机器，就像钟表一样依赖于配重和齿轮的工作。莱布尼茨说，每一个生物都是一个自动机器，它比一切人造机器都更完美，所有人造机器都是对自然机器的模仿。

1- 可参阅［法］拉・梅特里：《人是机器》，顾寿观译，商务印书馆 1959 年版。

2- ［法］拉・梅特里：《人是机器》，顾寿观译，商务印书馆 1959 年版，第 20 页。

3- 可参阅［法］卢梭：《论人类不平等的起源和基础》，李常山译，商务印书馆 1962 年版，第 82 页。

当17世纪进入尾声时，一种全新的机器诞生了，这种机器不再模仿动物，而是模仿人，这种新式机器人被称为“安卓”（Android）。[1] 这些机器人不只是会走路，最重要的是会唱歌，会画画，会说话，甚至会吹笛子。

尽管能自动奏乐的管风琴非常流行，但吹笛子的机器人还是让人惊叹不已。要让机器人吹出一首曲子，不仅要控制好气流，还要控制好手指，难度可想而知，但这被一位里昂的钟表匠制作了出来。

1796年，瑞士钟表匠安托·法布尔制成一只手掌大小的八音盒。他放弃了传统的凸轮机构，改为类似打孔纸带的圆筒装置配合金属梳齿，通过金属片弹拨来演奏音乐。只要像钟表一样上好发条，这只八音盒就可以叮叮咚咚自动演奏一首曲子。在收音机、电唱机、录音机出现之前，人们觉得能随时随地听到音乐简直是不可思议的，而小小的八音盒做到了，因此很快就风靡世界。

无论是精巧的做工还是昂贵的价钱，八音盒丝毫不逊色于钟表。在长达一个多世纪的时间里，八音盒都是送给孩子和女士的最完美礼物，正如手表是送给男人的最完美礼物一样。

随着机械化程度极高的机器人不断面世，一场工业革命便不期而至。

法国机械师沃康松发明的机械鸭子不仅能游泳，还能进食和排泄，展出之后引起了轰动，这让他成为普鲁士国王腓特烈二世和法国国王路易十五的座上客。但他最为人称道的却是他发明的一架

1- 可参阅［美］杰西卡·里斯金：《永不停歇的时钟：机器、生命动能与现代科学的形成》，王丹、朱丛译，中信出版社2020年版。

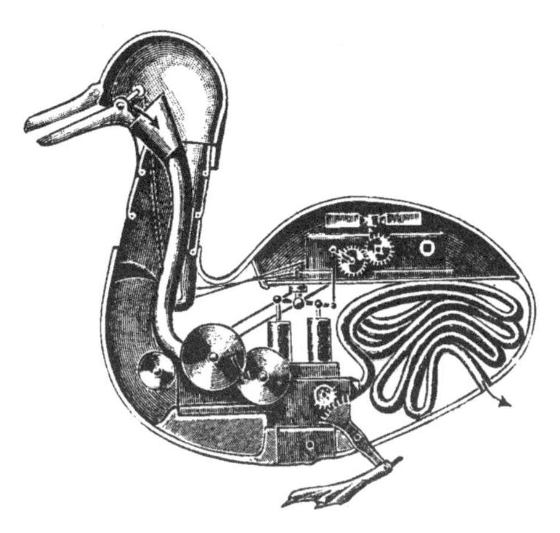

机械鸭虽然貌似玩具，但它内在的原理却代表了未来机器的自动化方向

自动织布机。

沃康松夸口说，有了他的这台机器，“马、狐狸甚至驴都能织出比最聪明的织布工人织的还要更漂亮、完美的丝织物”。他设想有一家神秘的工厂，“里面的织物在织布机上自动编织，完全不需要人类的参与。经纱打开后，梭子开始自动工作，弹簧带动布匹，布匹转动缠绕在圆柱体上”[1]。

自动机器为资本家、帝国主义者和奴隶主实现现代化提供了可能。从整个现代史来说，将机器等同于那些身份低微的人（奴隶、士兵、工人）是伴随工业化和机器发展而产生的一个重要主题。

1-［美］杰西卡·里斯金：《永不停歇的时钟：机器、生命动能与现代科学的形成》，王丹、朱丛译，中信出版社 2020 年版，第 169 页。

发明钟表本来是要人用更加刻板的制度去侍奉上帝，然而终极的结果却是相反，钟表最大的用处是让人积攒金钱。

——［美］尼尔·波斯曼

第二章　时间机器

数学语言

长期以来，欧亚大陆远比地球其他地方要发达得多，这里孕育出人类几大主要文明。与亚洲相比，欧洲显得偏远而又贫瘠，但这也赋予它一个极为开放的有利条件。偏远使其免于被征服，却又不影响它汲取来自亚洲的观念、智慧、技术、发明、概念、文化成果、宗教理念和知识。更关键的是，欧洲人也乐意接受这些精神财富。

对现代人来说，一个没有科学的世界是不能想象的，但实际上，科学是在十分晚近的历史时期才诞生的。

直到17世纪，所有的“科学”仍然处于神学的统治之下。

“中世纪大部分时间里兴趣的主要焦点是宗教和神学。对文学、伦理学和艺术的令人注目的重视则是文艺复兴的一般特征。而在近现代，尤其是在过去的三个世纪里，兴趣的中心看起来已经转向了科学与技术。”[1] 凡勃伦发现，现代文明在很大程度上是一种观念转变，即科学和技术越来越受到实用主义的支配。[2]

从17世纪开始，欧洲进入科技高速发展的时期，无论是天文

1-[美]罗伯特·金·默顿：《十七世纪英格兰的科学、技术与社会》，范岱年、吴忠、蒋效东译，商务印书馆2000年版，第30页。

2-可参阅[美]托尔斯坦·凡勃伦：《科学在现代文明中的地位》，张林、张天龙译，商务印书馆2012年版。

学、物理学领域还是化学、数学等领域，天才般的人物灿若群星。“+”“-”“×”“÷”和“=”等，都已相继出现。

现代数学几乎可被视为欧洲人的成果。

数学不仅有益于工程技术和一切经济活动，还可以说，有了数学这个基础，才会有物理学（力学、热学、光学、工程等）和化学等多种学科的发展，而这些学科的发展构成现代机器产生的基础。晚清学者李善兰曾说：“今欧罗巴各国日益强盛，为中国边患。推原其故，制器精也；推原制器之精，算学明也。”（《重学·序言》）

以托勒密的《数学汇编》为代表，古希腊人最先使数学从模糊的、经验的割裂状态，转变成为辉煌的、庞大的、系统的和充满智慧的创造物。

“正是从这些希腊著作中，睿智的欧洲文艺复兴领袖们知道了自然是依照数学而设计的，而且这种设计是和谐统一、美妙悦人的，它正是自然界的内在真理所在。自然界不仅仅是合理的、有秩序的，而且是依照恒定的、不可抗拒的法则来运转的。欧洲的科学家就像希腊人的孩子一样开始了他们对自然界的探索。”[1]

如果说发生在16至17世纪的一系列突破是一场“科学革命”的话，那么这只能算是第二次科学革命，第一次科学革命是在古希腊时代。因为文艺复兴，这两次科学革命完全是一脉相承的。

在第二次科学革命中，哥白尼率先将计算引入对天文学的研

1- [美] M. 克莱因：《数学：确定性的丧失》，李宏魁译，湖南科学技术出版社1997年版，第25页。

究。“哥白尼革命本质上不是在计算行星位置的数学技巧方面的一场革命，但它的起点就是如此。”[1] 在《天体运行论》中，他计算得出的恒星年时间为 365 天 6 小时 9 分 40 秒，误差只有百万分之一。从此，数学作为一种新的文化和思维方式，渗透到生活的方方面面，科学进入一个前所未有的境界。

在帕斯卡看来，科学是一种崇拜，上帝的世界需要通过数学来理解。弗朗西斯·培根宣称：“科学是已经被解放了的现代人类的宗教。”

这场由文艺复兴引发的科学革命肇始于意大利，终结于英国。1642 年，伽利略去世，牛顿诞生，历史就是这样承前启后。

莱布尼茨说，产生于过去的现在，孕育着伟大的未来。

17 世纪是一个天才纵横的时代，也是一个混乱嘈杂的时代，一切都酝酿着变革的因子。

波义耳、伽利略、胡克、哈雷、开普勒、牛顿、莱布尼茨、笛卡儿等天才人物的不懈努力，永远改变了人看待自己和自身地位的方式。虽然他们相信天使、魔鬼和炼金术，但他们也相信宇宙正按照精确的数学法则运行，就像是一个错综复杂但异常完美的巨大的机械钟表，完美地集迷信和理性于一身。[2]

机械钟表越来越精确，这让城市生活和经济发展开始跟随钟表

1- ［美］托马斯·库恩：《哥白尼革命：西方思想发展中的行星天文学》，吴国盛、张东林、李立译，北京大学出版社 2003 年版，第 141 页。

2- 可参阅［美］爱德华·多尼克：《机械宇宙：艾萨克·牛顿、皇家学会与现代世界的诞生》，黄珮玲译，社会科学文献出版社 2015 年版。

的指针而转动，人们可以更加清晰地感受到时间的流动。

莱布尼茨堪称一位不世出的天才。他不仅绘制出手表的设计图，还提出潜水艇的设想和全民医保的概念。潜水艇让人跨越了空间限制，而全民医保（寿命延长）则让人跨越了时间限制。最神奇的是，莱布尼茨和牛顿不约而同地发明了微积分，他并不知道牛顿已经发明过了。

牛顿与莱布尼茨分别提出了两种截然不同的时间观：牛顿以实验为基础，对时间有精确的测量，认为时间是绝对存在的物质，它的本质是均匀，不与外界事物发生任何联系；莱布尼茨则基于对世界复杂性的形而上思考，反对把时间简单地物化，他把时间看作纯粹理性的观念，是相对的、关联的，是主观的意识现象。[1]

莱布尼茨尤其反对牛顿将宇宙描述为一种人工制品或一个简单机械化的工具的观点。莱布尼茨认为，任何设备都需要制造者介入和调整，设备只有上完发条才能持续运作下去，宇宙自然也不例外。

如果精准的计时器未被发明，牛顿在 17 世纪末创立普遍的运动和引力理论就是不可想象的。牛顿学说中的宇宙把上帝从钟表制造者提升为机械大师或大数学家，不仅控制着最小的可携带的表的万有定律，同样也控制着地球、太阳以及所有的星体。

正如马克斯·韦伯所说，“理性的计算”乃是近现代的过程最

1- 可参阅［德］托马斯·德·帕多瓦：《莱布尼茨、牛顿与发明时间》，盛世同译，社会科学文献出版社 2019 年版。

伽利略（1564—1642）

牛顿（1643—1727）

主要的特征。

“站在巨人肩上”的牛顿不仅发现了制约太阳系的物理规律，同时还继续了这种纯粹理性的数学思维——“世界是一本以数学语言写成的书”。人类的知识因此被一种新的世界观所控制，这个世界上的一切都是有序的，符合逻辑的。在整个宇宙中，地球不过是一个正在运转的庞大而复杂的机器中的一个小部件而已。

牛顿在伽利略和笛卡儿的基础上构建了一个规则有序的数理世界，万有引力定律就像一个“天条”。包括太阳和地球在内，所有星球都受万有引力定律的支配，进行有规律的运动。只要按照公式加以计算，人类就可以准确地预知行星的位置乃至速度。

1619年，开普勒发表了巨著《世界的和谐》，书中呈现的行星运动第三定律，充分论证了蕴含在天体运行等物理现实深处的数学和谐。事实上，这条定律本身就是这种和谐的体现。

1656年，惠更斯发明了摆钟，并出版了一本描述摆钟原理的专著《时钟》。此前5年，霍布斯[1]出版了《利维坦》，他认为人的生命是一种机械运动，所以人的品格相同，容量相等，因此不存在什么强者与弱者之分，这标志着中产阶级自由主义的兴起。

1687年，牛顿出版《自然哲学的数学原理》，首开用公式表述思想之先河；他用微积分表达了关于宇宙的机械模型。在其后200年间，牛顿三大运动定律被视为真理，开辟了一个“大科学时代”。

1725年，维柯出版了他的《新科学》，标志着历史哲学和近代科学思想的诞生——人类从神圣时代和英雄时代回到人类时代。

“所谓传统性社会，是一个生产能力发展有限，基于前牛顿期的科学与技术，与前牛顿期的宇宙观的社会。”[1] 经济学者罗斯托如是说。

虽然直到1500年，欧洲所知道的东西，也没有公元前212年去世的阿基米德知道的那么多，但到了牛顿时代，人们开始接受这种观念：宇宙中的任何事物皆可用数学的原理加以解释。整个世界因此进入了一个崭新的时代。

> 1600年，布鲁诺（Giordano Bruno）因为主张地球是数量无限多的行星中的一颗，被裁定有罪而活活烧死。……几乎整整一个世纪之后，艾萨克·牛顿在1705年获得英国女王

1- 金耀基：《从传统到现代》，中国人民大学出版社1999年版，第5页。

赐予的爵位。牛顿赢得举世钦佩的成就中包括这一点：他说服世界相信曾让布鲁诺失去生命的学说。这两个事件之间的某个时候，在17世纪的某个时间点上，现代世界诞生了。[1]

现代科学的出现毫无疑问是通过数理科学，即开普勒、伽利略、牛顿等的工作获得突破，而且此后300年的发展显示，现代科学其他部分也莫不以数学和物理学为终极基础。[2]

在牛顿之后，地球不再是宇宙的中心；在达尔文之后，人不再是上帝的直接创作；一个神话、魔法和诗歌的世界，变成了一个数学和科学的世界。人类开始用理性的眼光看待一切。

牛顿用机械运动来解释万物变化的规律，这完全颠覆了整个社会的传统认知。从此以后，人们相信一切都是机械运动，或者可以通过机械运动来实现一切。新思维带来新事物，这种机械思维引发了一连串发明与技术创新，从哈里森的海钟到巴贝奇的计算机，从瓦特的蒸汽机到史蒂芬森的火车，不一而足。

1-［美］爱德华·多尼克：《机械宇宙：艾萨克·牛顿、皇家学会与现代世界的诞生》，黄珮玲译，社会科学文献出版社2016年版，第299页。

2- 陈方正：《继承与叛逆：现代科学为何出现于西方》，生活·读书·新知三联书店2009年版，第28页。

编年表

在浮士德的传说中，科学家不惜向魔鬼出卖灵魂，以获取全部知识和权力。随着时钟的出现，科学从巫术和宗教中分离出来。在波澜壮阔的大航海时代，科学超越了宗教、族群和区域等意识形态的限制，渗透到地球的每一个地方。

“作为井然有序、等级分明的中世纪社会的象征，整个亚里士多德—托勒密宇宙体系将被一举摧毁：原先的体系非常稳固和清晰地介于静止的中心地球和同样静止的最外层天球之间，静止和运动被精确地指定和分配于其中，任何事物都知道自己的等级，知道哪个位置是其凭借本性所应有的位置；现在，取代这个体系的则是一个令人困惑的观念：一个无限的宇宙空间，没有任何一点是固定的，万物都在以自己的方式运动，根本谈不上等级秩序。”[1]

在欧洲，基督教教义和任何哲学或者科学一样在精神和道德领域发挥作用，并且共同构筑了欧洲文明。

一位哲学家讲过：“牛顿创立了一种人的语言，既能解释苹果跌落在草地，也能解释太阳的升起。真理就是在眼花缭乱的现象

1-［荷］戴克斯特豪斯：《世界图景的机械化》，张卜天译，商务印书馆 2015 年版，第 325 页。

中找到秩序，在庞杂的偶然性中发现必然。”[1]

牛顿是一位虔诚的基督徒，但牛顿力学却是对宗教的致命一击，他完成了培根开创的事业，开辟了一条用机械运动来解释天地运行的道路。从此以后，科学知识是唯一真实的知识，所有知识都必须基于经验主义和数学方法，任何不能用科学方法验证的都不是知识，科学只有不断进步，永远没有尽头。

当时的一首诗中写道：

自然和自然律在黑暗中潜藏
上帝说："要有牛顿！"
于是便有了光[2]

事实上，牛顿并不是特例。作为欧洲社会结构的一部分，教会为科学研究者提供了充裕的收入和闲暇，“17 世纪许多杰出的科学家和数学家，例如奥特雷德、巴罗、威尔金斯、沃德、雷、格鲁等等，同时也是教士”[3]。

在近代早期，耶稣会士走遍世界，他们既传播宗教教义，也传播科学原理。吊诡的是，人们接受科学的急切程度要远远大于接受上帝的福音，甚至使宗教成为科学传播的媒介。

1- 金观涛：《历史的巨镜》，法律出版社 2015 年版，第 295 页。

2- [英] 蒂莫斯·C. W. 布莱宁：《浪漫主义革命：缔造现代世界的人文运动》，袁子奇译，中信出版社 2017 年版，第 16 页。

3- [美] R. K. 默顿：《科学社会学：理论与经验研究》，鲁旭东、林聚任译，商务印书馆 2003 年版，第 337 页。

耶稣会士为了传教远赴东方，播下了现代科技的种子

对当时的中国来说，从利玛窦到汤若望，与其说他们是上帝的使者，不如说是科学的传播者。

与宗教相比，科学在文化上完全是中性的，正如美国科学院院士彼得·杜斯伯格所说："科学没有道德，自然没有伦理。"

17世纪对于"时间"的重新发明，推动了欧洲近代科学的迅猛发展，也缔造了现代社会全新的时间文化。

对人类来说，时间意识的觉醒是对科学祛魅的漫长过程。

当时钟不再是宇宙的隐喻时，它却成为地球生活的总指挥，使人类将"准时"当作一种美德。由钟表制造的时间正变成自然的一部分。

对人类这种时间动物来说，机械时间与自然时间截然不同。作为人造时间，钟表给人类的日常生活和思想领域带来了深刻变化。

在自然时间时期，人们的行动按照事件的需要安排，这种安排服从于身体发出的信号，但机械时间改变了这一切。机械时钟使时间游离出生活，成为一种抽象的存在。从此钟表成为人们生活的管理者，几点起床几点睡觉，与公鸡打鸣不再有任何联系。

有了钟表以后，经过统一加工的时间完全从人的生活经验和生物节奏中分离出来。这个时间不依靠任何个人经验，也与太阳月亮等自然无关，第一次使时间抽象化了。

随着抽象的时间和时间的抽象逐渐渗透并主导了人们的生活和工作，时间就极其醒目地诞生了。

作为启蒙运动时期最具代表性的思想家，康德堪称一位时间模范。他的生活完全按照钟表运行，或者说，他的“生物钟”与机械钟几乎分秒不差。海涅因此嘲讽康德像个自动机器人，说他“既没有生命也没有历史”。

> 康德住在德国东北端柯尼斯堡镇的一条安静偏远的街上，过着机械般有条不紊的单身生活。我认为，康德每天的生活和教堂的大钟一样，毫无感情，有条不紊。早晨起床、喝咖啡、写作、上课、吃饭、走路，每件事情都有固定的时间，就连他的邻居对此都了如指掌，三点半的时候康德会穿上灰色的双排扣大衣，手持他的西班牙拐杖，走出房间，慢慢悠悠地走向林登大道，这条路被后人称为“哲学家之路”。无论春夏秋冬、刮风下雨，他每天都沿着这条路走八个来回。有时候乌云密布，大雨呼之欲出，他的老管家拉姆普就会拿把伞紧紧跟

在他身后，整个情景就像是上帝的安排。[1]

最令人惊叹的是，康德的生活作息是如此严格准时，以至于经常有人以他的作息来校对时间。

随着蒸汽机、电力和人工照明的出现，白昼与黑夜不再有区别。人类从时间上彻底获得了解放，而钟表是唯一的上帝。

根据钟表制造的时间，人们吃饭只是因为到了吃饭的时间，而不是因为肚子饿；人们睡觉只是因为到了睡觉的时间，而不是因为困倦。

如果一只钟可以与其他钟保持快慢一致，那么时间就成为一种超越空间的标准计算单位，佛罗伦萨人随时都可以知道罗马时间，时钟成为世界标准。人们用钟表来校正自己的生活，机械制造的人为时间取代了传统历法。时间与自然失去联系，时间成为一种客观存在。

本雅明把机械时间称作“编年表”。现代人都生活在这个“编年表”中，日历和钟表构成每个人的生存背景。

马克思将钟表视为以后所有机器的原型，“钟表提供了生产中采用的自动机和自动运动的原理”。但路易斯·芒福德认为，钟表的影响远远超出了工厂的范围。马克思把钟表看成是一种劳动量的外在标准，而芒福德则将钟表看成是一种精神生活的内在标准。

在《技术与文明》中，芒福德揭示了钟表的哲学意义和隐喻象

1- [美] 杰西卡·里斯金：《永不停歇的时钟：机器、生命动能与现代科学的形成》，王丹、朱丛译，中信出版社 2020 年版，第 226 ~ 227 页。

征：钟表是一种动力机械，其产品是分和秒。钟表把时间从人类活动中分离出来，使时间成为可以精确计量的独立存在。分分秒秒既不是上帝的意图，也不是自然的产物，而是人与机器对话的结果。

中国古训中说：一寸光阴一寸金，寸金难买寸光阴。但实际上，时间对古人来说并不“值钱”，时间的价值就像时间本身一样无法准确测量；在大多数时候，对大多数人来说，时间是无意义的，甚至是不存在的。

钟表作为自然状态的破坏者，从它诞生之日起，人类就被时间绑架，自然的权威被这个时间机器取代，世界从此失去了永恒。

时钟在西方的兴起，成为现代生活到来的标志。

早在约公元前 330 年的水钟时代，柏拉图就把律师们说成是“受漏壶驱动……从无闲暇”的人。古罗马时代的诗人普拉图斯写道：“但愿上帝杀死发明钟点的人，因为钟点把我的整天撕成了碎块。以前，我的肚子便是我的报时钟，在所有的钟表中，它是最好和最准确的。”

现代考古发现，机械钟的历史可能远比人们已知的更加古老。

由 29 个青铜齿轮和曲柄、刻度盘构成的“安提基特拉机器”[2]，不仅是一台精巧的机械天文钟，甚至是一台天文计算机。该装置原有 37 个齿轮，前后钟面各一个，可按一年 365 天精确显示日历，并且每 4 年还包括 1 个闰年。

最重要的是，它制造于公元前 205 年的希腊，距今 2000 多年。证据是其背部刻度盘记录了公元前 205 年 5 月 12 日的一次日食。

发现经度

时间对人类来说是一种经验。罗素说，人类的时间经验有两个来源：一个来源是在表面属于现在的一段时间内关于连续的知觉，另一个来源是记忆。当我们看表时，可以清楚地看到秒针在走动，但对分针和时针的移动，肉眼根本看不到，只能依靠记忆。如果时间再拉长一些，或许要进入历史去观察。

与历史相比，一个人对时间的记忆实在短暂。同样，与地球相比，人显得太渺小了，犹如沧海一粟。

中国虽然有悠久的天文观测和航海历史，但却从未产生“地球”观念；中国传统观念认为“地球是平的”，即天圆地方说，“天圆如张盖，地方如棋盘”[3]。

中国发明了指南针，但却没有建立经纬度的概念。[4]相比之下，古希腊对地球的宏观认识更准确。最早提出“地球是圆的”这一命题的，是公元前6世纪的古希腊几何学家毕达哥拉斯。他认为，如果大地是神创造的，那一定是最完美的，在几何上球形是最完美的，因此大地应当是球形。

经纬线来自埃拉托色尼的创造，他由此比较准确地测量出了地球的周长。古罗马时期的托勒密进一步完善了地球概念，并用经纬线虚拟了一个世界之网。1000多年后，麦哲伦船队用长达3年多的航行证明，地球确实是一个球体。

从某种意义上来说，大航海拉开了精确计时的序幕，“时间”从此不再是一种模糊概念。

对一个航海者来说，要在大海上成功航行，关键在于确认自己所在的位置，也就是经纬度，以此来不断校正航向。

在茫茫大海上很容易因为迷路而陷入绝境。有经验的水手通过观察白天的太阳和夜晚的北极星，就可以确定纬度；在指南针发明之后，纬度更不是难题，但要测量经度仍然无处下手。

因为没有精确的经度，大多数海上航线都不敢离岸太远，担心失去参照物。远离海岸的直航常常只能凭运气。

哥伦布的计时工具是一只沙漏，每过半小时就要翻转一次；不可思议的是，正因为哥伦布对经度的计算出现严重错误，才幸运地发现了新大陆。哥伦布时代之后，没有那么好运气而迷失在大海中的冒险船只数不胜数，西班牙国王腓力三世曾悬赏2000杜卡托[5]征集测量经度的方法。

要有准确的经度，必须先有准确的时间。

地球每24小时自转一周，即360°，1小时对应经度15°；也就是说，通过时差可以计算出经度。在时间计量不精确的情况下，要计算出精确的经度是根本不可能的。

即使钟摆技术的出现已经大大提高了时钟的精度，但因为钟摆无法在摇晃的海船上使用，因此海上航行仍然缺乏精确计时。

18世纪，作为当时独步天下的海上大国，英国拥有欧洲最多的

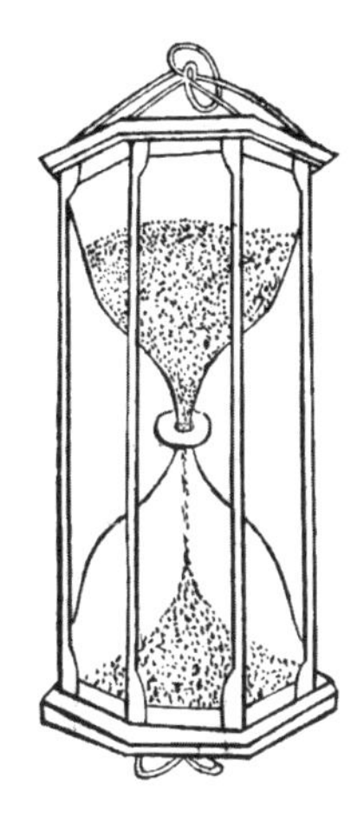

在哥伦布时代，沙漏是海上航行唯一的计时工具

远洋船只。1707 年，一支英国海军舰队从地中海返航途中遭遇大雾，连续 12 天不见天日；因为误判经度，舰队在距离英国不远的锡利群岛触礁沉没，造成包括舰队总司令肖维尔在内的 1600 多人死亡。

这场悲剧引发举国震动。在社会各界的压力下，英国于 1714 年成立“经度委员会”，并悬赏两万英镑征求经度测量方法。根据《经度法案》，能将经度准确测量到 0.5° 以内，便可获得这笔奖金。

0.5° 约为 30 海里，即 54 公里，对应的时间是 2 分钟。如果用时间来测量经度，这块表每天的误差不能超过 3 秒钟，而且必须经受得住海上的恶劣环境，包括震动、温度和湿度的变化等。

由政府提供奖金并颁布专利保护法，对第一个发明者给予奖励，英国无疑是这种现代制度的开创者。作为历史上第一个资助技术创新的官方机构，经度委员会存续了一个多世纪，由它支出的研究经费高达十万英镑。

1735 年，木匠出身的钟表匠约翰·哈里森采用发条技术，制造出了第一台精确海钟。在此之后，哈里森开始了长达 30 年的改进，经度委员会先后为其提供了 2500 英镑的资助。

1761 年，哈里森完成了第四代海钟，它的直径只有 13 厘米，“世界上没有哪一个机械的或数学的东西，在构造上比我这块表或经度时计更漂亮或更精美了”[1]。船只在前往牙买加的9个星期航行中，这台时钟的误差只有 5 秒。经过半年的海上航行，总共误差不超过 2 分钟。

1765 年，经度委员会将这台精确时钟的设计汇编成《哈里森先生的计时器的原理与插图》出版。这次技术的普及大大提升了英国的钟表业水平，行业竞争进一步降低了时钟的制作成本。

哈里森制作的时钟成本高达 500 英镑；不到几年时间，钟表匠肯德尔就将成本降低到 100 英镑；接下来出现了价格更低、走时更准的钟表。大量准确而又廉价的钟表，开始进入了寻常百姓家。

早在 1675 年，英国就建立了皇家格林尼治天文台。精确海钟的出现，也等于经度的诞生，航海者们可以随时知道自己所在的位置。从此以后，大英帝国的舰船能够到达地球的偏僻角落，然后再安全地回来。

时钟引发的“经度革命”彻底结束了地球的混沌状态，拥有精

1- [美] 达娃·索贝尔：《经度》，肖明波译，上海人民出版社 2015 年版，第 98 页。

约翰·哈里森和他发明的海钟

确时间的库克船长在大海中如鱼得水，随后在南太平洋发现了许多古老的陆地和岛屿，其中最大的两块被命名为澳大利亚和新西兰，此外还发现了很多南太平洋上的小岛。

作为对时间精益求精、对技术追求完美的钟表天才，哈里森于1776年3月24日离世——83年前的3月24日，他出生在约克郡的一个木匠之家。

早在发明海钟之前，哈里森就已经是一位顶级的钟表匠。他自幼酷爱数学，曾经把剑桥大学数学家桑德森教授的《机械学》从头到尾抄了一遍。他于1720年制作的一台塔钟，直到现代还在运行。在这座塔钟中，哈里森创造了一种新式擒纵器和一个烤架式钟摆。他用铜和铁两种金属组合，消除了热胀冷缩对钟摆长度的影响，从而大大降低了钟表的误差。他通过观察星星对塔钟进行校正，使其每个月误差不超过1秒钟，其精度达到了前所未有的高度。“有一些现代的钟表史学家认为，哈里森的工作帮助英国征服了海洋，因而成就大英帝国的霸业——因为正是借助于精密计时，大不列颠才得以降服汹涌的波涛。”[1]

在哥伦布和麦哲伦航海的年代，远洋水手是个高危职业，说九死一生并不夸张。在库克船长早期的三次海外探险期间，都有水手跳船逃跑。1779年，库克船长在夏威夷与一群土著发生冲突，结果意外被杀，这与麦哲伦的最后命运颇为相似。据统计，1670—1690年间，英国海外舰长的死亡概率是16%，但到了1790—1810年，这一概率突然下降到不足千分之一。[2]这主要应归功于航海技术的提高，尤其是对时间和经度的精确把握。

有了精准的经纬度，绘制航海图就不再是一件难事。对英国来说，所谓的海上霸权有一个重要前提，就是能够通过详细准确的海岸路线图，掌握各个岛屿和海港的位置，从而可以随时确定航程，知道在哪里抛锚。在第一次鸦片战争（1840—1842）中，英国舰队从广东虎门游荡到福建厦门，再到浙江定海，又窜到江苏吴淞口，甚至突袭作为北京门户的天津大沽口，让大清帝国的防卫捉襟见肘，就是源于战争前“广东省的整个海岸线被非常精确地画了出来，以

1- [美] 达娃·索贝尔:《经度》，肖明波译，上海人民出版社2015年版，第133页。

2- [美] 菲利普·霍夫曼:《欧洲何以征服世界》，赖希倩译，中信出版社2017年版，第64页。

作航船之用”[1]。

航海钟的发明为蒸汽轮船时代的到来完成了一个重要铺垫，从此以后，航海的安全与快捷使得大海变成连接世界各国的通衢大道，一个全球贸易时代随之到来。

进入 19 世纪之后，英国仿佛章鱼一般将触角伸到地球每个角落。伴随着海外扩张，英国在全球贸易的主导地位也进一步凸显，一个日不落帝国在地球上冉冉升起。其时，大英帝国皇家海军的军舰在五大洋任意驰骋，全世界三分之一的商船上都飘扬着英国的“米”字旗帜；与此同时，英语沿着海面走向世界，格林尼治的时间传遍天涯海角。

1- 可参阅王涛：《天险变通途：鸦片战争时期英军在中国沿海的水文调查》，载《近代史研究》2017 年第 4 期。

标准时间

虽然航海催生了准确的时间，但时间完成统一却是因为火车。由于火车是以固定不变的时刻表运行的，所以同一个铁路运行网络中只能使用一种时间，也就是“标准时间”。

作为钟表之外另一种典型的时间机器，火车通过在时间中的靠拢而取消了空间的分隔。穿越空间需要时间，火车大大提高了人类的移动速度，在同样时间下，空间被压缩了。[6]

在铁路时代到来以前，欧洲各个城市之间的时间并不相同，比如伦敦时间比雷丁时间早 4 分钟，比赛伦塞斯特早 7 分 30 秒，比布里奇沃特早 14 分钟。对乘坐马车旅行、按天数计时的人们来说，这种时差简直微不足道。人们从一个城市到达另一个城市，只需要调整一下自己的怀表即可。但对火车来说，列车在铁路上高速飞驰，任何时间上的差异都可能造成严重后果，所以铁路公司必需编制一个统一的列车时刻表。这个火车专用的时间被人们称为“铁路时间”。

没用多长时间，在每个火车站最醒目的地方，都悬挂着巨大的时钟，上面显示的并不是本地时间，而是“铁路时间”。这种“铁路时间”往往因不同的铁路公司又有所不同。当几个铁路公司共用一个火车站时，站台上就只能挂几块时钟，分别显示不同的时间，以此提醒乘客按照他们购票的铁路公司的时间候车。据说在美国匹兹堡车站，挂着 6 个钟表。

到了 19 世纪末，英国各铁路公司统一以格林尼治时间作为整个铁路网的标准时间；接下来，各城市的地方时间也逐渐与这个新“铁路时间”相统一，直到最后，英国政府将格林尼治时间作为英国标准时间。

1858 年 4 月 10 日，在伦敦的泰晤士河畔，耸立起一座近百米高的钟塔，里面安置着当时英国最大的一座钟——大本钟（BIG BEN）。钟盘直径约 7 米，分针长达 4.27 米，钟的总重量达 13.5 吨。根据格林尼治时间，大本钟每隔一个小时报时一次。其报时声深沉浑厚，数里外都能听到钟声。

作为现代英国的重要象征，大本钟的出现传递了一种崭新的观念——时间的标准化。

1884 年，位于伦敦的英国皇家格林尼治天文台所在的经线，成为全球的零度经线，是为世界计算经度的起点线——本初子午线。以此为 0°，分东西两半球为东西经，从 0° 到 180°。格林尼治子午线为世界标准时间。

从此以后，人类世界无一例外地被纳入一个由英国创建的时间体系。在接下来的历史中，人们甚至将“格林尼治”看作“时间”的同义词。[7]

不列颠的“日不落帝国”不仅垄断了世界贸易，也“垄断”了时间。自 1924 年 2 月 5 日开始，格林尼治天文台每隔一小时会向全世界发放调时信息。统一的时间展现了一幅地球村图景。在这

1834 年英国议会大厦的大火，促成了大本钟的建造

场“时间革命”中，时间概念同时经历了一个国家化和全球化的过程。

一位名叫桑福德·弗莱明的加拿大铁路工程师提出了全球统一标准时间，即所谓“宇宙时间”的概念。按照他的设想，世界各国的人佩戴的手表都应该显示本地时间和宇宙时间。弗莱明还提出了二十四时区的方案，每个时区按照经度 15 度准确划分，这样每个时区刚好占 1 小时。[1]

1- 可参阅格雷格·詹纳：《你为何不能睡到自然醒》，《文苑·经典美文》2018 年第 11 期。

中国古语说，千里不同风，百里不同俗。当各种不同的文化传统被置于一个标准的时间体系内，新的时代就到来了。德国哲学家尼采将这称为“比较时代”——“这样一个时代是如此获得其意义的：各种世界观、各种风俗文化在这个时代能得以比较，并且一个接一个地受到体验。这在以前是不可能的，因为以前一切文化都只有地域性的支配地位，所有艺术风格都束缚于时间和地点。”[1]

1893 年 4 月 1 日，德国通过时间法案，统一的德国有了统一的时间。在此之前，德国存在着五个时间系统：柏林时间、路德维希港时间、卡尔斯鲁厄时间、斯图加特时间以及慕尼黑时间。根据德国陆军大将毛奇的说法，这样的多重时间是“德国分裂以来便一直存在的遗迹，而如今我们成了一个帝国，这种多重时间理应被废除”。

1904 年，德国在中国修建的胶济铁路建成后，德国威斯巴登火车站被复制到中国，就是著名的济南火车站。这座欧洲古典风格的建筑最引人瞩目的是高达 32 米的圆柱形钟楼，四个圆形大钟面对四方，日夜鸣响。

长久以来，缩在欧亚大陆西陲的欧洲，突然崭露头角，成为世界舞台的中心。它一方面将新大陆变成新欧洲，另一方面将亚洲和非洲变成它的殖民地，通过对现代时间的创建，开始了一场无远弗届的现代文化革命。

1-［德］弗里德里希·尼采：《人性的、太人性的：一本献给自由精灵的书》，杨恒达译，中国人民大学出版社 2005 年版，第 23 页。

在中国的上海、南京、汉口、广州、福州和厦门等地，英国人陆续建起海关大楼，并架起巨大的时钟，这些时钟在古老的中国居高临下，按照格林尼治标准发出巨响。

如果加以回顾，机械钟表从中世纪被发明出来，到 18 世纪时在实用化方面已经接近完美，它在技术上确立了工业化阶段机械生产体系发展的基础。另一方面，它所创造的现代时间观念也约束了人们的日常行动。

在 19 世纪的欧洲，用钟表来计时及安排行动是天经地义的事情，并且在世界上的大部分地区开始扩展。到了明治时期，日本采用太阳历被视为理所当然。19 世纪末，以英国格林尼治天文台的计时为基准的世界标准时间的确立，决定了全球行动的一体化。即便不能说没有世界标准时间就没有现代世界全球规模的一体经济，但至少可以说它改变了世界面貌。[1]

在传统时代，时间是自然的、永恒的、循环的，机械时间的出现，颠覆了这种时间概念，时间成为一次性的、不可逆的、不可再生的、不确定的存在。

如果说人类的历史就是时间的历史，那么现代就是从自然的循环时间向非自然的线性时间的转变。“18 世纪启蒙运动使人类社会无限进步、线性发展的观念深入人心，19 世纪进化论的创立及其被广泛地接受，更使线性观念彻底取代了循环观的支配地位。”[2]

1- [日] 福井宪彦：《近代欧洲的霸权》，潘德昌译，北京日报出版社 2020 年版，序言第 2 页。

2- 吴国盛：《时间的观念》，北京大学出版社 2006 年版，第 95 页。

与循环时间相比，线性时间更接近时间的本质。时间被统一之后，所有钟表显示的都是同一时间，“无论有多少时钟，它们都不再作为独立的时钟，而变成一个整体的一部分，就组成了有一位国家元首在其上的一个巨大的‘钟表王国’”[1]。

时间作为一种独特的存在和经历，对每个人都是平等的；时间的祛魅和人的个体化，使人类走向觉醒和自由，人成为时间的主人，现代人出现了。这种时间上的平等与自由，最终构成现代法治的现实支撑力。

对现代世界来说，时间就是这样诞生的。

随着机械时间的到来，每个人都像被发条驱动的永不停息的钟表，忙忙碌碌。

生活在工业时代被定义为时间，时间就是人的一切，人并不拥有生活，而是拥有时间。时间成为人唯一有用的资源。职业决定了现代人的身份，而时间就是最严厉的法律。

“时间法律”迅速改变了人们对世界的认知、解释，甚至所采取的行动。

从农业社会解体以来，人类社会经历了从时间过剩到时间短缺的过程；现代社会基本完全处于“时间饥饿”状态，时间成为越来越珍稀的资源，而人只是时间的载体。

在技术哲学家斯蒂格勒看来，所谓现代，其本质上是技术的现

1- [美]瓦妮莎·奥格尔：《时间的全球史》，郭科、章柳怡译，浙江大学出版社 2021 年版，第 43 页。

1872 年建成的上海徐家汇天文台

代化。[1] 钟表将时间变成了一种技术结果。

时间和技术都以人为对象，通过技术，人能够在各种不同的载体上留下跨越时间的印记，使生命经验得以延续，比如建筑与文字。这些人为的记忆造就了时间。

正是这种人类时间，使人彻底区别于其他生命。相对而言，动物只能留下最原始的化石。阿伦特说，记忆作为时间的仓库，是“已不在”的在场，正如期待是“尚未在”的在场，人始终活在

1- 可参阅［法］贝尔纳·斯蒂格勒：《技术与时间 1. 爱比米修斯的过失》，裴程译，译林出版社 2012 年版。

过去与未来之间；只有借着把过去和未来唤入回忆的现在和期待的现在，时间才存在。[1]

时间意识在企业行为中，体现为保险公司利用历史知识对未来进行理性预期。对于现代国家来说，文本性的宪法其实是另外一种保险。它将历史经验的智慧和对未来可能发生风险的评估结合在一起，既有对时间历史的继承，又有对风险的防范，基于国家的长远考虑而对行政进行约束。用一位法学教授的话来说：宪法，是现代国家的格林尼治时间；有了宪法，整个人类的历史汇入了同一条时间流。

1- 可参阅［美］阿伦特：《过去与未来之间》，王寅丽、张立立译，译林出版社 2011 年版。

从钟到表

从钟表的发展史来说，钟表始终是最为典型的机器，或者说是机器的典型。一台复杂的机械钟表由1400多个精密零件构成，包括发条驱动、齿轮传动、擒纵控制、调节修正和显示五大部分。

从能量消耗的控制、标准化、自动化、准确控制时间等诸多方面来说，钟表始终是现代技术的先行者。

发条技术的出现，使机械时钟的体积大为缩小。时间实现了从钟到表的转移。

1504年，德国的亨莱思用钢发条代替重锤，创造了使用冕状轮擒纵机构的小型机械钟。在此之前，欧洲基本只有依靠重锤作为动力的大型塔钟，其机械结构相当复杂，必须装设在专门的钟楼之上。

亨莱思发明的这种新式时钟，依靠一根卷紧的片状钢条逐渐松开所产生的动力驱动，不再需要笨重的重锤，这也就意味着钟表的体积可以大大缩小，甚至能够摆在室内或者随身携带。以此发明为基础，亨莱思设计了直径缩小到15厘米左右的鼓形挂钟，立刻引起了轰动，同时也使很多工匠和科学家对发条这种新的动力源产生了兴趣。

1510年，第一块怀表在德国诞生。当钟表匠逐渐从锁匠中分离出来时，手表也就出现了。

如果说钟楼是时间社会化的过程，那么手表就是时间个人化的结果。怀表和手表先后成为文明的象征物。早在古罗马时代，水钟就是一个贵族的身份标志；据说这样他就可以精确地知道，自己宝贵的生命减少了多少。在近代西方社会，人们无法想象一个绅士会没有怀表或手表。

当时的英国人——无论在乡村还是在城市——都是世界领先的钟表生产者和消费者。英国生产的钟表质量优良，极其珍贵，因为是批量生产，所以售价并不高，必要时还可采用分期付款的办法购买。“所有曼彻斯特的工人都有一个钟表，这是他们须臾不离的东西。无论何处，你都能在较富裕阶层的家庭里看到一个老式的金属表面的时钟，拧一次发条走8天。”[1]

小偷最喜欢偷的东西就是钟表，尤其是手表或怀表，虽然偷起来不易，但却很容易出手。钟表也是最常见的典当品，对一些人来说，如果买不起一只新表，完全可以从典当行里或者从销赃者手中买一只旧表。有的年轻人想要买表，钱又不够，就几个朋友凑钱合伙买一只表，然后用抽签的方法，来决定谁可以先享用它。[8]

作为欧洲钟表业的后起之秀，瑞士从一开始就形成了钟表产业链。成立于1601年的日内瓦制表协会是世界第一家钟表行业协会。到19世纪初叶，瑞士已经成为世界最大的钟表制造国，制表

1- [英] E. P. 汤普森：《共有的习惯：18世纪英国的平民文化》，沈汉、王加丰译，上海人民出版社2020年版，第452页。

量占世界总产量（2500万只）的三分之二。

瑞士在钟表小型化方面可谓登峰造极。

与传统的钟不同，彻底个人化的表（怀表和手表）具有更广大的市场需求，而且更容易成为奢侈品。1885年，德国海军到瑞士的钟表商那里定制了大量手表，这成为手表时代到来的标志性事件。

1795年，瑞士钟表大师路易·宝玑发明了陀飞轮，这标志着当时机械表制造工艺所能达到的最高水平，将地心引力对机械表中"擒纵系统"的影响减至最低程度。

从钟摆到发条，再到陀飞轮，钟表不仅更加准确，而且更加小巧，可以揣在怀里，戴在手腕上。

从最初的奢侈品到批量生产，钟表走进了寻常百姓家。依靠伟大的机械技术，"时间的标准"终于确立，机械时间渗透到人们的日常生活中。

在人类经验中，"时间的标准化"无疑是一场伟大的改革，人类宣告摆脱了太阳的控制，掌握了自己，并试图支配自然。

事实上，人类虽然摆脱了自然的控制，但却很快就陷入机器的控制。正如莎士比亚的《约翰王》中那句经典台词："时间老人啊，你这钟匠，你这秃顶的掘墓人。你真能随心所欲地摆弄一切吗？"

马克思指出，钟表虽是手工业工场的产物，但却为机器时代的到来完成了铺垫。[1] 从某种意义上来说，如果没有钟表，资本主义

1- 可参阅［德］马克思：《经济学手稿（1861—1863年）》，载《马克思恩格斯全集》第四十七卷，人民出版社1979年版，第427页。

的兴起是绝无可能的。时间标准化是工业进步的基础。

工业化社会完全建立在精确的时间基础上，并把它标准化为时间线。要将千差万别、复杂的专业分工和不同的空间形式细致紧密地组织在一起，必须实现合适的人、合适的时间、合适的空间这三者同步运作。

因此，机械时间成为工业社会的标准语言和新秩序，“纪律”就这样诞生了。工人工作、吃饭、休息完全服从于固定的时刻表，“专制的钟声经常把他从睡梦中唤走，把他从早餐和午餐中唤走”[1]。

随着现代时间的到来，时间变成了一个哲学问题，而钟表则像是一个道具。

福克纳的小说《喧哗与骚动》中，主人公昆汀拔掉了钟表的指针，“空白表面后面那些小齿轮还在咔嗒咔嗒地转，不知道发生了什么变化”[2]。钟表没了指针，时间并没有停止流动，它只是从一个可以计算的序列，变成一个不可穷尽又无法逃避的存在。这其实就是构成我们生存的最本质的时间，它比任何钟表和日历都更深层和更根本。

斯威夫特的小说《神表》中，有一只“神表”，“在爷爷的马甲口袋里无休无止地嘀嘀嗒嗒的神表——那被征服了的时间的象征——已成了我们的主人”。神表使主人公一家获得永生，时间

1-［德］恩格斯：《英国工人阶级状况》，载《马克思恩格斯全集》第二卷，人民出版社 1957 年版，第 464 页。

2-［美］威廉·福克纳：《喧哗与骚动》，李文俊译，上海译文出版社 2010 年版，第 85 页。

也因此失去意义，他们的生活变得简单划一。因为永生，“他们越沉醉于时间，就越在行动上陷入了机械单调的刻板生活之中，他们的人生就像这块嘀嗒作响的神表一样也在嘀嗒声中虚耗殆尽”[1]。

狄德罗在小说《宿命论者雅克和他的主人》中，将钟表看作中产阶级时间理性的象征。主人之所以成为主人，是因为有钟表、鼻烟壶和奴仆。“如果没有钟表、鼻烟壶和雅克，他会不知所措。这是他生活中的三人法宝，使他能够——吸烟，掌握时间，发号施令。”

歌德曾说：“我的场地就是时间。”在加缪看来，这是极其荒诞的。

19世纪晚期，美国康涅狄格州的沃特伯里兴起钟表制造热潮，一位工匠用12年时间制成了一件钟表杰作。这座钟表的表盘上写着“现代的进步以及科学和工业界人士”，文字下面绘制了一系列图案，包括棉花种植、煤矿开采、播种机械、纺织品生产、电报电话，以及钟表技术的进步等。

现代以来，机器已经成为一个经久不息的哲学命题。

拉梅特里将人的身体视作一部错综复杂的机器，这部机器能被了解、控制和利用。福柯指出，身体作为一个权力工具，带来了大量控制身体的技术，无论这些技术针对的是运动的效率、体力活动之间被精确丈量的休息间隔，还是对身体所能完成的任务进行大

1- 转引自徐兆正：《斯威夫特〈神表〉：永生与时间的谜》，《文艺报》2015年11月9日第五版。

规模的谨慎的分析与计时。

福柯对技术的发明始终保持不信任，他更关注的是人本身。他也不在乎历史，他关注的是现在。

在福柯看来，现代社会有两大发明，一个是精神病院（《疯癫与文明》），一个是监狱（《规训与惩罚》），而工厂同时具有监狱和精神病院的属性，工厂以工资和纪律等形式，获取了工人的时间，并通过时间对工人进行惩罚——

> 在工资—形式背后，资本主义社会的权力形式主要体现在对人们的时间的掌握：在工厂掌握工人的时间，计算时间分配工资，控制工人的娱乐、生活、储蓄和退休等。权力通过管理时间从而控制时间的全部使用方式，在历史上、在权力关系方面，使得工资—形式的存在成为可能。必须在时间上全面掌控权力。同样能让我们解析犯罪惩罚制度和劳动纪律制度的，就是生活时间与政治权力的关系：对时间的惩罚，和通过时间进行的惩罚，就是在工厂的时钟、流水线上的计时器和监狱的日历之间体现出的这种连续性。[1]

1-［法］米歇尔·福柯：《惩罚的社会》，陈雪杰译，上海人民出版社2016年版，第63～64页。

敲窗人

在 18 世纪的英国，资本家将人作为一种时间资源，几乎开发到了极致。工厂里已经出现了用水流来控制的计时器，这种双面水钟被用来衡量工人的工作时间。

当时时间完全掌握在工头手中，因为手表还是一种奢侈品，他可以任意地延长工人的劳动时间。当时工厂也不允许工人将手表带入工厂，因为这会让工人知道正确的时间。“工厂的钟常常早晨时往前拨而在晚上时往后拨，不是把时钟用作衡量时间的工具，而是用作欺骗和压迫的托词。虽然雇工们都知道这种欺骗，但大家都不敢说，所以普通工人不敢带表，因为解雇任何擅自知道太多关于钟表知识的人是很经常的事。”[1]

马克思在《资本论》的《工作日》一章中，引用了许多工厂视察员的报告，来说明资本家如何“零敲碎打地偷窃”工人的吃饭时间和休息时间，这被工厂视察员叫作“偷占几分钟时间”或者“夺走几分钟时间”，而在工人中间，则叫作“啃吃饭时间”。[2]

1- [英] E. P. 汤普森：《共有的习惯：18 世纪英国的平民文化》，沈汉、王加丰译，上海人民出版社 2020 年版，第 472 页。

2- [德] 马克思：《资本论》第 1 卷，人民出版社 1975 年版，第 271 页。

现代工厂刚刚出现，钟表就成为最好的监视工具，它打破了人们自然的生活节奏。虽然经常有工人破坏钟表，但人们却不得不接受这个“纪律社会”的惩罚力量。

在按照新教伦理生活的资本家看来，时间是由上帝计算的，是由世人付出的，不应该浪费。浪费时间既是一种道德犯罪又是一种经济欺诈。时间表就是用于消除这种危险的，而纪律则安排了一种积极的机制。克劳利铁工厂的管理制度中写道：“每天早晨5点钟，监察员打铃让人开始工作，8点吃早饭，半小时后重新工作，12点吃午饭，下午1点开工，8点铃响工人下班，并把所有的厂房都锁好。”[1]

在18世纪后半叶，大工厂不仅指的是一个大面积的工业空间，也意味着一种对时间的新控制方式。这些工厂类似修道院或者城堡，都有警卫把守。只有工人返回工厂时，在宣告工作重新开始的钟声响了以后才打开大门；一刻钟之后，任何人不得进入；白天结束时，车间领班把钥匙交还给工厂的瑞士卫兵，后者才打开大门。

棉纺业的兴起让工厂取得了长足发展，对工人的需求也更加强烈。许多穷人的孩子被送进习艺所接受时间训练，“这里的学生必须按时起床，必须极其严格地遵守各种时间规定”。学生守则中写道：“必须在9点半到来前几分钟到学校”；“主管人必须再次敲铃：

1-［英］E. P. 汤普森：《共有的习惯：18世纪英国的平民文化》，沈汉、王加丰译，上海人民出版社2020年版，第467页。

18 世纪的英国纺织厂内部

当他敲响第一声，所有学生立即从座位上站起来；敲响第二声，学生们转身；敲响三声，都要安静地回到座位去背课文”。[1]

19 世纪时，打卡钟已经普遍使用。

1833 年，英国颁布的《工厂法》中规定：一般工厂劳动日，应该从早 6 时到晚 9 时，在这 15 小时内，应该依法限制年轻人

1- [英] E. P. 汤普森：《共有的习惯：18 世纪英国的平民文化》，沈汉、王加丰译，上海人民出版社 2020 年版，第 470 ~ 471 页。

（13—18 岁）在一天中的工作时间，即同一个人在同一天内不得超过 12 小时，只有在特殊的情况下例外。

1838 年，一名英国议会成员这样描述纺织厂的状况：

> 这一景象让我的血液冻结。这个地方挤满了妇女，全都很年轻，有些人带着孩子，她们被迫每天站上 12 个小时。她们每天的工作时间是早晨 5 点到晚上 7 点，中间只有 2 个小时的休息时间，她们就这么每天站 12 个小时。一些房间极端炎热，散发着致病的臭气，而棉花飞絮充斥着所有的空间。我几乎昏晕过去。这里的年轻女性各个脸色苍白，气色不佳，瘦骨嶙峋，但总的来说发育得还行，她们所有人都光着脚——这对英国人来说，是相当奇特的情景。[1]

欧文认为，无论 15 小时还是 12 小时，都不利于工人的身心健康，他和一些工厂主发起了一场争取 8 小时工作制的运动。

1847 年，英国议会通过了《10 小时工作日法案》。该法案规定，纺织工厂 18 岁以下的少年和所有女工的工作时间限定为 10 小时。1877 年，美国国会通过了 8 小时工作制的法案。[9]

缩短工作时间间接地塑造了工人的品质，有助于提升工人的生活品位，改进不良习惯。按照一位 8 小时工作制运动领导者的说法，更多休闲会让工人能够把自己的生活方式与他人比较，并由此

1-［美］约翰·梅里曼：《欧洲现代史：从文艺复兴到现在》，焦阳、赖晨希、冯济业等译，上海人民出版社 2015 年版，第 535 页。

对自己的处境感到不满。这反过来又会提高他们的追求，引导他们争取更高的工资。更多的收入和更多的休闲时间必然会促进消费，使生产更加可持续。[10]

随着工业时代的到来，工作与生活从时间和空间上同时被彻底分离，从而出现了现代社会的公共与私人的边界划分。但 1850 年，英国毛纺商人提图斯·萨尔特建造了一处名为索尔泰尔的工业社区，却将工厂与居住、工作与生活整合在一起。为了让工人能准时起床上班，他专门安排了一个“敲窗人”，其职责就是在黎明时用一根长杆沿街敲打工人房间的窗户，叫醒他们去上班。

从 18 世纪开始，手表和怀表在西方世界不仅是一种社会地位的象征，也是重视时间的现代标志。在英国，怀表是一位绅士的标配。到了 1875 年前后，全球怀表年产量由 18 世纪末的三四十万个增长到 250 万个以上。

19 世纪中期，通用和互换技术在美国引发了一场工艺革命，传统的木制钟表价格从 5 美元降至 50 美分。接下来，手表也实现了量产。在抛弃了那些炫耀身份的珠宝装饰后，售价降低了 90%，手表从奢侈品变成了必需品。

在此之前，美国每 10 户家庭只有 1 只钟表。转眼间，钟表就随处可见了。

钟表是时间管理的象征。对胼手胝足的美国农场主来说，钟表对提高家庭和农场的劳动效率意义重大。有了钟表，工作的组织和安排可以搞得更加精细。钟表让人们有了成本意识，对成本的精确计算让很多人宁愿去购买生产和生活用品，也不愿去自己制作，从而摆脱了自给自足的传统小农意识。

钟表也让人们走出家庭，更多地参与到公共事务中来，即使偏居乡下的农民也像城市精英那样，将自己的生活和工作安排得井井有条。富兰克林说的“时间就是金钱”成为一时的至理名言。

时间观念与金钱观念一起，构成一种不同于传统的现代思维方式。

在几十年前，香港地区曾是世界最主要的手表产地，每年出口将近6亿只手表。当时香港有种说法，一个不戴手表的年轻人是找不到工作的，因为老板会认为这个人没有“时间观念”，做不成事情。所以香港人应聘时，可以没有西装，但是不能没有手表。街头热卖的各种成功励志书都这样告诉你，富人和穷人的区别在于时间观念：穷人什么都没有，但有的是时间；富人什么都不缺，就是缺时间；一个人对时间的重视程度，决定了他能否“成功”。

因此，手表不仅是时间的物化和象征，更是一个男人作为“成功人士”的标志。

马克思在《哲学的贫困》中说，在商品时间的社会统治下，时间就是一切，人什么也不是，人至多只是时间的体现；换言之，如果人是一件商品，如果他被作为一个物来对待，如果人们之间的普遍关系是物对物的关系，这只是因为从他那里购买他的时间是可能的。[1]

1- 可参阅［德］马克思：《哲学的贫困》，载《马克思恩格斯全集》第四卷，人民出版社1958年版，第97页。

随着机械时代的到来，时间的购买就成为资本主义“唯一的罪恶”；马克思为此创造了一个新名词——剩余劳动时间。

> 时间是人类发展的空间。一个人如果没有一分钟自由的时间，他的一生如果除睡眠饮食等纯生理上的需要所引起的间断以外，都是替资本家服务，那末，他就连一个载重的牲口还不如。他身体疲惫，精神麻木，不过是一架为别人生产财富的机器。[1]

按照剩余劳动时间理论，与其说机器使人类在时间上贬值，不如说技术使人类成为地球上的废品。比这种异化更为可怕的，是机器对人的僭越，越来越先进的机器，使越来越退化的人变得多余。失业这种工业时代的产物，将人类彻底放逐，“欲做奴隶而不得”竟然成为无数工业人类的最大恐惧。

时间性是现代人的概念，正如永恒是古代人的观念一样。现代时间使人们成为被放逐的流浪者，时间营造了一种动荡和漂泊感，一切都变得不确定。

作为机器的产物，时间与现代同时出现，“现代”的幽灵使时间的意识空前强化。这种现代的时间被本雅明称为“同质的、空洞的时间”。时间意识因此成为20世纪企业家、经济学家、文学

1-［德］马克思：《工资、价格和利润》，载《马克思恩格斯全集》第十六卷，人民出版社1964年版，第161页。

家和哲学家的一种极端自觉意识。

很多年后，张爱玲已经成为一个现代“传奇”。作为一位颇具时代感的作家，张爱玲曾用她细腻而敏感的笔触，为我们留下一个时空转换瞬间的快照：

> 有个道士沿街化缘，穿一件黄黄的黑布道袍，……他斜斜握着一个竹筒，“托——托——”敲着，也是一种钟摆，可是计算的是另一种时间，仿佛荒山古庙里的一寸寸斜阳。时间与空间一样，也有它的值钱地段，也有大片的荒芜。不要说“寸金难买”了，多少人想为一口苦饭卖掉一生的光阴还没人要。（连来生也肯卖——那是子孙后裔的前途。）这道士现在带着他们一钱不值的过剩的时间，来到这高速度的大城市里。周围许多缤纷的广告牌、店铺，汽车喇叭嘟嘟响；他是古时候传奇故事里那个做黄粱梦的人，不过他单只睡了一觉起来了，并没有做那么个梦——更有一种惘然。[1]

1- 张爱玲：《中国的日夜》，载《传奇》，湖南文艺出版社2003年版，第400页。

时间的技术

2000多年前，中国圣贤管仲在《侈靡》篇的开头这样设问："问曰：古之时与今之时同乎？曰：同。其人同乎？不同乎？曰：不同。可与政其诛。"[11]

在历史语境中，时间是永恒的，而人间却日新月异，"今人不见古时月，今月曾经照古人"。人作为时间的载体，所谓现代，与其说是时间概念，不如说是人对自身存在的一种界定。从《泰晤士报》(*The Times*)到《时代》(*Time*)周刊，现代人让时间成为一种通行世界的人类共同语言。

机器时代对时间的机械化，使人类世界完全落入机器体系。从生产前到生产后，机器时代的任何产品其实都是时间的载体。

新式交通工具改变了人们对时间的感知，时间成为精确的代名词。即时化的电报第一次用时间统一了世界。当来自格林尼治的标准时间，使整个社会成为一个日夜不停运转的机器时，生活在其中的人，就被这种无形而不可抗拒的机器力量控制了。

进入19世纪，现代性的具体特征之一，就是在人们的日常生活中，机械与机器越来越处于最显赫的位置。

机器的出现，颠覆了上帝这个造物主的形象，科学通过重新定义时间而窃据了时间的起点，并自封为新的造物主。科学通过机器来设置时间，机器因而获得了时间的权力；在这个权力面前，人类的任何时间观念都必须让步。

在时间面前，机器不仅与人类是平等的，甚至居于支配地位。

机器在打破空间限制的同时，也突破了时间的壁垒。制冷机使食品的变质腐烂时间大大延后，导致了一场席卷世界的食品革命，美洲牛肉源源不断地送上欧洲人的餐桌。

制造精美的钟表使仪器制造水平大大提高，这种貌似微不足道的技术精度，却构成了科学革命的基石，启蒙运动和工业革命因此而萌芽结果。也可以这样说，机械钟标志着中世纪的结束。

玻璃和时钟一旦结合起来，就使得望远镜和精确计时之间发生了联系，天文学由此诞生。

作为机器之母，机械钟并不是为了达到一个单独目的而被制造的实用工具。它打破了各种知识、智慧和技术之间的无形障碍，结合了机械和物理，成为科学和计量工具的先驱。

笛卡儿说："一个由必要数量的齿轮组合而成的时钟会显示时间，就像由一粒种子萌芽而生的植物会结出特定的果实一样自然。"[1] 钟表的运行需要一套复杂的齿轮系统，每个齿轮原坯都必须经过严格的切削和打磨工序。亨利·亨得利发明的成套加工设备，使齿轮可以以低廉的价格大批量生产，这使之前的动力传动杆和传

1-［美］伊恩·莫里斯：《西方将主宰多久：从历史的发展模式看世界的未来》，钱峰译，中信出版社 2014 年版，第 324 页。

钟表制造业的兴起，不仅培养了一大批技术工人，也催生了许多专用工具和机器

送带被淘汰，改用齿轮组来变速、导向和传递动力。

随着齿轮材料由木质转变为金属材质，机械加工更加精确和成熟，钟表制造业率先走向机械化、通用化和自动化。

作为钟表核心技术的齿轮和螺丝，为机器时代的来临创造了一个伟大的前提。为了生产精确等分的齿轮，17、18 世纪的钟表匠先驱们创造了作为“切齿机”的车床。在未来的几个世纪里，这种精密制造的工作母机并没有多少根本性的改变。

钟表业的兴盛，率先实现了零部件的机械制造，这与传统的手工生产相比效率大大提高。[12]

对人来说，机械的意义不外乎省时省力，齿轮和螺丝是机械的基本部件。对机械来说，钟表则几乎是一切机械的原型，钟表制造技术也是其他所有机械制造的基础，构成了后来科学革命和工业革命中出现的更加复杂的仪表和机器的重要源头。

人类社会有着这样一个规律：任何时代任何条件下诞生的新发明，往往会优先用于军事领域。为钟表而发明的发条不经意地引发了一场火枪革命。

德国纽伦堡有一位钟表匠，名叫约翰·吉夫斯，他也是一位优秀的枪械师。吉夫斯从摩擦石取火的动作中受到启发，设计了由发条驱动的钢轮和燧石组成的发火机构，于1515年制造出了世界上第一把转燧火枪，也即轮燧枪。在轮燧枪基础上经过改进形成的燧发枪，很快便全面取代火绳枪，成为西欧军队的标准装备。

钟表业与纺织业同样有着承前启后的关系。

除了拥有几十家钟表工场的伦敦，在很长时间里，兰开夏郡一直是世界钟表业的传统生产基地；后来这里也成了世界棉纺工业的发源地，这绝对不是一种巧合。

钟表业培养了大批精通机械加工和装配的技师和工人，这些机械师为机器工厂的诞生提供了有力而充足的技术支持。[13] 特别是早期的水力纺织机，完全依靠复杂的齿轮传动。1798年，英国钟表匠发起一场抗税请愿，请愿书由著名的公知卡莱尔代笔，其中写道："棉纺业和毛纺业完全受惠于钟表制造工匠，它们达到这种完美状态，正是现在所使用的机器造成的。"[1]

1- ［英］E. P. 汤普森：《共有的习惯：18世纪英国的平民文化》，沈汉、王加丰译，上海人民出版社2020年版，第447页。

在一份1771年的地方报纸上，工厂主阿克莱特发布了一则招聘广告："本人急需两名精通机械零部件设计业务的钟表匠，同时诚聘熟悉轮齿啮合或齿杆连接业务的技术人员若干名。"[1]事实上，阿克莱特第一个纺织机专利的真正发明者就是钟表匠约翰·凯伊；而发明坩埚钢熔炼技术的本杰明·亨茨曼也是一位钟表匠。

远远领先于其他行业的钟表制造业，最早实现了规模化生产，也最早采用了分工原则。

早在17世纪80年代，一份关于伦敦经济发展的报告中就写道："关于制作钟表，如果一个人制作齿轮，一个人制作弹簧，一个人雕刻表盘，再来一个人做表壳，那么整个钟表的生产会更好，价格更便宜，比所有工作都由一个人来完成好多了。"[2]

当时，对劳动力的规范性分工已被认为是一种能生产出更好、更便宜产品的生产模式。

1763年，费迪南·贝尔图将制表工分为：机械制造、精加工、打眼、弹簧制作、铜时针雕刻、钟摆制造、钟面雕刻、铜制部件抛光、钟面涂釉、时针镀银、钟壳雕刻、青铜镀金、油漆工、齿轮铸造、车床工和响铃打磨工等。

在中世纪的欧洲，社会阶层壁垒森严，受教育者与手工业劳动者之间界线分明。像伽利略这样受过良好教育，又具备很强动手

1-［英］罗伯特·艾伦：《近代英国工业革命揭秘：放眼全球的深度透视》，毛立坤译，浙江大学出版社2012年版，第316页。

2-［加］厄休拉·M. 富兰克林：《技术的真相》，田奥译，南京大学出版社2019年版，第86页。

实践能力的人在当时是极其少见的，但钟表业似乎是一个例外。

钟表行业从一开始，就需要精巧熟练的技艺，同时离不开数学一类的科学知识。三十年战争（1618—1648）之后，欧洲大陆的许多钟表手工业者逃到英国，这在无形中促进了英国钟表行业的发展，与此同时，也催生出一个对科学要求更高的行业——数学仪器。

瓦特最早便是伦敦数学仪器业的一个学徒工，他的老师是著名数学家摩根。在摩根的指导下，瓦特仅用一年时间便掌握了数学仪器制造。正是这种技术背景，让他后来得以对纽可门蒸汽机进行重大改进，发明了改变世界历史的通用型蒸汽机。更值得一提的是，资助瓦特进行发明的企业家博尔顿就是一个钟表制造商。

对工业革命时期的英国来说，钟表也是最早能够大量生产和出口的工业制造品。“在18世纪的最后25年中，仅英国一地每年就生产了15万到20万块手表，而这些手表中有很多是作为出口之用的。”[1]

1- [美]本尼迪克特·安德森：《想象的共同体：民族主义的起源与散布》，吴叡人译，上海人民出版社2005年版，第182页。

准确即真理

1969年，日本精工手表公司制造出世界上第一块石英电子手表，一个月误差不到2秒。至此，由发条和齿轮主导的机械时间走向终结，人类进入数字化时代。

事实上，这一过程从电报和收音机的出现就已经开始，直到电视、电脑和手机使其完全普及。今天，所有计算机的主时钟都是精确到微秒的石英钟；没有它，计算机就无法正常运行。

从日月星辰、植物动物、日历、日晷、沙漏，到钟摆、机械钟表、数字手表等，人类的时间史，历经无数时间原型，时间观念亦随之斗转星移。人们从模糊的自然中跳出来，创造了一个精确的机械世界。

从机械钟表到电子表，后现代文化又颠覆了一个传统的机器体系，时间成为一个密集的信息世界。

传统的机械钟表将12个数字排列在一起，用两根不停走动的指针显示时间的流逝；而电子表则将时间完全数字化，时间只存在于此时此刻的瞬间，既没有过去，也没有未来。从时段到瞬间，人类的时间观念已经远远超越了自然时间和机械时间。

在一个清教徒看来，时间是无价之宝，因为每一个小时的流失，都是“为上帝增光的劳动”的损失。

相较于自然时间和机械时间，数字时间的社会特征是模糊的；因为它是尚未成熟的体系，具备了瞬时、零散、无序等特点。如果说自然时间是循环的，机械时间是线性的，那么数字时间则是点状的。

数字时间所呈现的瞬时、零散和无序化，已经完全嵌入人们的日常生活：使用电梯、微波炉和吸尘器以节约时间，用快餐和速溶饮料来减少饮食的麻烦，用手机代替身体的交往，热衷于用过即扔的一次性物品，越来越快的道路和宽带……

尽管人们发明了许多节约时间的装置，但时间依然是一种稀缺资源。时间的短缺造成生命的压迫感和疼痛感，焦虑和抑郁弥漫开来。“人们整天来去匆匆，处于高度紧张状态之中，是为了使自己有更多的时间。接着，他们就用所节省的时间再抓紧工作，以便节省更多的时间，一直到精疲力尽不能再运用所节省的时间为止。”[1]

如果说精确的时间计量程度和强烈的时间价值感是现代社会的典型特征，那么时间计量的不准确就是古代的最大特点。

对传统的乡村来说，“时钟实际上并无需要，因为在乡村里，时间算得再准也没有用处。早两三个钟头，迟两三个钟头又有什么关系？乡下人计时间是以天和月做单位的，并不以分或小时来计算”[2]。

人类探寻真理，但真理却常常不在人类手中。

1-［美］埃里希·弗洛姆：《寻找自我》，陈学明译，工人出版社1988年版，第253页。

2-蒋梦麟：《西潮与新潮》，团结出版社2004年版，第47页。

如果说时间是一种客观存在或者自然规律，那么自然界的计时单位就是地球的速度，自转一周所花的时间被分为 24 小时，每小时分为 60 分钟，每分钟 60 秒，一日就有 1440 分钟，也就是 86400 秒。

从钟表出现的那一天起，人们就在努力让它“走准”——尽可能精确地反映时间。最初的钟表并不准确，一天误差一个小时很正常；到了今天，一只优良的机械表每天的误差不超过 5 秒。

从某种意义上说，爱因斯坦创造了一种新的世界体系，他将时间与空间、物质与能量结合在一起。与其说他是数学家，不如说他是哲学家。

> 如果 A 处有两只同步的钟，其中一只以恒定速度沿一条闭合曲线运动，经历了 t 秒后回到 A，那么，比起那只在 A 处始终未动的钟来，这只钟在它到达 A 时要慢 $\frac{1}{2}t\,(v/V)^2$ 秒。由此，我们可以断定：在赤道上的摆轮钟，比起放在两极的一只在性能上完全一样的钟来，在别的条件都相同的情况下，它要走得慢些。[1]

50 年后，当爱因斯坦去世时，人们已经可以测量十亿分之一秒的时间——30 万年或许才会误差一秒。[14] 以铯原子钟代表的

1- [美] 爱因斯坦：《爱因斯坦文集》，范岱年、赵中立、许良英译，商务印书馆 2010 年版，第 107 页。

爱因斯坦（1880—1952）

数字时间彻底结束了不精确时代，时间的真理诞生了，一天不再是地球完成一次自转的时间，而是全世界 27 个同步原子钟走完的 86400 个原子秒。

对今天的人们来说，劳力士之类的机械表作为奢侈品，最多不过是一种怀旧的寄托，而不再与时间有太多关系。

在精工公开了其专利后，仅仅数年，数字手表就从一辆汽车的价钱，下降到婴儿玩具的价钱，时间作为真理终于变成一种免费的常识。

根据经济史学家计算，一个法国人在 1875 年要得到 1 公斤面包，需要工作 103 分钟，到 1980 年，他只需要工作 10 分钟。

时间作为现代社会的一个重要观念，它常常带给生活在当下的人们一个承诺，一个关于幸福、美丽、繁荣、成功、富强的未来之梦。这种承诺是当下存在的最好理由。

卡尔维诺在《文学机器》中写道：在过去的几个世纪中，人们致力于确立人与自身、事物、地点，还有时间之间的关系。但是，如今所有关系都改变了：不再是事物，而是商品，是系列产品。机器取代了动物，城市成为附属于工厂的宿舍，时间变成了时刻表，人成为齿轮。

如果仔细观察，就会发现，现代社会所有的技术，如交通、通讯和日用电器，几乎都是为了节约时间、抢时间；否则，就是为了帮助人们更有效率地消磨“多余”的时间。这实在是一种讽刺。

随着人们收入的提高，一个人不工作的代价越来越高，因为只有工作时间才可以转化为金钱。

电影《时间规划局》虚构了一个未来世界。在这里，每个人都永远是 25 岁，但也只能活 25 岁。时间是人们的唯一流通货币，只有不停地工作、借贷、交易、变卖，甚至抢劫，人才能继续活下去。“时间银行”管理着每个人的时间余额，一旦时间归零，这个人就将被剥夺生命。这导致有钱人可以长生不老，而穷人则朝生暮死。

“时间只是空间的一种形式。”这句话让乔治·威尔斯写出了《时间机器》这部科幻小说杰作。

在小说中，主人公乘坐自制的时间机器，穿越至 80 万年以后的末世，那时的人类异化成两种：生活在地上的埃洛伊人和生活在地下的莫洛克人。埃洛伊人由于过于养尊处优而变得身体孱弱，智力退化，胆小如鼠；而穴居的莫洛克人则日夜劳作，结果是埃洛伊人变成了莫洛克人的盘中餐。

美国宇航局（NASA）曾经做过一项疯狂的实验，让一个人像莫洛克人一样，单独待在不见天日的洞穴中，看他对时间的反应。

有一个年轻女性主动要求参与这个实验。她原本计划要待满整整 210 天，结果到了 130 天，实验就被迫中止。人们发现，在隔绝自然的情况下，即使有钟表显示时间，人的生物钟也会逐渐紊乱；失去时间感之后，人不仅无法正常睡眠和进食，甚至连思维也出现问题，最后彻底崩溃。

从这个实验可以看出，机械时间并非出于人的本能，在某种程度上甚至是反人性的，人终归还是自然之子。用中国古人的智慧来说，就是天人合一——“天地与我并生，万物与我为一”。

利玛窦的礼物

我们欣赏日落西山的美景时，常常会忘记运动的是地球，而不是太阳。世间万物都要遵循时间的秩序，将公平赋予彼此，互相补偿彼此间的不公平。历史不仅在于我们如何研究过去，更在于我们如何研究时间本身。

在前工业时代，人们认为时间就是轮回，“从玛雅人到佛教徒和印度教徒，时间是周而复始，循环不已。历史是无止境的重演，生命也许就是通过新的肉身的再世来生”[1]。工业时代的到来，彻底摧毁了前工业文明，时间成为一种无限存在；现代人“不仅把时间划分得非常精确和标准，还把时间置于一条直线上，一头可以无限地回溯到过去，一头可以无限地延伸到未来”[2]。

时间诞生的过程，也是理性诞生的过程。人类因时间意识的复苏而走向启蒙。机械钟的出现引发了人类史上最重要的一场启蒙运动。

时间的理性化最终导致机器的理性主义。机器不仅是理性的

1- [美] 托夫勒：《第三次浪潮》，朱志焱、潘琪、张焱译，生活·读书·新知三联书店 1984 年版，第 157 页。

2- 同上书，第 156 页。

产物，也成为理性的化身。理性常常被认为是人类一种最为高尚、最为完美的品德和智慧，而机器就是人类的理性偶像；一个理想的人，应当像一台机器一样严谨和冷静。

从这一点来说，时间的意识形态与机器的偶像这一次历史性的相遇，就已经注定了一场颠覆性的革命。

勒庞悲观地认为，人类的劣根性决定着历史的寿命——“时间在做完它的创造性工作之后，便开始了破坏的过程，不管是神灵还是人，一概无法逃出它的手掌。一个文明在达到一定的强盛和复杂程度之后，便会止步不前，而一旦止步不前，它注定会进入衰落的过程。这时它的老年期便降临了。”[1]这是一个让人胆寒的警告。

钱锺书的小说《围城》以一座祖传的老钟结束，它慢了整整五个小时——“这个时间落伍的计时机无意中包含对人生的讽刺和感伤，深于一切语言、一切啼笑。”[2]

400 多年前，当利玛窦带着《圣经》和机械钟来到中国时，中国人只接受了后者，利玛窦也因此成为中国钟表业的祖师爷。相当长的时间里，上海的钟表店都供奉其塑像，这可能是唯一一个享受到中国香火的欧洲人。

明代的文人笔记中记载：“西僧利玛窦做自鸣钟，以钢为之，

1- [法] 古斯塔夫·勒庞：《乌合之众：大众心理研究》，冯克利译，广西师范大学出版社 2011 年版，第 200 页。

2- 钱锺书：《围城》，人民文学出版社 1980 年版，第 359 页。

一日十二时凡十二次鸣，子时一声，丑时二声，至亥时则其声十二。”（《云间杂识》）

这个能自动鸣响的神奇之物“把所有中国人惊得目瞪口呆”。用西方人的话说，因为它是“中国历史上从未有人看到过、听见过或者想象过的东西”，按明朝人的说法，就是“秘不知其术”。[15]

我们常常将鸦片战争视为中西文明碰撞的开端，其实在此之前，钟表和历法作为现代文明的预言者，就已经深深地震动了一些中国传统知识分子——

> 自鸣钟、时辰表，皆来自西洋。钟能按时自鸣，表则有针随晷刻指十二时，皆绝技也。今钦天监中占星及定宪书，多用西洋人，盖其推算比中国旧法较密云。洪荒以来，在璇玑，齐七政，几经神圣，始泄天地之秘。西洋远在十万里外，乃其法更胜，可知天地之大，到处有开创之圣人，固不仅羲、轩、巢、燧已也。（《檐曝杂记》）

事实上，就连中国人自己或许都已经忘记，早在500年前，中国就制造出了准机械钟——水运仪象台。它在机械结构上采用了中国传统的水车、筒车、桔槔、凸轮和天平秤杆等原理，集天文观测、天象表演和报时三种功能于一体。它的报时装置为一组复杂的齿轮系统，齿轮系从6个齿到600个齿不等，其锚状擒纵器是后世钟表的关键部件。

这台带有水钟色彩的机械钟每25秒落水1斗，每刻钟转1周，1昼夜转96周，每日误差不到20秒，其精确性之高直到惠更斯发

苏颂的水运仪象台

明摆钟才被超越。

科技史学家李约瑟据此认为，中国人最早发明了机械式钟表，“苏颂的时钟是最重要最令人瞩目的。它的重要性是使人认识到第一个擒纵器是中国人发明的，那恰好是欧洲人知道它以前六百年”[1]。

苏颂在《新仪象法要》中绘制了50多幅机械传动和零部件的透视图和示意图，成为世界上最早的机械制图之一。值得注意的

1- 转引自管成学：《中国宋代科学家苏颂》，吉林文史出版社1986年版，第86页。

是，水运仪象台包括齿轮系统，全部为铜制结构，当时中国的金属加工技术可见一斑。

对于西方传教士，明朝皇帝并不感兴趣，但并不介意收下他们的礼物。利玛窦送给万历皇帝的钟表有两个，一个是有钟摆的大钟，还有一个是由发条驱动的小钟。当皇帝喜欢上钟表，他很快就发现离不开送钟表的人了——

> 奉命管理自鸣钟的太监们也打算把神父们留下，怕的是如果有一座自鸣钟出点毛病，没有人修理。他们讲述了皇帝怎样留下自鸣钟不被人取走的动人故事。皇太后听说有人送给皇上一架自鸣钟。他们谈到它时使用了这个名词。她要皇帝叫太监把它送来给她看。皇帝想到她可能会喜欢它，到时候就决定留下了，同时他又不想拒绝她的要求，便把管钟的人叫了来，要他们把报时的发条松开，使它不能发声。皇太后不喜欢不能鸣时的钟，就把它还给了她儿子。[1]

利玛窦给中国带来了机械钟，但也仅仅是带来了机械钟，并没有引发人们关于时间、机器、理性等观念的改变。从利玛窦开始，钟表和有发条装置的玩具成为欧洲人与中国朝廷打交道时最重要的敲门砖，紫禁城里为此还专门增设了一个“做钟处”。

1- [意]利玛窦、[比]金尼阁：《利玛窦中国札记》，何高济、王遵仲、李申译，中华书局2010年版，第420页。

在很大意义上，“西洋钟”极其中国化地成为权力的象征。“尚未进入近代社会的封建中国没有把时间知识看成是人们应有的一种权利。时间属于当权者，由他们来报时辰，个人拥有计时器则是一种罕见的特权。”[1]

宫廷作为传统政治的主要现场，其最大特点是神秘。

机械钟的到来，很快就取代了传统的漏刻；与漏刻相比，机械钟更容易普及和携带。这虽然削弱了时间的神秘性，但却丝毫未能削弱时间的权力本身。在所有的时间中，只有皇帝的时间是正确的，这就是时间的权力。

乾隆时代的权臣傅恒为了准确掌握时间，不仅家里四处放着钟表，而且让每个仆从都在腰间悬挂钟表，以便互相印证。有一次，他根据自己的时间从容上朝，却发现乾隆比他先到，“乃惶悚无地，叩首阶陛，惊惧不安累日”（《檐曝杂记》）。百年后的袁世凯曾有名言：“这普天之下，只有太后一个人的表是准的！”

明太祖朱元璋出身社会底层，对各种新奇的奢侈品憎恶至极，曾有人进贡给他一个精巧的水钟，竟被他砸碎。[16]

清代皇帝大都钟情于西洋钟，尤以康熙、乾隆为最。康熙写过很多诗，其中与西洋钟有关的诗均以《咏自鸣钟》为题，其中一首写道：

1-［美］戴维·S. 兰德斯：《国富国穷》，门洪华、安增才、董素华等译，新华出版社 2010 年版，第 369 页。

法自西洋始，巧心授受知。
轮行随刻转，表指按分移。
绦帻休催晓，金钟预报时。
清晨勤政务，数问奏章迟。

在康熙时期，一座自鸣钟需纹银5000两。物以稀为贵，昂贵的机械钟因此成为一种用来炫耀权力和身份的理想媒介。

为了迎合中国人，这些进口的西洋钟外观上一般都是富有中国特色的楼台亭阁塔造型；其机械装置的重点也不在于时间，而是驱动造型中的人物或者动物做出各种机械动作。

对那时的中国人来说，时间的现实意义并不大。人们购买“自鸣钟”多半只是为了听布谷鸟的叫声。

据说有一批西洋钟表运到中国后，因为质量问题而“默不作声”，洋商吹嘘说：“布谷鸟”只有在谷雨时节才“婉转而鸣”。[1] 中国士绅更以为神奇，竟趋之若鹜。

1- ［英］约翰·巴罗：《我看乾隆盛世》，李国庆、欧阳少春译，北京图书馆出版社2007年版，第133页。

皇帝的珍玩

古老的《考工记》足以证明，中国从来不乏能工巧匠。

清代中期人口剧增，农业溢出效应使得工商业发展极其迅猛，尤其是南方，已经形成许多世界闻名的手工业重镇。18 世纪之后，中国生产的钟表几乎可与英国钟媲美，而价格只有其三分之一；只是这些中国钟表都有一颗外国的“心”，因为他们唯独仿制不了最核心的发条。[17]

事实上，即使比洋钟走得更准，中国消费者还是宁愿拥有一只不准的洋钟。钟表作为一种显示身份的消费品，昂贵也是“身份”的一种重要来源。

在《红楼梦》中，刘姥姥进了大观园，最惊异的莫过于惊醒她的那只挂钟了，“只听见咯当咯当的响声……忽见堂屋中柱子上挂着一个匣子，底下又坠着一个秤砣般一物，却不住的乱幌”。王熙凤将一台自鸣钟卖了 560 两银子；冯紫英用“一个童儿拿着时辰牌”的自鸣钟，外加 24 扇隔子，要价 5000 两。

对一些人来说，欲望只有通过囤积才可以满足。当他买了一只钟表后，他就会买一屋子钟表。这些钟表一般都没有机会正常运行，它们只是被用来看的，看它们华丽的外形和做工，唯独不是“看时间”。

西洋钟传入中国后，很快就成为清朝宫廷及大户人家的珍品

一本清人笔记中这样写道：“泰西氏所造自鸣钟，制造奇邪，来自粤东，士大夫争购，家置一座，以为玩具。”（《啸亭续录》）事实上，西洋自鸣钟已非“玩具”可比，在很多大户人家，自鸣钟被放置在中堂的供桌上，似乎要取代列祖列宗的牌位，瓜分初一十五的香火。

在贪官和珅被查抄的物品清单中，包括大自鸣钟 19 座，小自鸣钟 156 座，桌钟 300 座，时辰表 80 个；最神奇的是，他有一件衣服，上面的纽扣竟然是用几十个小巧的金表做成的。

黑格尔说，中国是“没有时间的国度”[18]，但这并不妨碍一个农业中国成为前现代世界最大的钟表市场之一。

当时的中国阔人买钟表，都是成双成对地买，这让西洋人大惑不解。拥有两只钟表的好处是，可以知道哪只表走得更快；坏处是，不知道哪只表走得更准一些。但对一个成功的中国人来说，他虽然不知道现在是几点，但知道自己有几对表。[19]用美国汉学家史景迁的话说："帝国只是喜欢将成百的钟表、手表收藏起来，而根本没有想到应当把这些钟表、手表所蕴含的技术推广开来。"[1]

同样一个钟表，在西方是制造时间的机器，在中国则跟花瓶或鼻烟壶[20]没什么区别，不过是权贵的"玩意儿"。

据说，光绪年间有大臣要将一只西洋钟献给慈禧太后作寿礼，事先请李莲英过目。此钟设计精巧，每到午时，就有木偶小人出来，自动展开"万寿无疆"四字。李莲英问："万一这玩意儿出点毛病，只展开'万寿无'三字，你们家还能有活口吗？"大臣吓出一身冷汗，赶忙请教。李莲英指点迷津："这四字改成'寿寿寿寿'吧，咋坏都是'寿'字。"

从康熙、雍正到乾隆，个个都是"崇洋媚外"的钟表囤积狂，这与欧洲国王对中国瓷器的贪婪如出一辙。[21]

早在顺治时，宫廷就设有专为皇帝制西洋钟的造办处；康熙时又设自鸣钟处，技师达百余人，其中不少都是重金延请的欧洲机械师。

1-［美］史景迁：《中国纵横：一个汉学家的学术探索之旅》，夏俊霞译，上海远东出版社2005年版，第183页。

即使这些技师每年造出很多钟表，钟表仍是最重要的进口贡品。

荷兰人被赶出台湾后，便开始给清朝进贡，大小自鸣钟是必不可少的贡物。康熙二十五年（1686），还以荷兰国王耀汉连氏甘勃氏的名义奉上一份贡表，表词有云："外邦之丸泥尺土，乃是中国飞埃；异域之勺水蹄涔，原属天家滴露。"（《池北偶谈》）

乾隆时代的宫廷中充斥着钟表、钟乐器、发条自鸣钟、风琴、地球仪以及各种各样的天文钟，总共有4000多件，都出自巴黎和伦敦的能工巧匠之手。

乾隆二十一年（1756），皇帝传谕两广总督李侍尧，要其"不惜代价，再觅几件大而好的洋钟贡进"。[22] 乾隆三十六年（1771），两广总督李侍尧进贡"洋镶钻石推钟一对，洋珐琅表一对，镶钻石花自行开合盆景乐钟一对"；广东巡抚德保进贡"乐钟一对，推钟一对，洋表一对"。[1]

从乾隆四十六年到四十九年（1781—1784），每年由粤海关进口作为贡品的自鸣钟都在130件以上。乾隆五十六年（1791），粤海关进口的自鸣钟和时辰表等共计1025件。乾隆五十八年（1793），粤海关用来给皇帝购买钟表和其他机械制品的花费就达10万两白银。

据不完全统计，整个乾隆时期，进贡给皇帝的钟表超过2700件。值得一提的是，这些西洋钟基本都是英国制造。东印度公司每

1- 转引自黄庆昌：《清代广州制造的西式钟表及其历史背景探析》，《南方文物》2011年第3期。

乾隆时代进口的西洋钟，采用中式风格，
为紫檀嵌珐琅重檐楼阁造型

年要从伦敦购买价值超过 2 万英镑的钟表带往广州。

乾隆五十七年（1792），英国派出公使正式访问中国，这是当时世界两个最大帝国间的首次互访。

为了这次跨越半个地球的东西方约会，马戛尔尼如同传说中的圣诞老人，带来当时英国最好的礼物——代表工业时代的科学仪器和机械设计，包括天体仪、地球仪、反射望远镜等 29 种。

但在清朝的权力精英眼中，这些形制古怪的洋玩意儿只是一些粗制滥造的“贡品”和“玩好”。“中国官员并不问这些礼品有什么用；重要的是，一件也不能少。”[1]

为了向英国客人炫耀天朝上国的各种奇器珍玩，乾隆特意开放了所有馆藏，果然令马戛尔尼自叹不如——

> 余如地球仪、太阳系统仪、时钟、音乐自动机以及一切欧洲所有之高等美术品，罔不俱备。于是，吾乃大骇，以为吾所携礼物若与此宫中原有之物相较，必如孺子之见猛夫，战栗而自匿其首也。然而华官复言：此处收藏之物若与寝宫中所藏妇女用品较，或与圆明园中专藏欧洲物品之宫殿较，犹相差万万。吾直不知中国帝王之富力何以雄厚至此也。[2]

1889年（清光绪十五年），光绪皇帝大婚。英国的维多利亚女王送来贺礼，也是一座自鸣钟。上面还特意请人用汉字镌刻了一副对联：

> 日月同明，报十二时吉祥如意；
> 天地合德，庆亿万年富贵寿康。

这礼物貌似贵重，但在中国，“送钟”的谐音是送终，很不吉

1- ［法］佩雷菲特：《停滞的帝国：两个世界的撞击》，王国卿、毛凤支、谷炘等译，生活·读书·新知三联书店2013年版，第69页。

2- ［英］马戛尔尼：《1793乾隆英使觐见记》，刘半农译，重庆出版社2008年版，第109页。

利。对清朝皇帝来说，“日月同明”也是极其犯忌的。此时，大清帝国已经日薄西山。

在此之前，马克思在《纽约每日论坛报》撰文写道：“一个人口几乎占人类三分之一的幅员广大的帝国，不顾时势，仍然安于现状，由于被强力排斥于世界联系的体系之外而孤立无依，因此竭力以天朝尽善尽美的幻想来欺骗自己，这样一个帝国终于要在这样一场殊死的决斗中死去，在这场决斗中，陈腐世界的代表是激于道义原则，而最现代的社会的代表却是为了获得贱买贵卖的特权——这的确是一种悲剧，甚至诗人的幻想也永远不敢创造出这种离奇的悲剧题材。”[1]

1-［德］马克思：《鸦片贸易史》，载《马克思恩格斯全集》第十二卷，人民出版社1962年版，第587页。

文字的创造给人类生活带来文明的曙光，它的创造价值超过了其他任何成就。人类在 5000 多年前迈出的这一大步，使他们创造的思想和经验可以保存，他们历经千辛万苦得来的智慧可以代代相传。这两个过程都是维持一个复杂的社会所必需的。

——［美］塞缪尔·诺亚·克莱默

第三章　记录历史

从语言到文字

从生物学上来讲，人类并不是多么出众的动物，却创造了其他任何一种动物都无法创造的辉煌成就，并成为“地球的主人”。这主要归功于人类所特有的一种杰出能力——保存并传递知识的能力。

与语言相比，文字的诞生，无疑使人类的这种能力发生了革命性的飞跃。

人类源于古猿，文明源于历史，历史源于文字。

人类从蛮荒步入文明，有三次伟大的跨越，第一次是语言，第二次是农耕，第三次是文字。从某种意义上说，语言是人类的开始，农耕是文明的开始，文字则是现代的开始。

人是会思考的动物，现代人类学的动物分类中，人的种属称为“智人”。[1] 人类的一切思维活动都以语言为基础。语言能力是智人区别于其他物种的主要属性，使人类终于克服了知觉的一切感知限制。

语言始于300万年前的直立人时期，在30万年前的智人时期发展成熟。大约在40万年前，现代人和尼安德特人的共同祖先就已经在使用相当复杂的语言。相比之下，文字的出现要晚得多。文字几乎与农耕相伴而生，从最早的刻符、结绳和岩画算起，人类文字的历史不过5000多年。

“当人还是动物的时候，就已经有了语言。”[1]人有人言，兽有兽语，语言起源于一种动物本能。美国学者史蒂芬·平克认为，语言是人类的本能，这意味着人之所以知道如何使用语言，就好像蜘蛛知道如何结网一样。[2]

人类学家戴蒙德认为，人类能说话，黑猩猩不能，控制声带构造与大脑神经网络的基因是关键。“语言让我们彼此沟通，精确的程度其他动物完全比不上。语言让我们共同草拟计划，彼此教导，学习别人的经验——包括不同时空的经验。有了语言，我们能将世界精确地‘再现’在心中，并储存起来，而且资讯编码与加工的能力比其他动物更强。”[2]

语言来自有意识的思维，人类具有独特的逻辑、反思和抽象思维能力；从这种角度来说，人类是唯一“会说话”的动物。马克思认为，语言是实践的意识，产生于交流的需要。卢梭则认为，语言起源于人类的精神需要，起源于人类的激情。

最早的语言或许是唱歌。

作为一种自由的理性动物，语言构成人类最典型的标志。当人开始思考时，语言就在他的内心出现了。在思维的进化历程中，语言的发明是极其重要的。智人凭借熟练运用语言，使人类进入一个跳跃式发展阶段，将地球上的其他物种远远甩在身后。

作为人类最原始的交流媒介，语言在前机器阶段具有极其庞大

1-［德］J. G. 赫尔德：《论语言的起源》，姚小平译，商务印书馆1998年版，第2页。

2-［美］贾雷德·戴蒙德：《第三种黑猩猩：人类的身世与未来》，王道还译，上海译文出版社2012年版，第143页。

繁杂的种类，这是因为不同社群缺乏交往造成的。不同的语言之间甚至没有什么联系。世界上大约有 5000 种语言，在新几内亚，每隔 30 公里就有一种不同的语言。

语言不仅是一种交流工具，更是一种文化认同。

《圣经》中有一个著名的通天塔传说：远古的时候，人类都说着一种语言，他们想要建造一座巴比伦城和一座巴别塔，以此来显示其强大。上帝深为忧虑，便改变了人们的语言，使他们之间无法沟通，结果通天塔半途而废。人类也因为语言不通，分裂成许多个互相敌视的民族。

有了语言，人类也就有了精确和有效分享信息的能力，还能通过语言交流，将其存储到集体记忆中，通过集体智慧的长期累积，人类迅速超越其他物种。换句话说，语言是人类独有的特征，使我们与动物截然不同。与很多动物相比，人类并没有身体优势，没有獠牙和利爪，没有翅膀，也没有强健的肌肉，人类的优势在于智慧，而这种智慧依靠语言得以共享和传承。

因为有极其复杂的语言，人类能够将以前积累的经验和知识传给后代，使历史能够向前进步，这是其他动物都无法做到的。动物也有进化，但人类通过学习取得进步的速度远非其他动物可比。

在文字出现之前，一位年长的老者就是一个巨大的资料库，他的知识决定着整个族群的命运。许多部落酋长都是高寿的老年人，原因就在于此。这其实也是中国尊老敬老的孝文化根源。

虽然语言几乎与人类一样久远，但它作为一种声音，转瞬即逝，我们无法听到远古时代的语言。在口头语言的时代，人类的所有知识和经验必须借助于人来传播。一个人的死亡，往往会导致大量信息的消亡。

从这个意义上讲，文字作为语言的延长和扩展就显得极其必要且重要。“声不能传于异地，留于异时，于是乎书之为文字。文字者，所以为意与声之迹也。”(《东塾读书记》) 文字是一种信息转换方式，它使语言从听觉信号转变为视觉信号。换句话说，文字使语言既听得见，也看得见。

伏尔泰说：“文字是声音的画像。”文字无疑始于图画，当人们试图以图画来表达实际的话语时，便发明了这种视觉化的语言——文字。

从历史角度来说，文字是农耕文明的产物。

随着农业时代的到来，今天所知的最早的文字出现在被称为“文明的子宫”的两河流域。早期的文字其实只是一种图画性的符号，大多用于占卜、誓约或记账。这种表意的象形文字在巴比伦、苏美尔、埃及、墨西哥和中国先后出现，但各有不同。有学者认为这些文字之间互有影响和借鉴。

另外一点，早期的象形文字并不必然与口语相关，它是一种全新的信息编码。这种符号性的文字与语言经过整合后，才算是真正的文字。

因此，早期文字必然经历了一个从表意到表音的发展过程。汉字通过形声假借和多音多意，完成了语言化的对接。日语虽然借用了汉字，但还是创造了假名系统，这样才满足语音表达的需要。[3]

地中海的腓尼基人则通过对 22 个“字母”的排列组合，创造

两河流域的古老泥板书

出了一种纯粹的音节文字，文字更直接地与说话对接在一起。其实，腓尼基字母主要源自埃及的象形符号。

发明字母无疑是一件很伟大的事情。字母文字是所有文字系统中最简化的，也最具颠覆性的。虽然字母在任何语言中都无法达到完美境界，但是经过一番貌似模糊的拼接后，字母可以适用于任何语言。这种优势是一般象形文字所不具备的。

有了拼音字母，任何人类语言都可以被记录下来，形成文字。因此，字母很快就成为人类通用文字。

从腓尼基字母派生出古希腊字母和阿拉美亚字母，前者发展出拉丁字母和斯拉夫字母；后者演化出印度文、阿拉伯文、蒙古文、藏文和满文等字母。

立字为据

《礼记》有云："鹦鹉能言，不离飞鸟；猩猩能言，不离禽兽。"作为声音的语言即口语，是自然出现的。和自然的口语相比，文字完全是人为的东西，没有人能够"自然而然"地进行书写或认字。因此，文字世界与口语世界完全是两码事。

用传播学家的话来说，文字产生了新的分割和异化，同时又产生了更高水平的结合。文字强化了自我意识，形成人与人之间更加自觉的互动，文字增强了人的意识。或者说，文字培育了抽象观念，使知识与拥有知识的人发生了分离。[1]

有了文字之后，才有了写作和教育。冗余的思维和言语在口语中非常少见，但却是基本的文字技术；同样，口语也无法应付像几何图形、抽象分类、逻辑推理和下定义之类的事情，只有利用文字，才可能进行详细的描绘和自我分析。与口语思维相比，文字极大地扩展了思维世界，形而上的思想便出现了。

没有文字，知识便难以积累和发展，尤其难以传播。文字使信息超越时间和空间，人类的知识与智慧不仅可以传播到很远的地

1- 可参阅［美］沃尔特·翁：《口语文化与书面文化：语词的技术化》，何道宽译，北京大学出版社 2008 年版。

方，也可以不通过任何人就传给后来者，而且更准确，更有效率。

与文字记载相比，人类的记忆力显得极其弱小，因为记忆难以超越一个人的寿命，而文字却可以。东汉许慎在《说文解字》序中说："文字者，经艺之本，王政之始，前人所以垂后，后人所以识古。"

文字是文明的象征物，没有文字的民族即使在战争中获胜，也必然会被有文字的民族从文化上征服。"文字同武器、病菌和集中统一的行政组织并驾齐驱，成为一种现代征服手段。组织开拓殖民地的舰队的君主和商人的命令是用文字传达的。"[1]

在文字出现之前，语言仅限于口语。口语是语言的基础，文字是语言的提升；"书不尽言，言不尽意"，因为语调能够传达喜怒哀乐愁，口语比文字承载的情感更加丰富。"文字以其表达精确替代了口语的表现力。它不仅改变了语言的语汇，而且改变了语言的灵魂。说话表达的是感觉，而文字表达的是观念。"[2]

语言是为了表达思想，而文字则是为了记录语言。文字使语言能够存储，人类第一个信息时代就这样到来了。从媒介学来说，文字作为一种视觉形式，给人造成的印象是理性的、隔离的、专业的和个人化的。固定的文字与人发生疏离，使语言脱离语境而走向独立，并形成一种独特的社会影响力。文字化的语言越来越规

1- [美] 贾雷德·戴蒙德：《枪炮、病菌与钢铁：人类社会的命运》，谢延光译，上海译文出版社 2006 年版，第 216 页。

2- [法] 卢梭：《论语言的起源兼论旋律与音乐的模仿》，吴克峰、胡涛译，北京出版社 2010 年版，第 27 页。

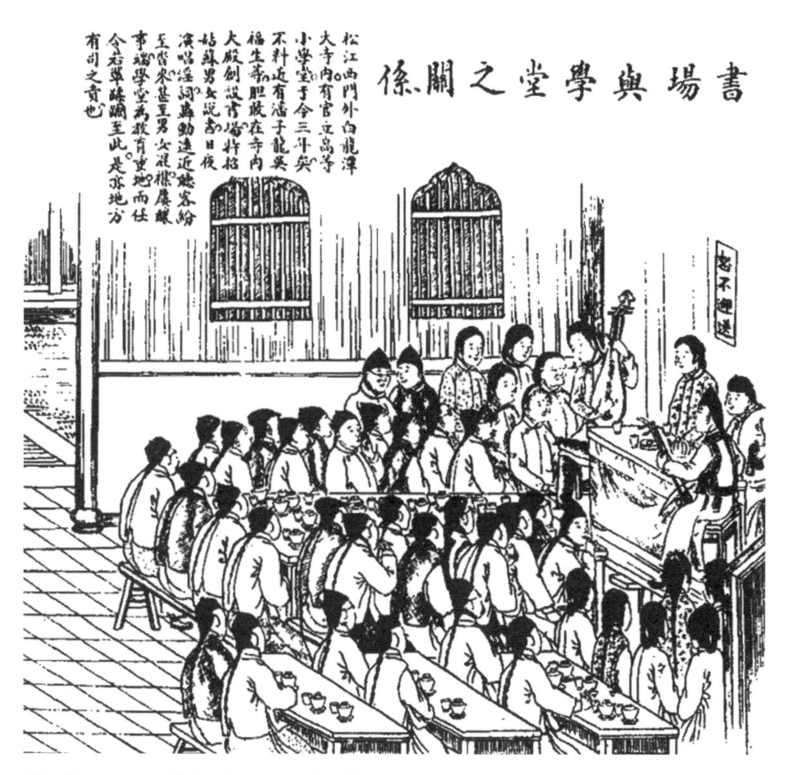

传统时代，文字和图书的使用者仅限于少数知识精英，大众文化主要是口语文化

整和标准，社会因此而发生整合。

相对而言，视觉是离析的，而听觉是综合的。口语文化是民主的和部落的。亚里士多德认为，一个城市的理想人口，是演讲人讲话时全体公民都能听得到。

每一个人类族群都有其独特的语言，因为口语的即时性和现场性，限制了人群的数量；听觉的不精确也难以形成绝对的权威。因此，口语文化常常是民主的，而文字则导致专制的出现。

“希腊人强大的口头传统和灵活的语言组织能力，使他们能够抵御东方帝国的倾向，不至于走上绝对权威的君主制和神权政治。他们在政治帝国和宗教帝国这两个观念之中打进了一个楔子。政治帝国倚重的是空间，基督教帝国倚重的是时间。他们把时间和空间压缩到城邦这种合理的规模。”[1]

文字的出现打破了语言的僵局，以固定的共识减少了无谓的争论，不仅从空间上造就了一个宽广的社会，而且从时间上树立起一个精确而固定的权威，帝国与专制便有了技术前提。正如一位人类学家所说，古代文字的主要功能是“方便对别人的奴役”。

“空口无凭，立字为据”，文字确立了中国传统的契约精神。当文字进一步走向中立和客观时，个人主义的公民文化又成为现代的创造。

西方司法体系在庭审辩护和陪审制度中充分保留了口语习惯，而中国早在秦朝就全部书面化，以口供取代辩论，而口供其实就是笔供（画押），诉讼常常沦为刀笔吏的深文周纳。

在古代中国政治生活中，基本上没有口语讨论的习惯，即使“口头发言”也依然是书面性的，只不过以当众朗读的形式。[4]按照孔圣人的说法：“巧言令色鲜矣仁”“君子欲讷于言而敏于行”（《论语》）。

利玛窦发现，从太古之初，中国人就倾尽全力关注书写的

1-［加］哈罗德·伊尼斯：《帝国与传播》，何道宽译，中国人民大学出版社 2003 年版，第 74 页。

发展，却不甚关心口说。美国汉学家费正清指出了一个有趣的悖论——

> 中国使用印刷书籍来实行书面考试的制度比欧洲早得多，这一点可能有碍于创造性思想和发展。中世纪的欧洲人缺乏书写材料而长于口头辩论，并且到19世纪开始后过了若干年，还宁愿采用口试而不大愿意采用笔试。这也许就使他们把机智和推理能力看得比记忆更为重要了。[1]

唐人张怀瓘《书断》云："大道衰而有书，利害萌而有契，契为信不足，书立言为征。"在口语时代，为了使信息更易保存，只能采用韵文类的诗歌；文字时代以散文为主，严肃的思想和研究使人类的思维方式进一步复杂化，哲学与科学便出现了。

文字比口语更能发挥人的意识潜力，更富有表现力。文字的出现，使得思想成为人类的一种重要专长。口语稍纵即逝，且完全出于本能反应，思想因其滞后而显得无足轻重；或者说，口语常常构成思想的障碍。文字具有更大的信息承载量，且打破了时间的限制，人的理性由此被激活。

从某种程度上讲，书面化的文字绝不仅是一种为了记忆的提醒物，它重新塑造了一个震撼人心的世界，并赋予思想活动一个理想的前提，使其能够经受人们严格而持久的审视。

1-［美］费正清：《美国与中国》，张理京译，世界知识出版社1999年版，第75页。

文字对语言的凝固，创造了文化与文明，也催生了无数文学家、数学家、哲学家、历史学家和科学家。古希腊与中国先秦时期的思想繁荣，与文字的普及有直接关系，这就是所谓的“学术下移”。

与说话不同，文字写作是一个人进行的，人在孤独写作时更容易内省，阐述深刻的观点。文字写作的速度只有口语表达的十分之一，这种不同于自然状态的低速运转和“慢动作”，使大脑能够进入一种高度精细和灵敏的思维状态。

被书写的历史

严格地说，没有文字记载，就没有历史，也就没有文明。

作为象形字，汉字“史”字表示右手执笔写字；《说文》云：“史，记事者也。”文字一旦出现，历史也就随之诞生。文字出现之前的历史都被称为传说与神话的“史前”时代。

“当纪念碑能够被理解的时候，可靠的成文的证据也可以被利用的时候，历史才开始。”[1] 文字既是历史的开始，也是文明的起点。所谓文明，就是农业、政治、经济、宗教、文化、国家、城市、工业等一切人类现象，而文字无疑是文明成熟的标志之一。文明创造了书写，书写也创造了文明，文字与书写本身体现的是与众不同的思维方式与思想观念。

人生是短暂的，文字则是不朽的，而文字又是人书写的。文字使人重新看待生命本身，并追问人与世界的关系。

黑格尔在《历史哲学》中说，欧洲是历史的终点，而亚洲是历史的起点。中国古人相信文字可以永久流传，“立言”可以不朽，“后世相知或有缘”。儒家提出“舍生取义”的思想，这种

1-［德］克兰：《世界历史》，转引自［德］奥斯瓦尔德·斯宾格勒：《西方的没落》，张兰平译，陕西师范大学出版社 2008 年版，第 34 页。

“义”就体现为“留取丹心照汗青”的历史形式。司马迁要“究天人之际，通古今之变，成一家之言”(《报任安书》)；张载要“为天地立心，为生民立命，为往圣继绝学，为万世开太平”(《横渠语录》)。

语言代表了人的根基，也是人的社会性归属的体现。如果说语言使人类与其他动物有了差异的话，那么文字就使人与人之间产生差异。

从某种意义上说，现代社会从“野蛮”演化为“文明”的标志，就是运用文字能力，尤其是人们阅读书面语的能力。正如鲁迅先生所说：“因为文字是特权者的东西，所以它就有了尊严性，并且有了神秘性。中国的字，到现在还很尊严，我们在墙壁上，就常常看见挂着写上‘敬惜字纸’的篓子。”1[5]

在古代社会，“读写能力”[6]仅限于极少数人，文字的影响还很有限，但在现代社会，读写能力几乎就是语言能力；甚至说，现代人已经在很大程度上以阅读取代了语言，人们通过视觉符号直接激活思想，根本就不需要任何话语。

犹太哲学家卡西尔将人定义为“符号的动物”，动物只能对“信号”(signs)作出条件反射，只有人才能够把这些“信号”改造成为有意义的“符号”(symbols)。2 文字无疑是最典型的“符号”。

1- 鲁迅：《鲁迅全集》第六卷，人民文学出版社 2005 年版，第 94 页。

2- [德] 恩斯特·卡西尔：《人论》，甘阳译，西苑出版社 2003 年版，第 47 页。

记载有日食的甲骨

文字作为农耕文化的产物，基本与金属（青铜）冶炼同步出现，此前的石器时代几乎是没有文字的。游牧民族也普遍没有文字，如匈奴就“毋文书，以言语为约束”（《史记·匈奴列传》）。

虽然埃及金字塔留存至今，我们依然对它是如何建成的一无所知。人类早期文字能遗留下来的并不多，就留存至今的文字而言，大多以刻画为主。中国古代史书中，但凡写到边疆民族，几乎都是“俗无文字，刻木为契”。苏美尔人将楔形文字刻在泥版上，中国现在能看到的最早的文字则留在骨甲、石头和金属器皿上。

有学者认为，在西安半坡村出土的陶器上发现的30个符号，有可能是最早的汉字。殷墟甲骨文的出现，说明汉字在商代已经极其成熟，甚至已经有了“书”。《尚书·多士》说：“惟殷先人有册有典。”

甲骨文的发掘，不仅将中国文字史延伸至更远的3000多年前，也将中国历史向前推移了1000多年。

作为早期的文字，甲骨文是典型的象形字，几乎每个字都是一幅表示其含义的画，文字与图画难分难解，因此中国素有“书画同源”的说法。

甲骨文中的“册”字，显然是成编竹简的象形字。在当时，只有和祭祀有关的事情，才会用甲骨文记录，其他都写在竹简上。因为竹简等其他书写材料不容易保存，今天的人都看不到了。这带给现代人一个误解，只看甲骨文，会觉得那时候的人都非常沉迷于祭祀卜卦。

作为周文化的发源地，岐山及其周边地区发现了大量的甲骨文[7]和金文，甲骨、石鼓、散氏盘和毛公鼎代表了早期汉字文化即“金石学”的典型生态。

这里也是传说中汉字始祖仓颉[8]的故地，最早的“中国”二字就诞生于此——20世纪60年代出土的“何尊”[9]底部，书有“宅兹中国，自兹乂民”。

其实不仅是汉字，就连最早的通用语言“雅言”，也是以岐山方言为基础的。“雅言”是当时士大夫阶层的标准语言，孔子平时谈话时用鲁国方言，但在诵读《诗》《书》和赞礼时，用的则是标准的“雅言”[10]。

与象形文字相比，去意义化的字母高度抽象，这种表音文字对语言的依附性，最易造成社会割裂；相反，表意性的汉字则顺利完成了社会的整合。

“言，心声也；书，心画也。”（《法言·问神》）表意文字将视觉与听觉隔离，这使汉字突破了方言的屏障，中国很早就形成同一文字下的大一统帝国。

汉字的独立，也隔绝了口语的影响；在3000年中，口语语言或发展或灭亡，文字则一以贯之，甚至甲骨文也能被今人解读。

在一定程度上，书面语与口语的分离，也造成中国文化的“停滞”。

从语境来说，中国的口语与书面语处于严重分裂状态，口头是一码事，书面是一码事，事实可能又是另一码事；这种分裂影响了中国在宗教、历史、逻辑、哲学、法律和科学等领域的发展和进步，而文学和书法因为仅限于文字本身的艺术性，反而始终保持着奇异的繁荣。

现代国家一般都兴起于文字时代。依靠大众化的阅读和书写，民族认同和社群感就可以传播到大陆的边远地区。与历史相比，文学主要是口语文化和民间故事的一种延伸。

述而不作

哲学家维特根斯坦说：世界上所有问题的本质，都是语言问题，因为只有当一个问题能够被语言描述，才能被人类理解，它才能成为一个真问题。语言的边界，就是人类认知的边界。

每个民族都有自己的语言，不同语言构成不同民族，但并不是每个民族都有文字。语言可能是进化的结果，而文字则完全是人类有目的的创造。

文字是高度文明的产物，并受地理限制。“文字只在新月沃地、墨西哥，可能还有中国独立出现，完全是因为这几个地方是粮食生产在它们各自的半球范围内出现的最早地区。一旦文字在这几个社会发明出来，它接着就通过贸易、征服和宗教向具有同样经济结构和政治组织的社会传播。”[1]

作为象形文字，汉字的起源与口语系统基本上没有太大关联。传统认为的汉字“六法”包括：指事（如上下）、象形（如日月）、形声（如江河）、会意（如武信）、转注（如考老）、假借（如西南）。按照历史记载，汉字可能最早源于卜辞记事，后来出现专门

1-［美］贾雷德·戴蒙德：《枪炮、病菌与钢铁：人类社会的命运》，谢延光译，上海译文出版社 2006 年版，第 239 页。

的史官，负责记载国家大事，文字体系因此而走向成熟。

“汉字的起源独立于口语系统，它不是语音的记录，而是外物形象的模拟，所谓象形。它源于卜辞，演至史官对国家大事的记载。”[1] 在现代文字中，中文差不多是最古老的；相对而言，英语要年轻得多。

在现代汉语中，形声字的比例高达 90% 以上，但在西方字母文字为主的世界语言学中，汉字仍被认为更接近符号。用一些西方人的说法，汉字一直保留着图像的特色。

与口语语言相比，文字性的书面语言要简约得多；与大多数字母文字相比，汉字具有更强大的信息容量和压缩能力。同样的内容，汉语比英文要减少 30% 以上的页面；若是古汉语，还要再减少一半。这是汉语注重书面化的好处。[11]

“古者文字无多，转注通用，义每相兼。”(《文史通义》)[12] 随着汉字数量的增加，单字的笔画也有所增加，从而使表意更加精准。但这也造成汉字数量庞大、笔画复杂、意音断裂、多音多意、语境微妙等特点，使汉语成为世界上几乎最难以掌握的文字。在古代，有过不少类似郢书燕说、丁氏穿井的笑话。[13]

事实上，即使对于很多现代的中国人来说，阅读和写作也是一件劳心费力的技术活儿。[14]

包括汉字在内，早期的很多文字常常用于占卜祭祀，是巫师与

1- 郑也夫:《文明是副产品》，中信出版社 2015 年版，第 211 页。

西周逨盘。在中国，早期文字常常被镂刻在青铜器上，以流传后世

神交流的工具；换言之，这些古文字很多是写给“神”看的。

青铜器时代的文字以铸刻为主。随着铁器时代的到来，文字逐渐走出神秘领域，成为人与人沟通的新方式。书写文字比刻镂文字更加容易，尤其是有了轻薄的书写材料之后。埃及人用莎草纸，罗马人用羊皮纸，中国人用竹简和丝帛。

因为学会读写需要大量训练，初期的文字仍仅限于少数神职人员和文化精英。

在早期的帝国里，统治者颁发文件一般都是口授，由书吏记录传达，然后朗读出来。中国的先秦时期基本上还是一个口语时代，游士们常常以三寸不烂之舌来获取认同。

“古人著于竹帛，皆其宣于口耳之言也。言一成而人之观者，千百其意焉，故不免于有向而有背。”（《文史通义》）口语的现场感营造了共同的语境，相对而言，文字在写作和阅读之间，则丧失了这种语境认同，因此文字往往发生歧义，比如“举烛尚明”的典故[15]。

因此，许多先哲智者热衷于言传身教、口耳相传、述而不作，或者以述代作。

诞生于先秦时期的思想典籍多以对话形式展开，如《论语》《孟子》《庄子》《列子》等。

在同一时期的希腊，身为石匠的苏格拉底也是一位狂热的舌辩者，柏拉图则以对话形式著成《斐多》和《理想国》。在《斐多》中，苏格拉底批评文字是机械的，“制造了灵魂中的遗忘性”，使一个人不再依靠自己的记忆力。然而，苏格拉底的这段话正是因为文字才流传至今。

作为一种不同于口语的语言技术，文字扩展并改变了人类的交流和思考方式。口语总是发生在确定的人与人之间，而文字所面对的人群却是不确定的。机械的文字没有呼吸和灵魂，可以被肢解和抽离，文字也不像口语一样，可以当场进行反驳和为自己辩解。但文字一出现，就成为一种不可抗拒的文化力量。

与苏格拉底的态度相反，身为“守藏室之史”的老子写下了五千字的《道德经》，其中特意写道：“信言不美，美言不信。善者不辩，辩者不善。知者不博，博者不知……圣人之道，为而不争。”有人认为，《道德经》不一定是老子的原创，有可能是他对前人智慧的整理和编撰。

西周是一个贵族社会，世卿世禄，学在官府，私门无著述文字。自东迁之后，周室衰微，诸侯崛起，学术下移，涌现出一大批以文字著述而闻名的思想家。“自老聃写书征臧，以诒孔氏，然后竹帛下庶人。六籍既定，诸书复稍出金匮石室间。民以昭苏，不为徒役；九流自此作，世卿自此堕。朝命不擅威于肉食，国史不聚歼于故府。”[1]

天不生仲尼，万古如长夜。儒家圣人孔子修订整理了大量典籍，其中包括《春秋》，“孔子成《春秋》，乱臣贼子惧”。[16]推崇技术的墨子在其著作中甚至这样鼓吹，“以其所书于竹帛，镂于金石，琢于盘盂，传遗后世子孙者知之”（《墨子·兼爱》）。

从亚里士多德开始，希腊世界也从口耳相传，转向阅读习惯。

在亚里士多德的著作中表现的逻辑原则，很难在口语文化中形成；对亚里士多德来说，“文字的持久性使得他能够把有关这个世界的已有知识加以结构化，进而他可以总结关于知识的知识”[2]。

在亚里士多德的影响下，书面传统得到延伸，其表现为搜集和保持书籍的运动。

希腊没有《圣经》那种神圣的、用来解释事物因由和内部结构的文学，没有刻板的经书，也没有强大的僧侣集团，这让希腊人得以摆脱教条的偏见和宗教的恐怖。热爱思考的希腊人提出一些概

1- 章太炎：《章太炎全集》(三)，上海人民出版社 1985 年版，第 424 页。

2-［美］詹姆斯·格雷克：《信息简史》，高博译，人民邮电出版社 2013 年版，第 34 页。

括性的规律，哲学便出现了。有人说，希伯来人把哲学当作宗教的侍女，希腊人则让宗教从属于哲学。

此外，希腊的口语传统有利于新媒介的使用，比如数学作为一门独立的学科，在希腊发展得非常好。相比之下，作为象形文字的汉字体系不太利于数学的演算和推理。

刀笔史

历史充满精彩，但生活是平淡的。茨威格曾引用歌德的比喻，说历史是“上帝的神秘作坊”。其实大多数历史也是平淡无奇的，但偶然出现的具有世界历史意义的时刻——一个“人类群星闪耀时”，却“对世世代代做出不可改变的决定，它决定着一个人的生死、一个民族的存亡甚至整个人类的命运”[1]。

在人类史上，从公元前800年到公元前200年，世界各地不约而同地出现了许多灿烂辉煌的精神文明，被德国哲学家雅斯贝斯称作“轴心时代”[17]。中国出现了老子、孔子、墨子、孟子、庄子等，印度、希腊也涌现出一大批天才般的思想家，佛教也在这一时期发轫。

从某种意义上说，人类的精神世界因为这一“群星闪耀时”而被彻底改变。从此以后，文字与书写重构了一个文明世界。

书写作为一种全新的语言，它彻底改变了人类社会的各种关系。与说话、听话相比，写作和阅读就显得更加广泛和抽象。文字的“文法”要比口语的“语法”复杂得多，也发达得多。文字

1-［奥］茨威格：《人类的群星闪耀时：十四篇历史特写》，舒昌善译，生活·读书·新知三联书店2009年版，序言第2页。

一旦出现，写作便成为人类一种最不可理喻的行动。

《左传》曰：“太上有立德，其次有立功，其次有立言。虽久不废，此之谓不朽。”实际上，无论是立德还是立功，最后也必须靠立言才能永垂不朽。写作促使知识的积累式发展成为可能，使人类知识总量迅速增加。或者说，书写使后人能够超越前人。

依靠文字记录，大脑不再需要大量的记忆，从而为思考和思想提供了巨大的空间和可能。在不同人群和语境中，口头传播常常遇到一些无法克服的“陷阱”，如遗忘、改造、讹误等；文字的出现，结束了这种危机。

与口语相比，书面语的信息承载量也要强大得多。一般而言，书面语的词汇量是口语词汇量的数倍甚至百倍。长袖善舞的书面语更加准确和精确，从而避免了口语表达的模糊和随意。

“世之所贵道者，书也。书不过语，语有贵也。语之所贵者，意也，意有所随。意之所随者，不可以言传也，而世因贵言传书。”（《庄子·天道》）书写将语言具体化，这与时钟将时间具体化是一样的；书写使语言标准化，正如钟表使时间标准化。

“文字使小型社区成长为大型的国家，又使国家强化为帝国。埃及和波斯的君主制度、罗马帝国以及城邦制，基本上都是文字的产物。”[1] 文字既可书写，又可解读，这种强大的信息技术将人类历史带入一个国家时代；或者说，文字成为一种极为成功的统治工

1-［加］哈罗德·伊尼斯：《帝国与传播》，何道宽译，中国人民大学出版社 2003 年版，第 8 页。

具。文字和铁器相结合，产生了一种高度复杂的政治组织。文字使公文成为帝国的技术基础，其重要性甚至超过铁制武器。[18]

即使现代国家，其官僚组织也同样是建立在书面文字之上的。所以马克斯·韦伯说："近代官署的管理，是以书面文书（'文件'）为基础的；这些文书以其原始的形式保存下来。这样，就有了一批秘书和各种各样的文书。忙碌于'公共'办事场所中的官员们，再加上各类物质手段和文件，就构成了一个'官署'。"[1]

古埃及文明极其古老，金字塔显示了这个古老帝国具有何等早熟的官僚制度和统治能力。在考古中，人们发现了一个公元前3000年的埃及人给自己孩子留下的信，信中写道："记住，学会写字，就能让你远离任何艰苦的劳动，并且成为一个受人尊敬的官吏。书吏不用从事任何体力劳动，他是一个可以发号施令的人……你不正在手持书吏的书版吗？就是这件东西，使你有别于操桨划船的人。"[2]

"《书》者，政事之纪也。"（《荀子·劝学》）文字可以记录信息，从而实现远距离高效率的信息传播，还可以借其权威来展示统治的合法性。统一的法律作为文字权力，严重侵蚀了封建地主和各级官吏的口语权力。[19]

为了快速传递官方文书，古罗马时代修建了极其庞大的道路体系。"书写的传播促进了共和体制的垮台和帝制的兴起。随着行政

1- 转引自阎步克：《乐师与史官：传统政治文化与政治制度论集》，生活·读书·新知三联书店，2001年版，第33～34页。

2- [美] 斯塔夫里阿诺斯：《全球史纲：人类历史的谱系》，张善鹏译，北京大学出版社2017年版，第80页。

权力的加大，皇帝的权力上升。”[1]不难理解，写作者（author）与权威性（authority）在英语中是同一个词根。

古罗马时期，信息传播主要依靠写在莎草纸[20]上的信件和各种文件。罗马的新闻到达西边的不列颠，需约五周的时间，到达东边的叙利亚约七周。远在西里西亚的西塞罗，就是通过书信掌握着罗马的动态。

有时候，人们也会把这些信件和文件抄录在莎草纸卷上，写下自己的评论，与别人分享。当时，书籍与信件并没有太大区别，也是手写在莎草纸上，从一个人手里传给下一个人。谁若想保留某卷书，就誊写一份副本。《西塞罗书信集》就是从那一时期保存下来的最完整的书信集。

中国自古“以吏为师”，掌握文字的“史”是一种古老的官职，后来衍生出太史、长史、御史、刺史等。“能讽书九千字以上乃得为史；又以六体试之，课最者以为尚书、御史、史书令史。吏民上书，字或不正，辄举劾。”(《文献通考》)

有史而后有法，故法学出于史官。

从统一文字和焚书坑儒开始，中国文字就被皇帝招安，成为天子权力的象征。章学诚在《文史通义·史释》中写道：“以吏为师，三代之旧法也。秦人之悖于古者，禁《诗》《书》而仅以法律为师耳。”

1-［加］哈罗德·伊尼斯：《帝国与传播》，何道宽译，中国传媒大学出版社 2012 年版，第 128 页。

在湖北省云梦县睡虎地考古挖掘中，发现了一个秦墓，墓主人叫喜，他的棺材里装满了写着各种法律条文的竹简。其中一枚竹简中记载："有事请殹，必以书，毋口请，毋羁请。"（《睡虎地秦墓竹简·内史杂》）该墓主人只不过是一个普通基层官吏，这样的人在整个秦帝国肯定是车载斗量。正是无数像喜这样精通文字的官吏，才保证了秦帝国政务的高速运转。

在纸发明之前，文字是用毛笔写在竹简或木简上的。当时没有橡皮擦，写错字时，要用小刀削去错字，因此这些官吏被称为"刀笔吏"。在秦帝国，以刀笔吏著称的书记在帝国架构中扮演着举足轻重的角色。《韩非子》云："故吏者，民之本、纲者也，故圣人治吏不治民。"文字与官吏使国家权力以公文的形式，延伸到帝国的每一个角落，深文周纳成为官僚统治的基本特征。

李斯以"上蔡闾巷布衣"而擢升丞相，赵高以"内宫之厮役"而位极人臣，都是刀笔吏的成功榜样。但伴君如伴虎，刀笔吏只是皇帝手中的一支笔而已，"丞相诸大臣皆受成事，倚辨于上"（《史记·秦始皇本纪》）。赵高对李斯说：他以刀笔吏的身份进入秦宫，管事二十余年，没有见过一个丞相有好下场的，最后全都被皇帝诛杀。[22]

从技术思想的角度来看，大秦帝国就像一台由秦始皇一人操纵的巨大机器，它的构成需要一种形式很特别的齿轮传动：这就是一支由书记官、信使、总管、监理员、领队、大大小小的执行长官等人物组成的庞大队伍。这些人物的角色任务，就是忠实执行皇帝的命令，或者执行皇帝那些权倾朝野的大臣、将军们的命令。换言之，这就是一个官僚组织机构，这群人能够传递和执行命令，这

秦俑的书吏，腰间系着小刀和磨石

其中有书吏们的谨小慎微，也有毫无头脑的士兵们的百般顺从。[1]

秦始皇统一天下时，尚没有发明纸，竹简这种文字载体非常笨重。《史记》中记载，天下之事无大小皆决于秦始皇，每日批复表笺奏请，称取一石，重百二十斤，日夜有程期，不满不休息。

汉以后，随着纸的普及，帝国统治在沟通成本上更加廉价。张释之特别提醒汉文帝说，秦朝极其重视刀笔吏的文案工作效率，所以官吏们争相以快速、准确、完美的文笔来书写那些徒具形式的

1- ［美］刘易斯·芒福德：《机器的神话：技术与人类进化》，宋俊岭译，中国建筑工业出版社2015年版，第270页。

官样文章，既没有对人的同情心，也不让上级了解实际错误，结果到了秦二世就土崩瓦解。[23]

李广年轻时非常受汉文帝赏识。李广之死虽属自杀，但他临死前说："广年六十余矣，终不能复对刀笔之吏。"（《史记·李将军列传》）由此可见，刀笔吏比死亡更加可怕。

相对于正式的篆书，隶书是秦汉时代刀笔吏的常用文字。[24]

从一定程度上说，汉字的书写到秦始皇时代才逐渐成熟。从图画性的篆书到书写性的隶书，汉字更加规整和统一，符号性、识别性和书写性都趋于成熟。中国文化传统也因此而自成一体，许多学者单单是为了熟悉深奥的古文，就耗尽了毕生心血。

用费正清先生的话说，"中国的语言体系是权力主义的天然基架"，汉字几乎是统治阶级的专利品，"它具有一种社会制度的性质，而不仅是一种社会工具"[1]。

1-［美］费正清：《美国与中国》，张理京译，世界知识出版社1999年版，第42页。

手写时代

“三代而上，惟勒鼎彝。秦人始大其制而用石鼓，始皇欲详其文而用丰碑。自秦迄今，惟用石刻。”（《通志·金石略》）汉字“書”由“聿（筆）”构成，意思就是用笔书写。

即使进入书写时代，碑刻仍是古代中国最主流的文字传承方式之一。[25]

在一定程度上，早期的“书”其实就是指“碑”。石碑比简帛更耐久，也更严肃，碑刻几乎成为历史的代名词，所谓“树碑立传”。

与一般书写相比，碑刻是一种耗时耗力的大型工程。

东汉时期，为了让天下儒生都能读到经典，蔡邕主持刻制了《鲁诗》《尚书》《周易》《仪礼》《春秋》《公羊传》《论语》七部儒家典籍，总共 20 万字、46 块石碑，前后历时 8 年，史称“熹平石经”。碑刻完成后，被安放在洛阳的太学门前。“及碑始立，其观视及摹写者，车乘日千余辆，填塞街陌。”（《后汉书·蔡邕列传》）

现存西安碑林的唐代“开成石经”，囊括儒家 12 部典籍，总计 65 万多字，由 114 块石碑组成；每一经的开头都安排在碑石中部，上一石与下一石的内容紧密相连，丝丝合扣；虽然没有页码，但次序井然，一块也不能放错。[26]

说白了，“碑林”其实就是一座古代图书馆。

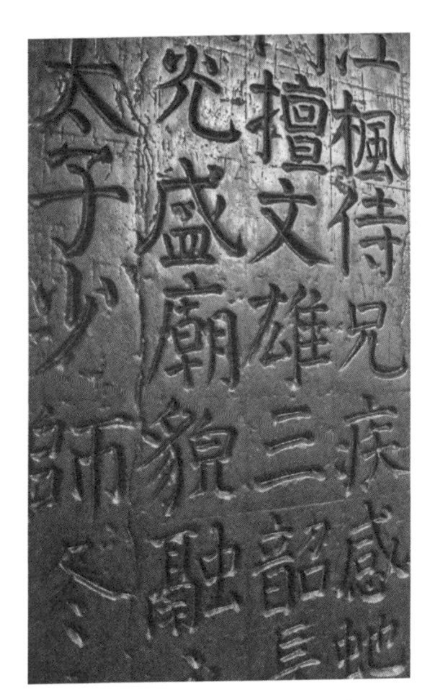

石碑作为文字载体，在中国具有悠久的历史

在书写时代，每一个文字都意味着一笔一画的付出，文字的写作无疑是一件呕心沥血的事情，论述和文章一般都不是很长。特别是在廉价纸出现之前，书写材料极其珍贵，文字务求精简。

进入纸时代后，汉字的书写从隶书逐渐向行、楷书转变，甚至出现了将书写本身作为一种艺术实践的书法家，如王羲之、王献之父子等。

就中国而言，基于口语押韵的诗词曲赋一直是文人抒情写作的主要形式。西晋时期，左思用十年时间写成的《三都赋》一经发表，便轰动京城，“豪贵之家竞相传写，洛阳为之纸贵”（《晋书·文苑·左思》）。

与其他技术一样，文字长期属于匠人的专利，替人起草捉刀是一种普通且普遍的职业。

班超出身书香门第，人到中年还在“为官佣书”，就是受官府雇用抄写书籍，非常单调乏味。他“尝辍业投笔叹曰：‘大丈夫无它志略，犹当效傅介子、张骞立功异域，以取封侯，安能久事笔砚间乎’”。惹得左右皆笑之，班超说了一句跟陈胜一般的豪言壮语：“小子安知壮士志哉！”（《后汉书·班梁列传》）后来，班超 41 岁时“投笔从戎”，以一己之力在西域诸国纵横捭阖，用另一种方式书写了不朽的历史。[27]

在文字诞生之后 4000 多年，所有的文字仍然必须用手来写，只不过从卷轴变成册子。

如果要复制一个文本，也只能手抄，这是一件缓慢而乏味的工作。即使一个勤快的写手，一天也不过抄写 30 页左右。

在中世纪欧洲，每一本书都是这样抄写在羊皮纸上的。人工成本再加上昂贵的羊皮，使得每一本书都是价格不菲的奢侈品。随便一本书的价格都抵得上一个劳动力一年的工资。所以，只有国王、教会和贵族才可能拥有一些藏书，一般人是极少看到书的。当时的大学里，老师之所以“照本宣科”，是因为没有学生能买得起书。

手抄书是如此昂贵，以至于一本弥撒书可以换一座葡萄园；1043 年，巴塞罗那主教用一座房子和一块地，从一个犹太人那里买了两册普里西安的著作。书籍所有权和土地所有权一样，都是社会地位和财富的标志。当时一般的图书馆不过拥有数十册书，很少有超过 100 册的。

更不用说，大多数人都是文盲。

实际上，那些勇敢的骑士们也是看不起文弱书生的。他们虽然喜欢英雄美女的故事，但没有一个故事是自己从书上看来的，都来自道听途说。

对中世纪的欧洲来说，文字几乎与世俗社会没有多少关系，所有的知识几乎仅限于一部《圣经》；所谓书籍，就是教士们用鹅毛笔抄写在羊皮纸上的《圣经》。

在这个“黑暗时代”，修道院几乎成为唯一留存有文字的场所。

古代中国以文言文作为标准书面语，中世纪欧洲的标准书面语为拉丁文，伊斯兰教将阿拉伯文作为《古兰经》的唯一语言；换言之，文言文统一了不同语言的中国和东亚，拉丁文统一了一个不同民族和国家的欧洲，阿拉伯文统一了一个不同民族和种族的伊斯兰世界。

根据伊斯兰教义，每一个虔诚的穆斯林都应当抄写《古兰经》，以便借此获得信仰。安拉这样对穆罕默德说：羊皮纸上的文字是我传给你的，以便他们能够用他们的双手来感受。这种严肃的抄写传统培养了大量穆斯林学者，并营造了伟大的阿拉伯文明。

“中世纪时阿拉伯伊斯兰教世界的文明，在任何方面都超乎基督教欧洲。在数学、医学乃至整个科学方面，学会阿拉伯语就可以接触到当时最先进的知识，尤其是欧洲失落已久的典籍译本，以及伊斯兰教科学家在研究与实验方面的新资料。”[1]

1- [英] 伯纳德·刘易斯：《穆斯林发现欧洲：天下大国的视野转换》，李中文译，生活·读书·新知三联书店 2013 年版，第 9 页。

在古代中国，民间写经所或官方的秘书省都有大量专业写手（经生），他们以标准的楷书，抄写儒释道的经书与典籍。书籍以这种人工方式，可以复制至几百部、几千部，使传统文化得以薪火传承。

在西方，行政和司法的书面化引发了一场政治革命和法律革命，宪政传统和法治观念因此而奠基。1215 年，一张写在羊皮纸上的《大宪章》彻底改写了英国历史，引发了此后延绵数百年，蔓延到全世界的民主革命。

在此之前的 12 世纪，大学的诞生其实可以看成法律革命的一项副产品。正是对学者、律师、牧师和神职人员的需求，促进了大学这个知识自治机构的发展，大学使知识分子群体迅速扩大，意外地创造了使科学得以繁荣的机构和平台。[28]

值得一提的是，中国纸的大量生产，也消除了书写材料的瓶颈。

从 14 世纪起，民间抄写工逐渐成为一种新兴职业；他们成立行会，比修道院的教士们更高效、更实际。在 15 世纪中期，巴黎的抄书从业者不下于一万人。同时，专业书商进一步使书籍的“制造”和销售走向更宽广的层面，文字和图书的普及程度大大提高。

随着文字的世俗化和大众化，许多通俗语言和方言慢慢进入并改写了传统文字体系。

印与印刷

在人类文明史上，有一些重要的材料革命，比如铁器和纸的出现。前者改变了农业和军事，后者改变了思想和文化。

就纸和印刷术而言，古代中国无疑走在人类文明的前列。

柏拉图曾说，人是以大写字母印在国家的本性上。实际上，柏拉图时代尚无印刷。从印到印刷有一个循序渐进的发展过程。早在纸出现之前就有了印，印的历史甚至比文字的历史更长久。从最早的图腾到后来的文字，印都是权力的象征。

秦始皇为统一度量衡，向全国各地发布了数以万计的标准计量器——“权”。“权”上印有四十字的篆文：“廿六年，皇帝尽并兼天下诸侯，黔首大安，立号为皇帝，乃诏丞相状、绾，法度量则不壹，歉疑者，皆明壹之。”

这些陶制标准权，实行大批量统一生产，文字统一铸造，按顺序压印于陶坯。

从某种角度讲，这些标准权可以被视为中国最早的印刷品，不过不是印在纸上。

西方著名的斐斯托斯圆盘也是类似情况，而且时间更早，并且使用的是单个字模，这就好像是活字印刷。这个公元前1700年的遗物，甚至被某些人认为是“世界上最早的印刷文件”。

秦两诏文铜权

秦铜权上的文字拓印

印者，信也。作为权柄的典型物化，印在东方为泥封，在西方为蜡封。

中国从秦始皇始，皇帝之印为玺，文字为标准篆字[29]；皇帝以下为印，如汉朝授日本国王的“汉委奴国王”金印[30]。汉以后，纸已经出现，泥封没落，印的尺寸渐大，阴文亦改为阳文，乃至有人制作了四寸见方、多达120个字的木制巨印。这几乎可以看作一块小型雕版。

从制作和印刷原理来说，印章与雕版如出一辙。或者说，印章是缩小的雕版，雕版是放大的印章。同时，印章也是最早的复制工具。

事实上，印章与雕版的最大区别不在于形式，而在于内容。

在雕版印刷出现之前，碑刻是“书籍”的主要载体之一。碑刻不仅可以直接阅读，还可以作为机械复制的母版。拓印要比手工抄写更加便捷，且不失真，因此拓印技术流传甚广，成为很多历史典籍重要的复制方式。

雕版的过程类似治印，印刷的过程类似拓碑；印章与拓印相结合，将沉重易碎的石板换成易刻结实的木板，雕版印刷技术也就水到渠成。虽然西方认为活字印刷才是印刷，但中国传统的印刷就是雕版印刷；准确地说，印刷在西方是“印”，在中国则是“刷”。

活字印刷在中国的地位类似雕版印刷在西方的地位。无论哪种印刷，在当时都是一种进步；只有到了印刷时代，文字与图书才得以大量进入社会。

几乎所有技术的发展都是一种改进，或者说是为了进步。

从效率上来说，传统的手工抄写非常慢，而印刷的效率则要高得多。使用雕版印刷技术，一个印工一天可印制 1500 ~ 2000 张纸，一块印版可连续印刷上万次。印刷实现了书籍的大量生产，甚至可以说，印刷创造了“书”这种商品。

在隋唐时期，佛教已经用雕版印刷大量复制佛像和经书。现存最早的印刷书，就是一部印刷于咸通九年（868）的《金刚经》，被发现于敦煌莫高窟。[31] 同时发现的还有数百枚回鹘文的木活字。

当世界其他地方还在抄写时，中国已率先进入了印刷时代。[32]

甲骨文“册”字，足以说明竹简的古老。早期中国纸书——无论抄写还是印刷——仍然保留了竹简的卷轴形制，文字竖写，很多还在每行之间画上竖线，来模仿竹简的间隙。

进入唐代后，书籍印刷和销售已经相当繁荣。白居易的诗集被“缮写模勒，炫卖于市井”；政府司天台还没有颁布新历，民间所印历本“已满天下”。

从某种意义上讲，完全可以将冯道视为中国（雕版）印刷术的重要推广者，他在中国印刷史上的地位堪比西方印刷史中的谷登堡。[33]

五代时期，战乱频仍，“事四朝，相六帝”的冯道见“诸经舛谬”，而传统的碑刻工程又过于浩大，遂以印经取代石经，首次采用雕版印刷“九经”，“板成，献之。由是，虽乱世，‘九经’传布甚广”（《资治通鉴·卷二百九十一》）。虽然欧阳修从道德上对冯道严厉谴责，但无论《新五代史》还是《旧五代史》，都一致认为“契丹之没有夷灭中国人，冯道之力为多”。

黄仁宇对冯道在历史上的遭遇深表同情，并对传统历史的“道

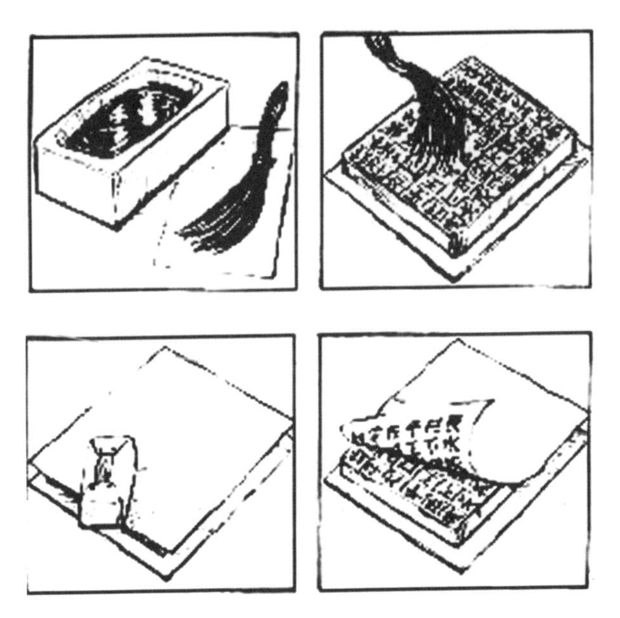

传统的拓印

德文章”提出批评：“今日我们企图放宽历史的眼界，更应当避免随便作道德的评议。因为道德是真理最后的环节，人世间最高的权威，一经提出，就再无商讨斟酌之余地，故事只好就此结束。传统历史家忽视技术因素的重要，也不能体会历史在长时间上之合理性，这都是引用道德解释历史，操切过急将牵引的事实过于简化所造成的。”[1]

1- 黄仁宇：《赫逊河畔谈中国历史》，生活·读书·新知三联书店 1992 年版，第 133 页。

对人类文明来说，书籍有一个很大的作用，那就是文化传承和历史记忆。

手抄书因其数量有限，极易失传，印刷使书得以大量生产，无疑增加了书的留存机会，这使唐宋之后文献遗失大大减少，保存下来的史料也远比之前丰富。这并不只是年代距今较近的原因。

明代藏书家胡应麟在《经籍会通》中指出，雕版印刷“肇自隋时，行于唐世，扩于五代，精于宋人”。作为文化的典型象征，中国印刷业在宋朝达到巅峰，印刷书的质量和数量都达到相当高的水平。这一时期还出现了世界最早的“纸币”。

正是由于有了宋版书，当时的绝大部分著作以及到宋代尚有流传的许多更早时期的著作才得以保存至今。这些印刷于宋代的文本向我们提供了令人惊奇的材料。在中国历史上，这个时期所占据的重要性决不下于文艺复兴时期之于西方历史。印刷术的发展并非可以验证这种比较的唯一证据。[1]

从宋代起，“线装书”的规范实现了书的标准化。传统手写楷书被刀刻方角的“宋体”代替，这种严谨有力的新字体，更易刻制和识别。更重要的是，刻工的劳动成本下降了一半，这直接引发了印刷成本的降低。[34]

1- [法] 谢和耐:《蒙元入侵前夜的中国日常生活》，刘东译，北京大学出版社2008年版，第222页。

书法之魅

在历史学上，有一个著名的“唐宋之变”，日本汉学家内藤湖南认为，这是中国历史的分水岭。

佛教在唐宋之变中诞生了禅宗，有学者将其视为中国的宗教改革。

文字的发明打开了心灵内省的大门，而禅宗所谓“以心传心，不立文字”，几乎与传统上以经典和书籍为载体的天台宗背道而驰。这其中，或许与印刷技术的广泛传播有关。

中国佛教信众本来就有通过抄写经文以积累功德的习惯，并且抄写愈多，功德愈厚，而与手抄相比，雕版印经可谓多快好省。同时，普通平民信佛原本就缺乏宗派观念，很多人甚至不认识字或不会写字，所以，印刷经文具有极其广泛的受众基础。

当大藏经被不断印刷、复制，任何典籍都可以放在案头时，一些智者对崇拜书籍、流于表面的现象提出了批评。

从手写时代进入印刷时代后，任何人在任何地方都可以利用书籍学习知识，知识已不再是一种奢侈品。这就引发了另一个有关思想的问题，即人本身的、内向的、“心”的问题。

在宋朝，传统文化的繁荣几乎达到了某种巅峰状态，之后便陷

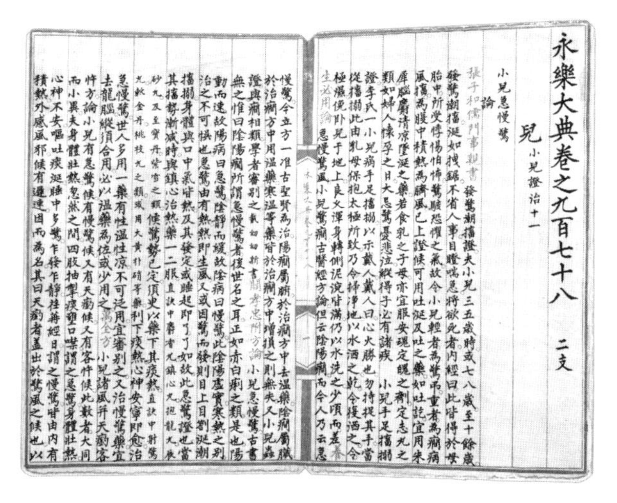

手抄本的《永乐大典》

入长时段的停滞，印刷技术基本停留在宋代的水平。出现于宋朝的活字印刷技术，此后并未取得过实质性的突破。[35]

可作为对比的是，宋代印制的《大藏经》达1076部，5048卷，雕版数量达13万块。明清时期的《永乐大典》和《四库全书》则均放弃印刷，而采用最原始的手工抄写。这些抄写书多被称为“稿本”或“孤本”，因数量少而极易失传。《四库全书》动用4000名写手，抄写了7套；《永乐大典》用2000名写手只抄了3套，后来大多佚失。

在后世看来，宋版书的雕版印刷技艺达到了登峰造极的程度，这在一定程度上反而阻碍了活字印刷的发展。究其原因，是“宋本多以能书人书写上版”。

在中国，汉字不仅是一种文字，其本身还是一种艺术——书法艺术。对一个中国人来说，文字和书籍不仅仅意味着知识，也意味着审美，甚至审美的需求大于求知，这其实也构成中国藏书家众多的重要原因，这与收藏书法作品是一致的。

同样是文字，书法可以垄断、私藏、占有，而可复制、可传播的思想作品却不能独占。与书法家相比，作家的影响和收入都难以望其项背，很多作家甚至以“卖字”（出售书法作品）为生。

宋代周敦颐说：“文所以载道也，轮辕饰而人弗庸，徒饰也。况虚车乎？”（《通书·文辞》）[36]中国自明清以降，对书籍重书法而轻思想，对绘画重意境而轻记录，这与崇拜钟表而忘却时间一样，多少都有点买椟还珠、得鱼忘筌的意味。

印刷术所属的“四大发明”之称，其实是近代以来一种典型的西方视角。无论雕版印刷还是活字印刷，其成本在古代中国都是极其昂贵的[37]，这使得印刷术本身对中国的影响并不像对西方那样显著。

这背后还有一个众所周知的原因，那就是中国的人工成本一直都极其低廉，即使一个识文断字、写得一手好字的“经生”，抄书所得也不多。清代经生赵魏“家贫无以为食，尝手抄秘书数千百卷，以之换米，困苦终身”（《履园丛话·耆旧》）。[38]明清时期，抄书从业者远比印书从业者众，大多数书籍都是以抄本形式流传下来的。[39]

抄本对中国书籍的版式风格造成深远的影响；同时，在传抄过程中，人们往往根据个人喜好，对不同内容任意组合，并加入各式评点和注释，因此形成了传统书籍（包括刻本在内）的“杂录”式风格，以及文本的不确定性。古代就有谚语说：“书三写，鱼成鲁，虚成虎。”[40]

虽说宋以降，雕版图书“流布天下，后进赖之”，但并没有完全终结手抄书时代，书籍的匮乏与珍稀可想而知。

朱元璋以北伐结束蒙古统治之后，为了复兴中国传统文化，一方面发展地方教育和科举，另一方面鼓励出版和印刷（禁止对写作、印刷和出版征税）。[41]即使如此，明初一个宁波的世家子弟也承认，他在中进士前，“两汉犹为近古。愚未冠时，无书可观，虽二史亦从人借”（《文献通考·经籍二十一》）。

对大多数穷书生来说，读书无疑是一件极其奢侈而艰辛的事情，因为读书其实就是抄书。明代学者宋濂这样回忆自己早年的读书生涯——

> 余幼时即嗜学。家贫，无从致书以观，每假借于藏书之家，手自笔录，计日以还。天大寒，砚冰坚，手指不可屈伸，弗之怠。录毕，走送之，不敢稍逾约。以是人多以书假余，余因得遍观群书。（《送东阳马生序》）

值得注意的是，中国古代印刷书基本都是雕版印刷，即“刻本”。雕版印刷又分为木版印刷和铜版印刷两种，都是采用整版印刷的方式，其中木版以刀刻而成，铜版则由铸范铸造而成。

中国铸造青铜器的技术有着悠久的历史，尤其是铸铜钱和铜印，因此铸造铜质印版也不是特别难的事情。铜版比木版坚固耐久，版上精细花纹和文字经反复印刷后仍不变形；铜版不用时还可回炉重铸新版，而木版则做不到这一点。但相对来说，铸造铜版

《清明上河图》中关于书坊场景的描绘。古代社会图书市场极其有限，书坊所售图书也以科举经学和历书为主

要比雕刻木版花费大得多。因此，雕版印刷主要是刻制木版。

张秀民在《中国印刷史》中指出："虽然早在北宋时就已发明活字印刷，但活字印刷一直未能替代雕版印刷成为中国印刷的主流，活字本的数量仅及雕版书之百分之一二，与 15 世纪以来西洋印本几乎全部为活字印、李氏朝鲜活字本压倒雕版者均不同。现在虽有许多宋版书保存至今，但尚没有发现一部活字本。"[1][42]

1- 张秀民：《中国印刷史》，浙江古籍出版社 2006 年版，第 630 页。

活字印刷为什么未能完全代替雕版印刷？一个重要原因就是中国人爱好书法，长于表现美术线条的雕版可以精确地再现书法艺术。

就内容而言，古代印刷书以历书、蒙书和科考书为代表，[43] 所谓“书坊非举业不刊，市肆非举业不售，士子非举业不览”（《纸说》）；“明刻非程文类书，则士不读，而市不鬻”（《古今印史》）。[1] 顾炎武说，“其时天下惟王府官司及建宁书坊乃有刻板，其流布于人间者，不过四书、五经、通鉴、性理诸书。他书即有刻者，非好古之家不蓄”（《抄书自序》）。

这些“主流”（雕版）印刷书在一定程度上增强了汉字的普及和统一，强化了儒家传统；活字印刷主要用于家谱印刷，促进了宗族传统。应当承认，对一个社会产生巨大影响的，并不是纸和印刷术本身，而是印刷到纸上的东西。

西方学者指出：“雕版印刷术的发明无疑是人类历史上里程碑式的成就，而中国木版印刷品的数量也确实令人惊叹。然而，印刷术的发明并未在中国引起思想的动荡，民族语言与特性的推进，或者一场文化和科学上的革命。”[2]

就印刷术来说，技术进步对古代中国并不必然意味着社会进步。

1- 可参阅岳鸳鸯：《晚明科举图书的出版传播》，《寻根》2011 年第 5 期。

2- ［美］托比·胡弗：《近代科学为什么诞生在西方》，于霞译，北京大学出版社 2010 年版，第 300 页。

我们知道，印刷术是一件粗浅的发明，火药枪炮是一种并不复杂的兵器，指南针是人所熟知的器具。但正是这三件发明，在我们的时代给世界带来了非同寻常的变化。一个在学术上，另一个在军事上，第三个是在贸易、商业和航海上。由此又引起了无数的变革。这种变革如此之大，以至于没有一个宗教派别，没有一个赫赫有名的人物，能比这三种发明对人类的事业产生更持久的力量和影响。而这些发明与其说来自人类的智慧，不如说是得自偶然的机会。但它们证明了，人类统治万物的权力是深藏在知识和技术之中的。

——［英］弗朗西斯·培根

第四章　印刷革命

印刷机器

从很多方面来说，纸的发明都可以与钢铁和纺织的发明相提并论，人们甚至以纸的消耗量来衡量文化的发达程度。

就纸文化而言，中国拔得头筹，最早实现了文字载体的轻质化和低成本化。“在中国，纸是官僚政治的同盟，但在欧洲，这一点来得太晚。政治已被放进另外一个模具里面，纸被用来服务于把帝国君主制的敌人——如牧师、地方自治和后来的皇族——官僚主义化。”[1]

现代研究证明，在蔡伦之前“纸”就已经出现。[1]人们用缣帛写字，名为“幡纸”，故而“纸”字的部首是“纟（丝）”。只有当纸取代骨甲、石头、青铜、竹木、丝帛、兽皮、泥土和纸草，而成为文字新载体后，书籍的历史才正式开始。可以这样说，没有纸也就不存在真正的“书”。

唐天宝十载（751），可能已经进入纸时代七个世纪的中国，与刚刚崛起的阿拉伯帝国（大食）发生了怛罗斯之战；中国失利，造纸术成为阿拉伯帝国最大的战利品。

1-［英］S. A. M. 艾兹赫德：《世界历史中的中国》，姜智芹译，上海人民出版社 2009 年版，第 106 页。

中国传统造纸术

在阿拉伯人统治西班牙的300年中，中国纸缓慢而不可逆转地逐步取代传统的羊皮纸（牛皮纸）。纸在欧洲起初被称作“bagdatikos”，意思是“来自巴格达”，这与“印度数字”经阿拉伯传入欧洲后被称为“阿拉伯数字”类似。1276年，意大利出现了第一家造纸作坊。

在中世纪的欧洲，抄写一部《圣经》要用300张羊皮和15个月时间，仅羊皮就占去书的一半成本。值得一提的是，正因为羊皮珍贵，很多书才得以保存和流传，而廉价的草纸书大多湮灭佚失。

纸是一种极其廉价的书写材料。即使早期的中国纸很昂贵，但成本也只有羊皮纸的十分之一，而且纸是可以大批量生产的。与羊皮纸相比，中国纸还有一个更大的优势，就是具有无可比拟的可印刷性。

夸张一点说，如果没有腓尼基的闪族部落发明字母表，欧洲人或许就没有文字来以书面形式记录口头语言；如果没有怛罗斯之战，那么中国纸出现在西方的历史一定会晚得多；而没有中国纸，也就不可能存在印刷术。[1]

羊皮纸是非常昂贵和稀缺的，这让印刷术根本派不上用场。大量廉价的中国纸不仅使印刷成为可能，反过来，印刷术也促使中国纸迅速普及。

印刷术或许是与造纸术一起传播的。按照一些学者的推论，纸张的西传不仅为印刷术铺平了道路，而且它的历史也常可用来参证印刷术传布的可能路线。波斯历史学家拉施德在1310年完成的《世界史》中，就特别强调了中国的印刷术。

同中国一样，欧洲最早的印刷也是雕版印刷，后来才发展到活字印刷。14世纪末，德国纽伦堡出现了雕版印刷的宗教版画。

1- 可参阅［美］房龙：《西方美术简史·欧洲印刷史话》，李丽、李丽娜译，北京出版社2001年版。

美国人卡特是一位从事中国印刷史研究的汉学家，他在《中国印刷术的发明和它的西传》一书中说："不单在使用纸张一事中可以看出中国人的影响，并且在欧洲雕版印刷的肇端中，中国的影响实为最后的决定的因素。"[1]

与中国汉字不同，字母文字以其极为有限的数量，使活字印刷迅速取代雕版，成为主流印刷技术。

早在古罗马时期，西塞罗就想到活字印刷。"为什么不能设想通过把大量用黄金或其他物质铸造的字母随意地组合起来，当场就可以用这些字母印刷恩尼乌斯的《编年纪》呢？"[2]或许由于当时奴隶抄手很多，发明印刷术没太大意义。

实际上，活字印刷术的出现完全基于一系列技术进步——造纸、文字、冶金、油墨等。

很多发明都不是某一个人独立完成的。正如蔡伦对造纸术的贡献一样，在活字印刷的发明与发展过程中，谷登堡[2]无疑具有里程碑意义。因为晚于毕昇时代，谷登堡或许对中国活字印刷术有所借鉴[3]，但他的印刷技术从根本上已经有了很大不同。

与中国的雕版印刷甚至活字印刷相比，谷登堡的印刷装置更像是一台"机器"。[4]中国木活字或金属活字均为手工雕刻，谷登堡

1-[美]卡特：《中国印刷术的发明和它的西传》，吴泽炎译，商务印书馆1991年版，第180页。

2-[英]汤姆·斯丹迪奇：《从莎草纸到互联网：社交媒体2000年》，林华译，中信出版社2015年版，第46页。

采用的是机械冲压，成本要大大低于前者，而且可以大批量生产。

欧洲有着极其悠久的铸造金币的历史，而谷登堡的父亲就供职于造币厂。对身为金匠和机械师的谷登堡来说，与其说他发明了印刷机，不如说他发明了铸字机和生产活字的冶金技术。[5]

活字印刷的核心，在于大量字模。字母文字虽然只有几十个，但要印刷排版，一页纸仍需几千个字母进行组合，一本书不可能只有一页，也不能印一页就拆散重新排版，这样就需要数万甚至数十万个字模，以保证可以排出足够的版面。由于要模仿当时手稿所有的大小写、缩写、连体字和标点符号，一套字模至少包括三百多个不同字母和字符构成的活字。

如果说字模的价值大于印刷机，那铸字机就更显珍贵。

谷登堡发明的铸字机，一个人一天可以铸造一千多个活字。谷登堡成功地发明了由铅、锑、锡三种金属按比例铸成的合金铅字，并借鉴油画颜料，制造出了理想的印刷油墨。

就谷登堡印刷机本身来说，它其实是从螺旋式葡萄酒压榨机[6]改装而来的。在英语中，印刷机和压床都是“press”。

谷登堡活字印刷技术最重要的是制作冲模，用它来冲压软金属基体，以制成字模，再用字模铸成铅活字（含少量锡）。冲模须在硬金属（如钢或黄铜）上用手工刻制。

钢字冲—铜字范—铅锑活字，这种“三位一体”完全不同于中国的活字工艺。[7]从原理上来说，前者实现了活字的机械化大量生产，而后者仍属于原始的手工雕刻；换言之，谷登堡实现了双重复制：以冲压铸造复制活字，以活字复制文本。

谷登堡印刷机

与雕版印刷相比，活字印刷是一种通用技术，人们不必再为每一份印刷文件单独雕刻一个模板；一套通用的字模只需变换不同组合（排版），就可以应付所有的印刷任务，印刷成本大大降低。

谷登堡革命

谷登堡印刷机问世不久，就在一定程度上终结了手抄书时代，这与中国的情况完全不同。

早期的拉丁字母只有一种书写形式（大写），到4世纪时，分化出一种更节省纸张，也更容易书写和识别的小写字母。谷登堡仍遵循手抄书的习惯，并按手写体制作活字字模。

印刷机的效率比手工抄写高得多，印刷书的成本只有手抄书的百分之一，甚至更低。一个熟练而且勤奋的抄写者用一年时间，才能抄写出两本大型书，而印刷时代的一个小印刷作坊就能印出数万册书。[8]

一本印刷版的羊皮卷《圣经》价格再贵，也只有手抄《圣经》的五分之一。

虽然谷登堡以大大低于手抄本的价格出售这些《圣经》，但他仍然获得了丰厚的利润，这相当于今天的几百万美元。

手写时代的羊皮书因其珍贵，都极尽包装之能事，甚至以黄金镶边。谷登堡仍然沿袭了传统书的精装习惯。精装意味着长期保存和反复阅读。中国传统书为线装，精装书多以绫绸织物装裱封面，外加套函或书夹。

印刷即使没有创造书，它也对书做了重新界定。随着大众阅读的兴起，小开本、非精装的小册子逐渐成为印刷书的主流。

印刷机的发明，一下子将复制信息的成本减小到只有原来的百分之一，从而大大降低了知识的储存成本，这使得当时几乎所有的手抄本，全部都被机器复制成了印刷书。

拉丁文《圣经》是谷登堡最重要的印刷品，它承载着谷登堡的伟大发明，也因此进入各大图书馆和博物馆的秘宝目录。谷登堡将《圣经》印成最大的对开本，以便可以摆放在教堂讲台上，让修道士或牧师能在昏暗的光线下阅读。教皇在 1455 年看到印刷版《圣经》后对人夸赞："文稿很干净，很清晰，根本不难阅读，不费什么工夫就能读它，而且连眼镜都不需要。"[1]

这套印刷版的《圣经》排版细腻，印刷精美。每一页都由两栏整整齐齐的文字组成，每一行两端都做到完全对齐。这种精准和对称的程度，是最一流的抄写员都无法实现的完美效果。可以说，谷登堡创造了一个评判书本的新标准。印刷不只是批量生产书本的方式，还彻底改变了书本原有的模样。机器就这样战胜了人类的双手。

谷登堡《圣经》一经出版，便立即成为《圣经》的标准版本，后来出现的《圣经》的各种版本，均以谷登堡《圣经》为基础制作而成。标准化大量生产的印刷书，不仅在数量上使书籍从少数人的奢侈品变成大众的消费品，更从质量上以其规范统一而成为权威的典范。

1- 转引自张笑宇：《技术与文明》，广西师范大学出版社 2021 年版，第 129 页。

在谷登堡之前，同样一部书，因为抄本众多而错误百出。古罗马时代的一位神学家说：“由于一些抄经士的粗枝大叶，另一些的泼天大胆，抄本之间已经是千差万别。这些人要么在抄完后不做任何校对的工作，要么，在核准的过程中，随意增删。”[1]

印刷术在不经意中，衍生出现代版本学、考据学和校勘学，学者日益专业化和职业化。

人类虽然发明了文字，却一直没有标点符号，文字阅读只能依靠口语经验自行把握。这种不确定随着印刷的出现而终结。意大利出版商马努蒂乌斯率先制定了五种印刷标点：逗号（，）、分号（；）、冒号（：）、句号（。）和问号（？）。

书写难免乌焉成马，印刷体现的是精准、客观和权威。接下来，科学、新闻、数学公式和法律法规等，无一不从印刷中诞生。

谷登堡在美因茨地区创造的机器印刷带来了一场关于书籍生产方式的重大变革，后人称之为印刷革命、书籍革命、媒介革命、传播革命。

鉴于谷登堡以一人之力改变了西方印刷史，历史学家伊丽莎白·爱森斯坦干脆将其命名为“谷登堡革命”。她在《作为变革动因的印刷机》一书中，详细解析了谷登堡印刷机对文艺复兴、宗教改革、启蒙运动和工业革命等一系列巨大历史变革的推动机理。

一些历史学家认为，谷登堡使排版印刷臻于完善所花费的二十年，标志了现代时期的开端；要不是谷登堡印刷机的使用及其带来

1- 周颖：《新约圣经：绝对神授还是历史产物？》，《读书》2011 年第 6 期。

印刷厂实行分工合作的流水线生产，印刷书大大降低了成本

的影响，根本不可能出现随后的科学、政治、基督教会、社会学、经济与哲学等方面的进展。

回顾工业革命的发展，不能忘记中世纪的技术革新，早在蒸汽机出现之前，钟表、印刷机、水磨和风磨等主要机械发明就已经在欧洲普遍完成，这些发明深刻地改变了西方世界的空间－时间构架，也改变了自然环境和社会观念。

《机械发明史》一书中特别强调，印刷术是“中世纪技术与现代技术的分水岭”[1]。

与钟表所引发的“时间革命”相比，“印刷革命”提供了另一种关于制造的范本；可以说，印刷机为未来所有的复制技术奠定了基础。

纸张是最早实现机械化和标准化生产的商品，金属活字是第一种完全标准化和互换性生产的机器零部件。印刷机是利用标准化、互换和可替代的部件，实现机械化大量生产的第一个工业案例。[9]

“谷登堡对印刷业的贡献远远超过他的任何一项具体发明或革新。他把所有这些印刷领域的技术革新结合成一种有效的生产系统，而印刷的优越性就在于大规模生产。他创造的不是一种小配件、小仪器，甚至不是一系列革新，而是一种完整的生产工艺。”[2]

谷登堡印刷机所示范的大量生产模式，后来很快就被应用到各行各业。麦克卢汉盛赞道，活字印刷是一切装配线的祖先，甚至说印刷术引起工业革命。“作为一种手工艺的第一次机械化，印刷术本身代表的不是新型知识，而是应用性知识的完全例证。”[3]

用另一位传播学家的话来说，“凸版印刷是第一条装配线，它把制造工艺分解为一套固定的步骤，可以生产一模一样复杂的产

1- 转引自［加］马歇尔·麦克卢汉：《谷登堡星汉璀璨：印刷文明的诞生》，杨晨光译，北京理工大学出版社 2014 年版，第 219 页。

2- ［美］里尔斯：《技术的历程：中世纪到文艺复兴》，王前进译，浙江教育出版社 2013 年版，第 70 页。

3- ［加］马歇尔·麦克卢汉：《谷登堡星汉璀璨：印刷文明的诞生》，杨晨光译，北京理工大学出版社 2014 年版，第 250 页。

品，而其部件是可以替换的。这第一条装配线生产的不是火炉、靴子和武器，而是印刷的书籍。到18世纪末，工业革命把可替换零件的技术用于其他的生产活动，那时，印刷机使用这样的技术已经有三百年历史了”[1]。

作为一种代表性的创新，印刷技术迈出了人类提高信息传播效率的第一步。在现代历史上，印刷书籍成为第一种再生产边际成本几乎为零的工业产品，但绝不是最后一个。

1- [美] 沃尔特·翁：《口语文化与书面文化：语词的技术化》，何道宽译，北京大学出版社2008年版，第90页。

启蒙之光

在媒介学家看来，语音文字将线性序列作为社会和心理组织的手段，产生了应用型知识；印刷术推行标准化劳动方式，保证了高效率的工业生产。这些媒介技术使西方社会不仅有征服者的愿望，而且具备征服者的能力，能够凌驾于自然和其他社会之上。

印刷文字不同于手写文字，规整的印刷文字去除了“人情味”，印刷术强化并改变了文字对人们思维方式和表达方式的影响，让文字更像是客观物体，更准确地说是商品。“印刷文本的外观像是机器制造的，而且的确是机器制造的。”[1]

印刷术把文字变成了商品，促进并造成了知识数量的大规模增长。

因其“公共性”，书籍显然成了一种严格意义上的消费品。每一本书都是一件商品，印制它们的人首要的目的是营利。印刷取代了手工书写，成为机器工业大生产的先行者，甚至出现了大规模的印刷工人罢工事件，并发布斗争宣言。

作为一种革命性的机器，谷登堡印刷机的意义远远超出其机械

1- [美] 沃尔特·翁：《口语文化与书面文化：语词的技术化》，何道宽译，北京大学出版社2008，第93页。

本身，它直接改变了人类历史的进程，将现代社会到来的时间大大前移。

通过对书本廉价而快速的生产，传统社会的知识垄断迅速瓦解，更多的穷人和业余人士也得以分享科学常识，知识民主化又为科学进步和社会进步提速。用比尔·盖茨的话说，活字印刷术给西方带来的不仅仅是一种快速复制书籍的方法，而且提供了一种便利的大众传播媒介手段，加快了西方文化知识的传播和积累，并打开了西方人的眼界，从而彻底改变了西方文明。

谷登堡一定不会想到，他在300年后被法国大革命褒奖为第一位在欧洲传播"启蒙之光"的匠人，并将印刷术当作各民族的"自由火炬"。

谷登堡确实点燃了印刷之火，在不到40年的时间里，机器印刷就如星火燎原，传遍了整个欧洲。

从1455年谷登堡用他的印刷机印制出180本精装的四十二行本《圣经》[10]，到1500年，至少已经有2000万本书，被1000多个印刷所"生产"出来，涵盖4万个不同的领域和主题。相比之下，在手抄本时代，整个欧洲也不过只有几万册书。

这标志着本雅明所说的"机械复制时代"的来临，大量生产的书籍和知识不再是少数人的奢侈品，特别是廉价简装书和小册子的出现，一下子让书变得更加"平易近人"，文字便进入大众生活的视野。到1600年，机器印刷书的总量已经超过2亿本。

这在人类历史上，无疑是前所未有的信息大传播。正如弗朗西斯·培根所言，印刷"改变了这个世界的面貌和状态"。

图书的大量生产必然带来知识的普及，知识分子应运而生

从现代文明启蒙的角度来说，印刷术的发明堪称是最伟大的事件。作为崭新的表达人类思想的手段，它几乎孕育了一切现代思想革命，让传统思想摒弃掉旧的形式，形成新思维和新观念。

印刷术对西方文明和现代世界的影响，至少体现在三个方面：首先是思想升级，印刷通过普及书籍而扩大了阅读群体，知识分子兴起，文盲率下降，人力资本提高；其次是经济升级，印刷推动了人文思想和科学文化的传播及技术扩散；最后就是政治升级，印刷瓦解了专制权力，催生了降低交易成本的知识产权制度，这是民主制度的预演。

马克思和恩格斯在他们的著作里，曾三十多次提到谷登堡印刷机对现代文明的巨大推动。印刷文化使陌生人将自己想象成一个基于思想认同，而非地理分区的共同体。

媒介学家雷吉斯·德布雷认为，“知识分子”能够形成气候，一个关键的技术条件就是印刷术的发明。从此，思想的传播与碰撞，政治与宗教的布道，言论的自由与控制，攻守双方的战斗愈演愈烈。知识分子与权力机关争夺媒体的历史战争由此展开。

科学最大的发现，是让人类发现了自己的无知。科学革命使越来越多的人对仅仅基于信仰的宗教权威产生了怀疑；在潜移默化中，科学与宗教之间的鸿沟越来越大。

科学革命不仅与宗教改革有关，也与后来的启蒙运动有直接关系。

“启蒙哲人把过去大体上分成四大时期：近东的大河文明，古代的希腊罗马，基督教的千年统治，以及始于‘文艺复兴’的现代。这四个时期有节奏地相互关联：第一个时期和第三个时期结伴，都是神话、信仰和迷信的时代；第二个时期和第四个时期都是理性、科学和启蒙的时代。”[1] 作为现代科学和启蒙思想的立论基础和目标之一，他们认为，所有的人类不仅是同一个种族，而且分享共同的价值判断的基础，追求同样一种幸福。

印刷术的贡献之一，就是排除了匿名的许多技术性因素，而同时文艺复兴运动构建了知识产权和文艺名誉的新观念。

1-［美］彼得·盖伊：《启蒙时代：现代异教精神的兴起》，刘北成译，上海人民出版社 2015 年版，第 35 页。

手抄书文化不能维持发明的专利和文学创作的著作权，印刷品的作者署名权作为版权受到尊重和保护，这和后来引发工业革命的专利制度出现在同一时间。

印刷书刚刚诞生，威尼斯就率先制定了版权法和专利法。[11] 到了现代，一些国家的法律中，“作者”与“发明人”属于同一性质，二者在一定时间内拥有自己的著作和发现相关的权利，以推动科学和应用艺术的进步。

有趣的是，人们对印刷术的最早说法是“书写的机械手段”。

与传统的手抄书相比，印刷文本实现了文字彻底的机械化，去除了一切人为（手写）的痕迹，即使没有让文字变成机器，起码也使其成为机器产品，文字的视觉特性因此得到最大的提升。

麦克卢汉在《谷登堡星汉璀璨》一书中总结道，拼音文字的发明打破了西方世界原有的部落化状态，印刷术的发明则彻底改变了西方的心理状态，导致西方人对知识视像化的倚重，从而使得西方人后来逐渐创造出了理性主义、近代科学、工业革命、资本主义等人们所熟悉的思想文化成果、经济社会组织方式。

为了促成陌生人之间跨越距离的交易，市场信息通过印刷品，将人和地方提取并抽象化。此外，通过印刷，交易的各种形式——不论是公司的法律地位、货币的使用，还是度量衡单位——都被标准化了。[1]

1- [美] 詹姆斯·弗农：《远方的陌生人：英国是如何成为现代国家的》，张祝馨译，商务印书馆 2017 年版，第 144 页。

早在 13 世纪，威尼斯等地就流行着手抄本的“经商指南”。谷登堡印刷机的出现，在更大范围和更深程度上促进了商业的标准化。

无论在哪里，人们都会按照“经商指南”上规定的同一套商业规则行事。账簿、信件、合同等各种文件都有了统一规范，这使得进入市场的门槛更低了。随着西方殖民运动向全球扩张，这种商业规范也变成了世界规则，所有商业领域都走向“西方化”。

当合同从手抄本变成了印刷品，商人只需在合同上签下自己的名字即可。不夸张地说，这种变革所带来的影响甚至可能超过了现代 IT 革命（电子交易）对金融和贸易的影响。

印刷资本主义

对欧洲来说，印刷机就是现代文明的播种机。

印刷通过加速思想的传播而转变了人们的观念；它改变了学者们的思考与表达方式，使读者数量倍增。书籍的商品化使知识祛魅，文字不再是权力的道具，而是一种人人必备的现代语言。书籍作为象征对象，围绕它形成了一种文化构建，或者说是“读者共同体”。

机器往往有一种强化作用。印刷文本的规范化与大众化，催生了不同民族和国家的“书面语”，精英的拉丁语迅速没落，世俗的英语、法语、德语、意大利语和西班牙语等登堂入室。

1539年，法语取代拉丁语成为法国的官方语言，实际上也成为欧洲通用文字。在《最后的知识分子》中，拉塞尔·雅各比把经院拉丁语的式微和普通民众方言的兴起，看成是文艺复兴时期最重要的传播方式转变。从前为国王和主教提供文化服务的知识精英，逐渐被更加直率的、影响力更大的新兴资产阶级所取代，这一变化使得各民族语言不仅在本国的日常事务中取代了佶屈聱牙的拉丁语，甚至在最新的学术研究中也成为主流语言。

人是因为语言和记忆而被分为不同民族的，语言和文字的最显著意义是对人的界定；语言是一个民族的集体宝藏和文化密码，是其“社会智慧与共同自尊的源泉”，语言构成族群认同的重要基础。

与严厉的行政制度相比，印刷机更容易实现文字和语言的统一。

印刷术强化了语言群体之间的壁垒，使墙内的语言标准化和同质化，同时摧毁小的方言分歧。印刷书被赋予一种记忆的使命，它通过大量的复制和阅读，形成广泛的“读者共同体”，并赋予他们共同的“集体记忆”和“集体意识”，最终形成民族国家这种“想象的共同体”。

印刷书与手抄本不同，手抄本只需笔、墨、纸，而印刷书却需要高额投资。为复印书籍，除了需要大量油墨和纸张，还得有几套字体相同的铅字和一台印刷机。

谷登堡时期，一台印刷机价值 15 块至 20 块银币，铸造活字的设备价值高达 60 块至 70 块银币。此外还有商业投资、库存管理等费用，这些成本远远超出机器的投资。所有印刷商都是为未来而进行投资，资本与市场紧密地联系在一起。

因为谷登堡的缘故，德国成为印刷行业的开创者，随后不久，印刷技术就传遍欧洲。15 世纪 70 年代，威尼斯、巴黎、克拉科夫、阿尔斯特和伦敦等地都有了印刷机。到 1500 年时，欧洲西自里斯本，北到斯德哥尔摩的 17 个国家 260 个城镇的企业家共开设了 1120 家印刷作坊，雇用了超过 1 万名印刷工人，印刷已经成为风行全欧洲的新兴行业。

安德森指出，现代国家完全是依靠“印刷资本主义”来实现民族主义统治的；没有印刷导致的宣传，就没有民族主义。“以印刷资本主义为媒介，1500年到1800年间在造船、航海、钟表制造术和地图绘制法等领域逐渐累积的科学创新终于使得这种想象成为可能。”[1]

可以这样说，在文艺复兴之前，欧洲是不存在民族主义的，民族主义完全是印刷术“爆炸”的结果。由印刷书市场勾画的语言疆界，前所未有地展现了一个活生生的民族界线。

> 16到18世纪之间，印刷术改变了欧洲人的私人和公共生活，给欧洲社会和文化带来了深刻的变化。政府“以往靠烦琐的手抄方式与官员联络，现在很快开始采用印刷文本宣战、公布战况、颁发文告，并以宣传册的形式展开辩论。他们努力借助这些手段打赢心理战”。印刷术使得政治宣传成为可能。它凸显了不同社会集团，如国王和贵族，教会和国家之间的差异，这些差异为不同政治党派的形成打下了基础。印刷材料可以散布到公众中，那些看上去无足轻重的个人受到影响，开始加入某一社会集团。这样，被地理界线分隔的人群便可以达成共同的认识，取得共同的身份。[2]

1- [美]本尼迪克特·安德森：《想象的共同体：民族主义的起源与散布》，吴叡人译，上海人民出版社2005年版，第178页。

2- [美]约翰·巴克勒、贝内特·希尔、约翰·麦凯：《西方社会史》第二卷，霍文利、赵燕灵、朱歌姝等译，广西师范大学出版社2005年版，第75页。

借助印刷机，很多小众的科技图书也开始走近大众读者

进入印刷时代之后，知识交流的速度大大加快，信息传播的范围迅速扩大，大规模印刷的廉价书籍（特别是《圣经》）刺激了大众教育，识字人口大量增加。

有了书以后，许多出身卑微的人通过阅读和教育改变了他们的社会地位，正是这些草根大众，成为后来发生的一系列社会变革的主要力量。

在16世纪上半叶，虽然各个阶层的藏书比例变化不大，但藏书量都翻了一番还多。医生的平均藏书量从26本增加到62本，律师从25本增加到55本，商人从4本增加到10本，纺织工匠从过去的1本书增加到4本书。[1]

进入印刷时代，机器的高效率实现了书籍的大量生产，由此对内容产生了需求，一个以写作为生的作家群体应运而生。他们不再像以前那样依靠国王的供养或贵族的资助，而是靠写作换取稿费为生。印刷商不仅销售图书，也物色和出版他们认为有大量读者的图书，印刷出版也因此成为一种具有社会影响力的新兴行业；或者说，已经形成资本主义的一种早期典型。

印刷技术创造了一个前所未有的新书市场，同时也催生了一种新的供求关系；传统上以个人身份资助作家的赞助人不再是必要的；重要的只有实体资本。传统贵族对作家的资助不再是写作的必需前提，资本化的印刷商成为一股不可忽视的社会力量。

1- [法] 菲利普·阿利埃斯、乔治·杜比：《私人生活史3：从私人账簿、日记、回忆录到个人肖像全记录》，杨家勤等译，北方文艺出版社2008年版，第111页。

作为早期资本主义的典型形态，书籍印刷出版业从肇兴伊始，就是“在富有的资本家控制下的伟大产业”。[12]

新的印刷术诞生不久，印刷所就如同满天繁星遍布意大利。[1]

如果说谷登堡发明了印刷，那也可以说尼古拉·詹森发明了“出版”。书的“出版”从几百本到几千本，迅速形成商业规模。一部书所面对的读者不再只是一个人或一群人。与手抄书相比，出版赋予了书的公共性格。

1458年，身为铸币师的詹森曾到德国美因茨学习印刷；1469年，他依靠谷登堡印刷机在威尼斯开办了第一家印刷厂。到1480年，意大利已经有50家印刷厂，而当时德国只有30家。15世纪末，仅威尼斯就有417家印刷厂，詹森成为威尼斯、意大利乃至整个欧洲最大的出版商。

在印刷商的组织下，许多人文主义思想家对古老的拉丁文、希腊文和希伯来文手稿进行了整理和编辑，然后经由印刷机变成极受大众读者欢迎的图书。这些书不同于超大开本的《圣经》，而是选择更适合捧在手中阅读的小开本，再加上内容的丰富性与多样化，一经推出，就洛阳纸贵。

作为一个商船所有者的共和国，而不是土地所有者的共和国，威尼斯是一个富裕、自由的城邦国家。

威尼斯不仅商业高度繁荣，而且享有欧洲最多的言论自由，这

1- [美] 伊丽莎白·爱森斯坦：《作为变革动因的印刷机：早期近代欧洲的传播与文化变革》，何道宽译，北京大学出版社2010年版，第101页。

里几乎成为宗教裁判所的化外之地。东罗马帝国的陨落使大量知识分子流落于此，一直被教会禁止的犹太、古希腊、罗马和阿拉伯的古代经典在这里重见天日。[13]

罗素说，历史上，不同文化之间的联系曾被证明是人类进步的里程碑。希腊曾经向埃及学习，罗马曾经向希腊学习，阿拉伯人曾经向罗马帝国学习，中世纪的欧洲曾经向阿拉伯人学习，文艺复兴时期的欧洲曾经向拜占庭学习。[1]

作为“保留一切艺术的艺术”，印刷术的诞生恰逢其时，欧洲在一场被称为“文艺复兴”的社会运动中开始崛起。

1-［英］罗素：《罗素自选文集》，戴玉庆译，商务印书馆 2006 年版，第 169 页。

文艺复兴

在意大利语中，“文艺复兴”（Rinascimento），由“重新”（ri）和“出生”（nascere）构成，它其实是指“希腊—罗马古典文化的再生”和“对世界与人类的探索”。[14]

作为人类历史上第一次资产阶级的思想解放运动，文艺复兴敲响了中世纪的丧钟，吹响了现代的号角。

以米兰多拉的《论人的尊严》[15]为代表，从 14 到 16 世纪，文艺复兴倡导人文主义，以“人性”反对“神性”，用“人权”反对“神权”，迎来了人性与自由的第一缕现代曙光。用恩格斯的话说，文艺复兴“是一次人类从来没有经历过的最伟大的、进步的变革，是一个需要巨人而且产生了巨人——在思维能力、热情和性格方面，在多才多艺和学识渊博方面的巨人的时代”[1]。

被称为“文艺复兴三颗巨星”的但丁、彼特拉克和薄伽丘，依靠口语化、诗歌化的写作，从意大利开始，掀起了前印刷时代的阅读热潮。古罗马时代的《物性论》于 1417 年重见天日，它所倡导的原子唯物论、对世俗和人的肯定、对现世快乐的追求，直接拉开

1-［德］恩格斯：《自然辩证法》，载《马克思恩格斯全集》第二十卷，人民出版社 1971 年版，第 361 页。

了文艺复兴的大幕。[1]

在所有北欧人文思想家当中，最有名的也许要数伊拉斯谟了，个中原因，很大程度要归功于伊拉斯谟的作品被大量印刷，并被广泛传播到世界各地。

1508 年，伊拉斯谟的《箴言录》出版，其中汇编了希腊语和拉丁语的名言警句。这是世界上第一部畅销书，伊拉斯谟也成为第一个依靠著书立说为生的人文写作者。1516 年，伊拉斯谟经过对诸多手抄《圣经》版本的精心编校，出版了被后世视为权威的拉丁文《圣经》。

伊拉斯谟游走欧洲，自称“世界公民”。用茨威格的说法，伊拉斯谟是超越国界、属于所有世人的天才，他生活在由书籍构成的象牙塔中。对伊拉斯谟而言，写书、编书以及为出书而工作，是他生活中最快乐的时刻。

“他在威尼斯为阿尔杜斯的印刷所和在巴塞尔为弗罗本的印刷所工作的时候，他就是和印刷工人们一起站在低矮狭小的印刷作坊里，从印刷机上接过油墨未干的纸张，与精通印刷技艺的师傅们一道用削尖的、纤细的鹅毛笔在印张上添加装饰花纹和大写花体起首字母，他像目光敏锐的猎手似的搜寻印刷错误，或者在油墨未干的书页上迅速润色某一句拉丁语短文，使其更加纯正，更具古典风韵——这是伊拉斯谟最自然而然的生活方式。”[2]

1- 可参阅［美］斯蒂芬·格林布拉特：《大转向：看世界如何步入现代》，胡玉婷译，龙门书局 2013 年版。

2-［奥］茨威格：《鹿特丹的伊拉斯谟》，舒昌善译，生活·读书·新知三联书店 2016 年版，第 43 页。

14世纪时，欧洲最著名的畅销书是薄伽丘的《十日谈》，全欧洲也不过2000本左右，整个欧洲的书籍总量也不过几万册；到了一个世纪之后，因为有了印刷机，仅意大利一地的图书就超过750万本。

作为历史上首次由大众出版业推动的思想运动，人文主义思想以前所未有的速度传播到前所未有的众多人群中去。印刷术使文字深深地内化在人心里。书籍提供了许多严肃的公共话题，潜移默化地改变了人们的思想观念，权利、平等和自由受到人们普遍的关注。

意大利哲学家维柯在《新科学》中的这段话，最能代表这种思想转变：

> 社会利用使全人类步入邪路的三种罪恶：残暴、贪婪和野心，创造出了国防、商业和政治，由此带来国家的强大、财富和智慧。社会利用这三种注定会把人类从地球上毁灭的大恶，引导出了公民的幸福。这个原理证明了天意的存在：通过它那智慧的律令，专心致力于追求私利的人们的欲望被转化为公共秩序，使他们能够生活在人类社会中。[1]

在现代人看来，人的行为受利益支配，增加个人财富是正当的。有了印刷术，新思想能以无比迅速的速度传播开来。书籍的

1-［美］阿尔伯特·赫希曼：《欲望与利益：资本主义胜利之前的政治争论》，冯克利译，浙江大学出版社2015年版，第14页。

影响远比大多数人所认为的更加深远和广阔。

书籍营造了现代共识，制造了社会认同，现代人因此而确信自己生活在一个道德更加高尚的世界，一个因书籍而形成和改善了的世界。就现代文明而言，从文艺复兴起，直到今天的互联网时代仍然盛行的印刷文化，是人类自从发明文字以来所创造的最大一笔精神财富，其价值根本无法用金钱来衡量。

随着印刷书和阅读者的日益增多，拉丁文跌下神坛，古老的罗马数字被阿拉伯数字取代[16]，学术权力逐渐从教会转移到世俗社会，宗教著作也被人文学者的作品取代。

作为“书本知识之父和评论家的鼻祖”，亚里士多德对中世纪学者有强烈的影响，人们对教科书和规范思维极其敬重，并养成逻辑思维的习惯。

古希腊数学家欧几里得的《几何原本》成为翻译成其他语言版本最多和印量最大的一本书，堪比世俗版的《圣经》。

“在几何里，没有专为国王铺设的大道。”欧几里得创造的“公理化方法”无疑是一场知识革命。古希腊创造的数理经纬网络实现了对地球表面的全覆盖，这种对方位与距离的严格定义，正体现了数学的精妙。海洋从此不再深不可测。

无意之中，几何学还影响了文艺复兴时期的绘画。在15世纪早期，具有完美几何透视的油画蔚然成风。油画的质感与明暗，使其超越死板的平面表现，形成一种呼之欲出的视觉冲击力。这一时期涌现出了一大批油画家，他们登堂入室，受到明星般的追捧；从肃穆的教堂到雍容的宫廷，油画无处不在。

1482 年出版的拉丁语《几何原本》

经验一旦被总结，学习就更加有效。

1494 年，意大利教士帕乔利出版了《算术、几何、比及比例概要》(又称《数学大全》)，其中的“阿拉伯数字”和“复式记账”迅速传播，成为现代会计学的基础。作为欧洲最具影响力的银行豪门，美第奇家族的成功与复式记账有着密切的关系。值得一提的是，美第奇家族对艺术家的慷慨资助构成了文艺复兴不可或缺的物质基础。[17]

科学是一个不断增长和扩展的知识整体，“毫无疑问哥白尼大量借鉴了托勒密的著作《至大论》，印刷业的出现使其更加容易”[1]。

1- [美] 托比·胡弗:《近代科学为什么诞生在西方》，于霞译，北京大学出版社 2010 年版，第 303 页。

印刷出版不仅促进了科学研究，也加强了科学交流，各种学术著作以及定期的学术刊物，使最新的科学成果能够迅速传播。印刷机和可靠的邮政服务构成一个信息网络，“长距离、高层次的对话交流渠道由法庭和大学里通过手稿进行的口头传播，变成了依靠文本大量印行的书面传播”[1]。

作为近代科学的代表性思想，马基雅维利的“新政治学”、哥白尼的“新天文学”、维萨里的“新解剖学”、培根的实验科学、伽利略的物理学、牛顿的力学和马兰·梅森的“新哲学”等，几乎都是借助印刷而风行于世的；相反，天才般的达·芬奇同样有大量的发明和著作，但却被他雪藏深锁，拒绝刊印成书，这让他无数呕心沥血、巧夺天工的无数创新研究成果就像没有发芽的种子一样，对当时的科学发展几无贡献。

因此，科学史的创始人乔治·萨顿将印刷术视为近代科学革命的重要前提——

> 印刷术的发现是人类历史上伟大的转折点之一，它对科学史尤为重要。印刷术改变了历史的经纬，因为它取代了不可靠的传统形式（口头形式和手抄本形式），取而代之的是稳定、可靠和持久的形式，仿佛人类突然获得了一种值得信赖的记忆，而不是飘忽不定容易使人受骗的记忆。[2]

1- [英] 尼古拉斯·奥斯特勒：《语言帝国：世界语言史》，章璐、梵非、蒋哲杰等译，上海人民出版社 2011 年版，第 296 页。

2- [美] 伊丽莎白·爱森斯坦：《作为变革动因的印刷机：早期近代欧洲的传播与文化变革》，何道宽译，北京大学出版社 2010 年版，第 317 页。

书面社会

作为文艺复兴最伟大的发明，印刷术并不一定导致了文艺复兴，但文艺复兴绝对导致了印刷术的扩散。颇有讽刺意味的是，虽然文艺复兴是一场学术复古运动，但古老的拉丁文还是迅速衰落了。

薄伽丘的《十日谈》和马基雅维利的《君主论》都是用意大利方言写成的，而没有采用拉丁文。在谷登堡印刷机出现后的50年里所印刷的“摇篮本”中，拉丁文占到七成以上；但到了100年后，用拉丁文印刷的书在所有印刷书中所占比例已不足20%。

塞万提斯用西班牙语写成《堂吉诃德》，等于为近代欧洲发明了小说。当时，风车正在欧洲流行。巨大的风车从远处就能看见，这些“巨人”和钟表一样，成为现代机械文明的先行者。“面对机器，堂吉诃德不知所措，既困惑又恼怒，他不仅是读错了书的可悲人物，还变成了某种现代英雄。”[1]

《堂吉诃德》第一版所用的纸都来自修道院的造纸厂，造纸所用的动力就来自风车。《堂吉诃德》于1605年出版，10年中总共

1-［美］马丁·普克纳：《文字的力量：文学如何塑造人类、文明和世界历史》，陈芳代译，中信出版社2019年版，第267页。

卖出了 13500 本，并很快就出现了其他语种的译本。其影响如此之大，以至于西班牙语一度被称为“塞万提斯语”。

这是一个“文学的机械时代”。“在这个时代，文学的生产变成复杂的机器问题。小说本身诞生在这些机器出现之前，但一旦与机器产生交集，并能愈发有效地使用这些机器，小说就成了现代最主要的文学形式。”[1]

如果说大炮、火药摧毁了骑士的城堡，那么小说、文字则瓦解了骑士的精神。人们将火药称为魔鬼的发明，而将印刷称为上帝的发明。

如果说雕版印刷并不必然意味着文字复制（它常常被用来复制版画），那么活字印刷就具有极其明确的文字指向，这使其成为一场语言革命。

印刷技术改变了资料搜集、储存、检索和交流的方式，把语词从声音世界里迁移出来，送进一个完全的视觉平面，从而创造了一个书面世界。

印刷文本行列规整，页面统一，清晰流畅，这使阅读更加快速，从而使一个人的默读更加普遍。

在手抄书时代，所谓读书往往是一种集体活动，一个人念，一群人听。清人何绍基说：“古人之书固以义理为主，然非文章无以发之，非音节无以醒之。”（《与汪菊士论诗》）

1- ［美］马丁·普克纳：《文字的力量：文学如何塑造人类、文明和世界历史》，陈芳代译，中信出版社 2019 年版，第 275 ~ 276 页。

正如音读是口头文化的产物，默读则是印刷文化的结果。默读使文字迅速内化，从而更容易对人的内心产生深刻的影响。随着印刷书的出现，朗朗上口的诗歌逐渐没落，长篇大论的小说和思想作品风行起来。

虽然文艺复兴文化借助印刷机的力量从意大利传遍欧洲各地，但是在文化传播过程中，也不可小觑人的力量。应当承认，印刷革命其实是通过阅读革命完成对人的改造的，从而使阅读文化成为现代的基本特征。

当口语社会变成书面社会后，读写能力成为一种基本的生存技能，因此，读书识字成为未成年人必须接受的教育。

正如印刷术刚刚诞生的那半个世纪被称为“摇篮时代”，印刷创造了一个新的成年定义：所谓成年人，是指有阅读能力的人。与之相对，也就有了一个新的童年定义，即童年是指没有阅读能力的人，儿童被从其他人群中分离出来。[1]

尽管印刷书没有淘汰古老的授课，但它的确使自学成为可能，传统的口耳相传的教学方式遭遇到挑战。一个聪明的学生和工匠甚至可以通过读书自学，超过老师和大学教授。治学如积薪，后来者居上，牛顿和第谷就是这样“站在前人的肩膀上”。

在《巴黎圣母院》中，雨果控诉印刷机杀死了建筑学。如果

1- 可参阅［美］尼尔·波兹曼：《童年的消逝》，吴燕莛译，中信出版社 2015 年版。

印刷品的普及建立了一个广阔的书面世界

说中世纪是一种教堂文明，以石块砌成永恒，那么现代则是一种印刷文明，用书籍构建未来。

通过对文字的机械化，印刷机改变了世界的意义及其被呈现的方式，从而改变了世界。

印刷机和钟表一样都是一种时间机器，钟表让永恒消失，印刷则让永恒恢复。或许可以说，印刷机是让人类卷入争夺优先权和竞争国家占有权的第一个发明。从文化角度来说，现代世界的基础构造属于印刷文化，现代人的心智亦多由印刷文字塑造，乃至我们今天的一切规则、制度、科学、法律，等等，无一不受自谷登堡以来印刷文化的影响。

中国传统的雕版印刷因其成本高昂，一般只用来印刷印量大的文本。对小印量文本而言，谷登堡印刷机显得更加平等，这极大地促进了新思想的兴起和对边缘文化的包容精神。它鼓励人们以普遍的语言表达不同的观点。

中国传统的读书以传抄诵读为主，尤其是文字狱盛行时更是如此，这在无形中激发了“圈内黑话”和隐晦费解的文字游戏。

印刷机一方面扩大了文本的传播量，另一方面，因传播的不可控，导致目标读者的不确定。这迫使作者为了避免误解和曲解，抛弃了过于矫饰和个人化的文笔，转而使用文字简洁、语义清晰、更加大众化的表达方式。

笛福说：“讲坛布道只面对少数人，书籍印刷却向全人类讲话。”文字借助印刷机的复制，可以无限放大，从而使文字脱离作者走得更远，其影响可以说是无远弗届。相比之下，古代文明大多是口语化的，仅限于小范围和小团体。无论是古罗马的雄辩还是中世纪的布道，都是面对面的交流，情绪大于思想，重要的是语言的感染力。其实，手写本的个人笔迹（书法）多少也是如此。但是在印刷书中，标准铅字完全屏蔽了作者个人的痕迹和无意义的情绪，只传达明确的语义。

印刷文本更倾向于表达抽象的思想，因而也更重视想象力。这在一定程度上激发了个人主义。在识字社会中，写作与阅读都是一个人独自完成的，但传统的讲述与聆听却不是这样。

16 世纪末的意大利，一位生活在乡下的磨坊主因为经常与人辩论宇宙的起源，结果遭到宗教法庭的审判。在法庭上，这个农民滔滔不绝地讲述，上帝并没有创造人，世界在混沌之初，天地万物的出现就像是奶酪中生出蛆虫一样。毫无疑问，他的“异端思想”并非胡思乱想，而是来自大量阅读，他甚至读到了许多“禁书”。“他深知，书面文字以及精通和传播书面文化的能力，正是权力的源泉。”[1]

“书面文化对口头文化的胜利，主要是抽象对经验的胜利。在从特定处境中寻求解脱的可能性中，人与人联系的根源，始终与书写和权力密不可分。在埃及和中国，这种例子显而易见。在那些地方，几千年来，祭司和官僚阶级垄断了象形文字和表意文字的书写。字母的发明，在公元前15世纪左右首次打破了这种垄断，但还不足以让书面文字普及至每一个人。只有在印刷术出现后，这才有了更切实的可能性。”[2]

印刷机带来了文字、知识、书本的大量传播，从而形成一个基于图书市场的文化共同体，将不识字的底层人民排除在外。

因为所有的图书都是针对识字的精英阶层的，仍然停留于口语阶段的民间记忆与民间文化在现代化过程中被迅速遗忘。当来自社会底层的人也掌握读写能力时，才开始打捞和抢救工作，但这并不能改变底层群体在印刷文化中的边缘化状态。

在一个印刷机主导的文字社会中，所谓存在，就是存在于铅字上，其他一切不能诉诸印刷文字的记忆都不免沦为虚无。

1- [意] 卡洛·金茨堡:《奶酪与蛆虫：一个16世纪磨坊主的宇宙》，鲁伊译，广西师范大学出版社2021年版，第125页。

2- 同上注。

DRYOPITHECUS

Bien que son squelette soit très incomplet, on peut se faire une idée de *Dryopithecus* à partir de quelques mâchoires et de quelques dents. C'est le premier des grands singes anthropomorphes fossiles que l'on ait découverts; il avait une vaste répartition : des restes en ont été trouvés dans toute l'Europe, au nord de l'Inde et en Chine.

OREOPITHECUS

Il représente une branche latérale de la lignée humaine. *Oreopithecus* devait mesurer environ 1,3 m et peser 40 kg. Ses dents et son bassin ont conduit les savants à se demander s'il ne serait pas un ancêtre direct de l'Homme; maintenant qu'il est beaucoup mieux connu, il apparaît comme un singe aberrant.

RAMAPITHECUS

Cette forme est considérée par certains spécialistes comme le plus ancien anthropomorphe de la famille des Hominidés; *Ramapithecus* représenterait une forme ancestrale de la lignée humaine. Il n'est connu que par quelques fragments de mandibule, des dents et une portion de maxillaire qui montrent des caractères hominoïdes.

42

L'HOMME DE NÉANDERTHAL

L'Homme de Néanderthal n'était pas toujours aussi bestial qu'on a parfois tendance à l'imaginer. Il peupla les bords de la Méditerranée et s'étendit dans toute l'Europe; sa capacité crânienne était parfois supérieure à celle d'un homme moderne. Il fabriqua des outils variés et d'une conception déjà complexe.

L'HOMME DE CRO-MAGNON

Un pas seulement sépare l'Homme de Cro-Magnon de l'Homme moderne, si l'on considère la civilisation. L'Homme de Cro-Magnon a légué son œuvre artistique : peintures des grottes, pierres gravées et sculptées. Il remplaça en Europe l'Homme de Néanderthal; il s'est diversifié en populations et semble avoir colonisé le monde entier.

L'HOMME MODERNE

Physiquement, l'Homme moderne diffère peu de l'Homme de Cro-Magnon. L'un et l'autre sont séparés par leur mode de vie; en devenant capables de produire sa nourriture et en apprenant à domestiquer les animaux, l'Homme fut en mesure d'abandonner la vie nomade; le sédentarisme eut une grande répercussion sur la civilisation.

43

1965 年，美国自然历史画家鲁道夫 · 扎林格（Rudolph Zallinger）为《时间 · 生命》丛书的《早期人类》绘制的插图。从左到右依次是森林古猿、山猿、腊玛古猿、尼安德特人、克罗马农人、现代人

古埃及壁画中的农业起源

英国巨石阵建于公元前 2300 年左右，关于其功能和建造方式，至今众说纷纭

汤若望 1630 年来到北京，继邓玉函修订历法，编成《崇祯历书》

内蒙古托克托县出土的西汉日晷

内蒙古鄂尔多斯市杭锦旗出土的西汉青铜漏壶，其上有铭文：千章铜漏一，重卅二斤，河平二年四月造

科隆大教堂始建于 1248 年，是中世纪欧洲哥特式建筑艺术的代表作，它与巴黎圣母院大教堂和罗马圣彼得大教堂并称为欧洲三大宗教建筑。钟楼上装有 5 座钟，最重的达 24 吨，钟声洪亮

布拉格天文钟。该钟楼始建于 1410 年，根据当时的地球中心说原理设计

18 世纪英国油画家约瑟夫 · 赖特作品《演示太阳系仪的科学家》

“安提基特拉机器”制造于公元前 205 年，它代表了古希腊的天文学和机械制造水平，通过 X 光透视和复原图可以发现，其齿轮部分与现代钟表非常相似

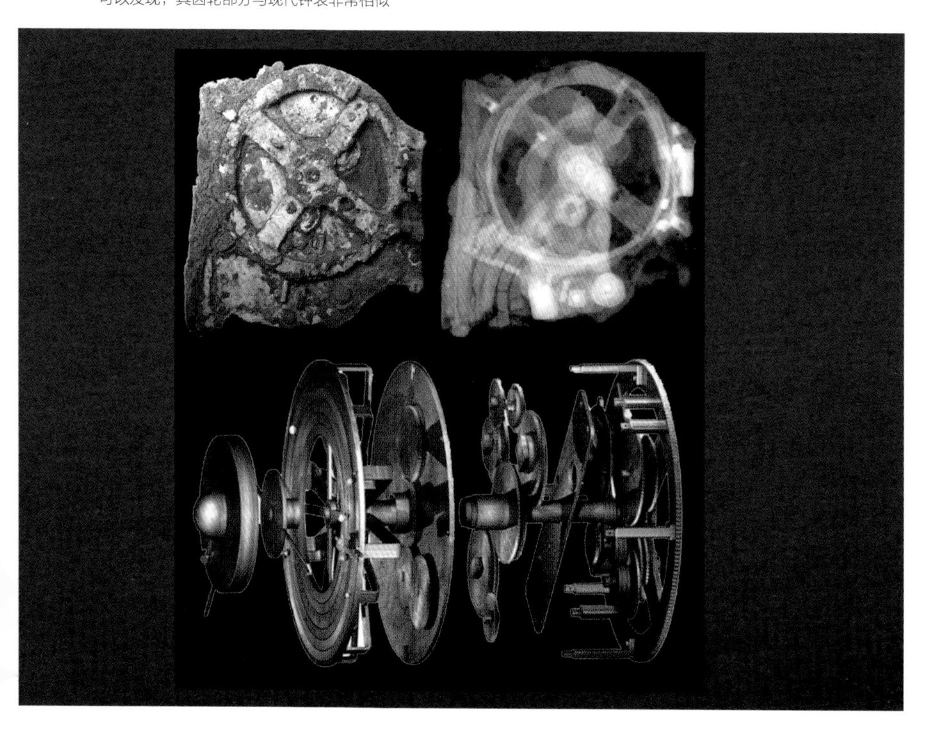

邮票上的航海计时器第 4 号，由哈里森发明

故宫博物院藏铜镀金写字人钟。由英国人威廉森专为清宫制作

清朝宫廷画家绘制的《万国来朝图》中，英、法等国使节形象

16 世纪荷兰油画家彼得 · 勃鲁盖尔的作品《巴别塔》

法国画家雅克 · 大卫在 1787 年创作的油画《苏格拉底之死》。苏格拉底喜欢舌辩，但他的思想却是因文字而流传至今

谷登堡和他发明的印刷机

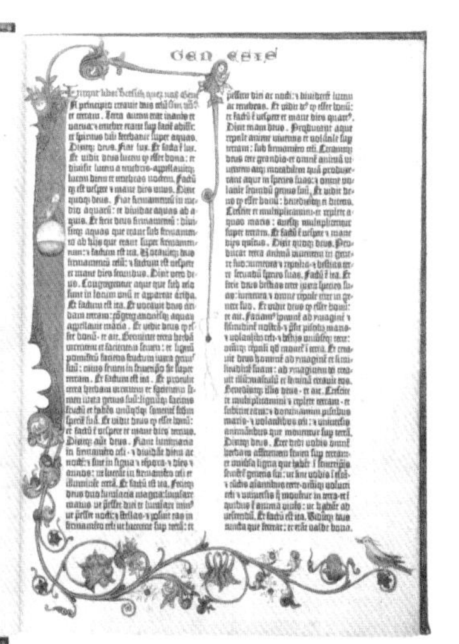

谷登堡印刷的《圣经》（摇篮本）

印刷书的出现在欧洲掀起一场大学热潮

拉斐尔创作的大型壁画《雅典学派》极其富于透视感，讴歌了古希腊的人文主义精神，成为文艺复兴运动最具代表性的作品之一

托勒密绘制的世界地图。虽然这幅地图存在严重的错误，但它仍在 1000 多年中代表了西方主流的世界观念

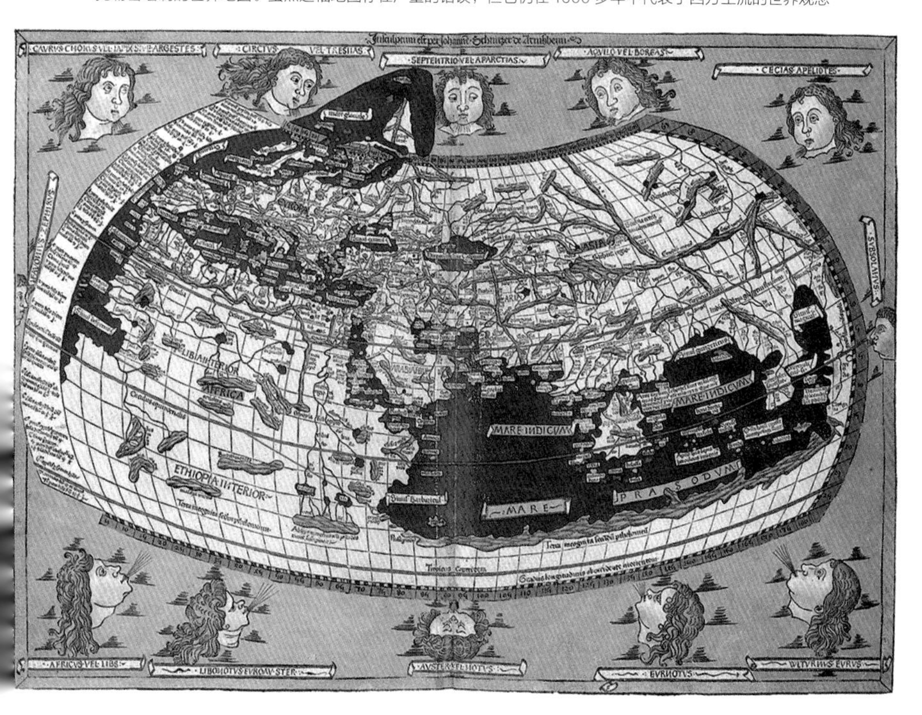

1666 年，路易十四建立法国科学学会，并接见科学学会成员

利玛窦不仅给中国带来机械表和世界地图，也带来了油画。这幅利玛窦画像由中国画家游文辉 1610 年作于北京。这是有史可查的中国人绘制的第一幅油画

马丁 · 路德（1483—1546）

查理－安德烈·范路油画作品《乔芙兰夫人的沙龙读书会》。在场的包括卢梭、孟德斯鸠和狄德罗等许多法国启蒙运动时期的代表人物。大家正在听人朗读刚刚上演的伏尔泰话剧《中国孤儿》

三十年战争以《威斯特伐利亚和约》的签订而宣告结束，从此确立了现代世界国际准则

16 世纪的宗教法庭。意大利天文学家伽利略因被指控散播“异端邪说”而接受审判，其作品遭到毁禁

启蒙运动时期的思想家伏尔泰（1694—1778）

地图的秘密

虽然印刷术主要用于复制文字，但图画印刷始终存在，甚至图画印刷的历史要更早一些。欧洲最早印有确切日期的印刷品，是出现在德国南部的“圣克利斯朵夫画像”，时间是1423年。

一般认为，印刷最先以宗教木版画的形式滥觞，在西方是耶稣的圣像，在东方则是佛像[18]和各种民间神祇，而其中又以门神、灶君、土地神最为普遍。

谷登堡的活字印刷其实是一场文字革命，但在开始的一个世纪中，图画印刷并没有多少技术上的改变，仅从数量上发生了飞跃。当时的许多印刷书都是图文版，文字采用活字印刷，图画采用木制雕版印刷。[19]

谷登堡印刷机出现时，恰好赶上大航海运动。印刷图书产业的兴旺，也使地图和地图册成为一种独特的印刷品，并由此而产生了一系列改变世界格局的历史事件。

如果说文字是统治者的权力工具，那么地图更是有过之而无不及，而且地图的历史比文字更加古老。波利尼西亚人没有文字，但却有许多航海图，虽然这些航海图不是印刷的，甚至不是画在纸上。

地图是对地理空间的一种概括描摹。一位地图学家将地图定义为“图像式的再现，这种再现使人们对事物、概念、状况、过程或人类世界的重大事件形成了一种空间上的理解”[1]。与一个完全依赖亲历环境的人相比，地图赋予人一种更高级的思维能力，使其能通过抽象的点和线去感知一种此前的人无法想象的空间结构关系。

正如时间概念一样，在原始传播技术下，人们对空间的理解具有很大的局限性；换言之，在近代之前，地图并不完全是科学的产物。正如天文学源于占星，化学源于炼金术，早期的地图常常源于宗教或传说。

直至15世纪末，欧洲人对世界空间的认识始终没有超过1300年前托勒密的水平，以为地球表面主要都是陆地，海洋只占七分之一，当时的世界只有欧、亚、非三大洲。

像很多希腊—罗马经典一样，地理学家托勒密的著作在15世纪被译成拉丁文，并在1475年变成了印刷书；在此后的25年中，托勒密的《地理学指南》先后印刷了7版。当时畅销的哥白尼《天体运行论》其实就是托勒密的《天文学大全》的翻版。

托勒密绘制的第一张世界地图一直被秘藏，直到1400年才公之于世。随着印刷时代的到来，这份地图流布甚广，几乎重新改写了人们对世界的印象。直到1570年“奥特里斯的地图集”出版之前，“托勒密的世界地图”始终被当作世界标准地图。但是，托勒密地图对地球圆周的计算严重偏小，对亚洲的估计又偏大，同

1- [英] 杰里米·哈伍德:《改变世界的100幅地图》，孙吉虹译，生活·读书·新知三联书店2010年版，第7页。

时缺失了美洲和太平洋，这使得人们以为从西班牙海岸向西跨越大西洋，就可以很快到达印度的东海岸。[20]

哥伦布在制订航海计划时研究了一系列古典地理著作，包括希伯来人、阿拉伯人和欧洲人的著作，他用托勒密地图说服伊莎贝拉女王，并开始了他的远航。但实际上，第一个开拓通往“第二世界”海上航线的哥伦布，以及开拓通往“第三世界”海上航线的麦哲伦，都因为盲目地相信了托勒密的世界地图，结果进行了错误的航海。[1]

在文艺复兴时期，海外探险者被当作英雄，受到全社会的崇拜，人们认为他们勇敢且崇尚个人主义，就像中世纪的骑士，对荣誉的追求深藏于心。

美国诗人艾米莉·狄金森有句诗：“没有一艘战舰会像一本书，带领我们前往遥远的大陆。”对哥伦布来说，他的战舰上除了给中国皇帝（大汗）的国书，还带着其他一些印刷书，其中包括当时最为流行的《马可·波罗游记》，哥伦布在这本书中做了许多批注。[21]

在大多数文艺复兴时期的人看来，中国是自给自足、完全封闭的另外一个世界。虽然大多数中国人对外部世界不感兴趣，但外部世界却对中国兴趣盎然。事实上，哥伦布航行的目的地就是中国。[2]

1- [日] 宫崎正胜：《航海图的世界史：海上道路改变历史》，朱悦玮译，中信出版社 2014 年版，第 99 页。

2- 可参阅 [英] S. A. M. 艾兹赫德：《世界历史中的中国》，姜智芹译，上海人民出版社 2009 年版。

《马可·波罗游记》的插图手抄本是中世纪最著名的手抄本图书之一

经过70天的航行，虽然哥伦布没有到达中国，也没有到达印度，但他根据地图，仍将他所到达之地称为“印度”（Indian），并将他遇到的原住民称为“印度人”（Indians），他其实不知道自己发现了“新大陆”。

这份“错误”的地图让哥伦布极其“幸运”地发现了新大陆，却让麦哲伦船队在第一次环球航行中如盲人瞎马，吃尽苦头。经过长达3年的冒险探索，256人中只有18人回到西班牙。

哥伦布相信地球是圆的，麦哲伦证明地球是圆的。教皇虽然不相信地球是圆的，但还是在1493年和1494年把地球当成苹果切为两半，慷慨地分送给西班牙和葡萄牙。[22]

哥伦布和麦哲伦等航海家们阴差阳错的地理发现，在亚当·斯密看来，是人类历史上所记载的最伟大、最重要的事件。

恩格斯在《自然辩证法》导言中写道："旧的 orbis terrarum（世界）的界限被打破了；只有在这个时候才真正发现了地球，奠定了以后的世界贸易以及从手工业过渡到工场手工业的基础，而工场手工业又是现代大工业的出发点。"[1]

地理大发现使欧洲发生了天翻地覆的变化，位于欧亚大陆一隅的西欧突然成为世界的中心。对欧洲人来说，新大陆决定性地改变了人口、土地和资本之间的比例关系。欧洲人得到了一个大得多的"新欧洲"。1500 年的西欧，人均土地面积为 24 英亩，地理大发现把它提高到了人均 148 英亩，是以前的 6 倍多。

借用一个养蜂的术语，欧洲人发现新大陆，好比一次又一次分群的蜜蜂，争着挤着抢占新的蜂巢。[23]"生态帝国主义"是一个很好的历史解释，来自"新欧洲"的蔗糖、烟草、棉花和粮食，成为欧洲人所得到的一笔前所未有的"生态横财"。这笔意外之财与他们的创新精神结合在一起，引发了改变人类历史进程的工业革命。

一篇名为《美洲的财富以及资本主义的兴起》的论文审视了欧洲崛起的各种因素，诸如民族、国家、战争以及新教精神等，最后得出的结论是：美洲大发现，尤其是美洲白银的发现，是欧洲资本形成的主要驱动力。"历史上没有哪个时期像墨西哥和秘鲁被征服后那样，发生了贵金属产量如此巨大的增长。"[24]

1-［德］恩格斯：《自然辩证法》，载《马克思恩格斯全集》第二十卷，人民出版社 1971 年版，第 361 页。

1493年9月13日，意大利人文主义学者彼得·马特写信给格拉纳达大主教说：哥伦布已经平安归来，他说他发现了非常奇特的事情，他还带回黄金，作为那些地方有金矿的证明。信中还说，那里的人既温和又野蛮，他们赤裸行走，满足于自然给予他们的一切。他们有自己的王，也为权力而争斗，彼此用棍棒和弓箭打斗。他们崇拜天体，也有自己的宗教信仰，不过宗教性质无法确定。

这封信仅在1493年一年就印刷了9版，到那个世纪末达到了20版。这一事实多少说明了哥伦布大发现的初期影响。

一位法国人评论说："除印刷机和新大陆大发现外，不要相信还有任何其他更值得骄傲的事情。我一直认为这两样不仅可以与古代相媲美，而且可以不朽。"[1]

1-［英］彼得·沃森：《思想史：从火到弗洛伊德》，胡翠娥译，译林出版社2018年版，第628页。

美洲的诞生

在整个自然史上，大概没有哪一种哺乳动物像人类这样，会出于好奇而走出自己熟悉的家园，去探索未知的世界。尤其是欧洲人，他们热衷于测绘、调查、理解、探索并最终占领和支配地球的每个角落，这种欲望在人类史上绝无仅有，构成人类与地理空间关系的巨大转变。

伴随着风起云涌的大航海运动，欧洲的地图出版业一片繁荣。一方面，远洋航海和殖民贸易对地图（特别是海图）产生大量需求；另一方面，航海探险又推动了新地图的出版。

因为新的地理发现，很多地图刚刚出版就已经过时。在商业利益驱动下，印刷术打破了地图的垄断与保密传统，“外面的世界”逐渐成为廉价甚至免费的公共知识。

大航海运动最原始的冲动应当归结于人类的好奇心，即对陌生世界和未知领域的向往。文艺复兴把好奇心视为美德，因此鼓励人们尽可能知道更多的事情，包括欧洲以外的世界。

从 16 世纪起，大航海运动陆续带回来海洋“彼岸”的信息，进一步动摇乃至改造了西方知识结构。原本只是为了冒险、传教与掠夺的航行，现在多了一条理由 —— 为了知识的扩张。于是，在这些开往新世界的帆船上，除了冒险家、水手和传教士，还有通晓天文地理、掌握许多科学知识的博物学家。

哥伦布发现新大陆比麦哲伦证明地球是圆的更加震动欧洲，这是因为在此之前，人们都不知道还有一个美洲。美洲作为一个历史的存在，彻底改变了欧洲对历史进程的理解。

根据《圣经》和西方古典文献记载，世界由三块大陆组成：欧洲、亚洲和非洲，后来突然多出来一个美洲。这无疑是对传统的根本背离。

从当时的历史背景来说，哥伦布将新大陆错认为印度并不是多么荒诞的事情。实际上，白令海峡直到1728年才被发现，在那之前，人们一直不清楚美洲是否属于亚洲。1535年，雅克·卡蒂埃在后来所称蒙特利尔的圣劳伦斯河遭遇湍流，他把这些湍流命名为“中国湍流”。一个世纪后，即1634年，法国冒险家让·尼克莱被派往北美洲西部探测传言中通往亚洲的一片内陆海。当他到达密歇根湖，看到眼前格林湾的悬崖时，还认为自己到达了中国，特意穿上一件中国丝绸长袍以示庆贺。

1492年既是一个开始，也是一个结束。这是人类历史上独一无二的认知实验，即使后来人类登上月球也很难与之相提并论。

主流的西方历史学家都有这样一个论断，即我们置身的现代世界（绝大部分）始于1492年。[25]这一年，哥伦布第一次到达新大陆。

地理大发现无疑是一个勇敢的传奇故事，后来的纸上争夺也同样神奇。

17 世纪欧洲的地图作坊

十年之后，也就是1502年，被称为“海上堂吉诃德”的哥伦布第四次也是最后一次来到他发现的“印度”。也是这一年，佛罗伦萨航海家阿美利哥·维斯普西（Americ Vespvck）受美第奇家族委派前来考察。

知识渊博的阿美利哥最后确认，这里并不是“印度”，也不是亚洲，而是一个从未被发现过的独立的“新大陆”。阿美利哥在两次考察中写给朋友的六封书信，很快被印刷出版，书名是《新世界：关于在四次航海中发现新大陆的阿美利哥·维斯普西的书信》；这对当时的欧洲人来说，不啻发现了另一个地球，甚至完全颠覆了托勒密地图。

虽然哥伦布的航海书信同样是畅销书——其《航海日记》在

很短的时间就印了八版，但阿美利哥的书销量超过其三倍，包括拉丁语、捷克语等在内的印刷版本多达六十种。

大航海以来，知识大众对来自亚洲、美洲、南太平洋和非洲的信息非常感兴趣，各种航海日记、书信以及地图一印再印，满足了这个需求。传统的欧洲眼光逐渐转变为更广阔的世界视野，虽然这个“世界”仍然是以欧洲为中心的。

在某种意义上，文艺复兴的整个内涵就是发现“世界”。“16世纪初期的欧洲，传统的古代世界形象逐渐崩塌，新的世界形象开始形成。”[1]

1507年，在托勒密地图基础上新修订的《世界地理入门》出版，其中全文收录了阿美利哥的六份书信。德国地图专家马丁·瓦德西穆勒为其绘制一幅巨型木版世界地图，这个新大陆被赫然命名为“America”（亚美利加）。《世界地理入门》在出版当年就加印了七次，成为欧洲最畅销的地理书，“新大陆”和“亚美利加”几乎传遍欧洲每个角落。很多年后，“America”（美利坚）又成为一个新国家的名字。[26]

就这样，哥伦布首先发现的美洲，最终却被以阿美利哥的名字命名，这种“后来居上”充分体现了印刷和文字的权力。

不过，哥伦布的名字（Columbus）还是被永久留在他从未到过的哥伦比亚（Colombia），那些原住民至今仍被称为“印度人”，

1- [日] 宫崎正胜：《航海图的世界史：海上道路改变历史》，朱悦玮译，中信出版社 2014 年版，第 137 页。

瓦德西穆勒的世界地图

虽然他们与印度距离十万八千里。从此世界上有了两个印度：东印度和西印度。

“古者有喜，则以名物，志不忘也。周公得禾，以名其书；汉武得鼎，以名其年；叔孙胜敌，以名其子。”（苏轼《喜雨亭记》）为一件东西命名，就是要让它为命名者产生独特的意义。无论哥伦布还是阿美利哥，大概都不会想到，这块原始的新大陆在500年后，将成为现代世界的中心。

1508年，阿美利哥被任命为西班牙第一任航海总监。1520年，麦哲伦带领西班牙船队开始环球航行时，仍然不相信“新大陆”的存在。他带了21个四分仪、7个星盘、18个沙漏、23张海图和

37个指针，这是当时航海的典型装备。

当他们发现自己航行在地图上不存在的大海上时，“船员们对‘托勒密地图’所描绘的世界形象产生了巨大的怀疑。麦哲伦开始怀疑南美洲并非印度大半岛”[1]。

1544年，6卷本、660页（后来的修订版达到1800多页）的《世界志》出版，它几乎囊括了当时欧洲人能得到的有关世界的所有信息，包含全世界各个民族、政权、城市、著名地区以及风俗、习惯、法律制度、信仰与社交方式，并且涵盖各国的特点和事件，全都配上了精美的插图和地图。

尽管售价高达一个半金币，但这套超级畅销书还是在后来的几十年中卖出了7万本，仅德国就印了27版，影响之大仅次于《圣经》。作者明斯特声称：“你现在可以在书中找到这类东西，比其他在这个或那个国度待过一阵子的人，学到更多，认识到更多。”[2][27]

1570年，奥特里斯整合当时几乎所有的地图资讯，特别是大航海时代的诸多地理发现，精心编撰一本包括70张地图的大型地图册——《世界的舞台》。

《世界的舞台》彻底结束了长达1400年的托勒密时代。出版后好评如潮，当年便加印了4次，被翻译成多种语言。

1-［日］宫崎正胜：《航海图的世界史：海上道路改变历史》，朱悦玮译，中信出版社2014年版，第170页。

2-［德］君特·维瑟尔：《世界志：一个不出门而发现世界的人，一幅十六世纪世界的精准图像》，刘兴华译，金城出版社2012年版，导言第8页。

利玛窦的世界

1578年，利玛窦受耶稣会派遣，从欧洲出发前往中国；在他的行李中，除了钟表和三棱镜，还有大量的书籍和印刷品，如圣母像和地图。他在从印度写给耶稣会的信中写道："查看一下有关印度、日本的注释书和地图类，会发现明显的谬误比比皆是。"

利玛窦的到来，不仅为中国带来了时间，也带来了世界。

1583年（万历十一年），居住在中国南方的利玛窦绘制了一份中文版的世界地图《山海舆地全图》，这份地图不仅吸收了当时西方地理的最新成果，而且也有利玛窦本人的发现与修订。

从现代意义上说，这是中国历史上第一张世界地图；或者说，历史上首次把中国填入世界地图之举，由一个欧洲人完成了。

同时，利玛窦也颠覆了中国自古以来"天圆地方"的说法，"地球"观念开始逐渐普及。晚清学者王韬在《弢园文录外编》中说："大地如球之说，始自有明，由利玛窦入中国……而其图遂流传世间，览者乃知中国九州之外，尚有九州，泰西诸国之名，稍稍有知之者，是则始事之功为不可没也。"

利玛窦的这张世界地图对中国的震动，丝毫不亚于欧洲人发现新大陆；至明末，它在中国南北被翻印了十余版，还有数不清的

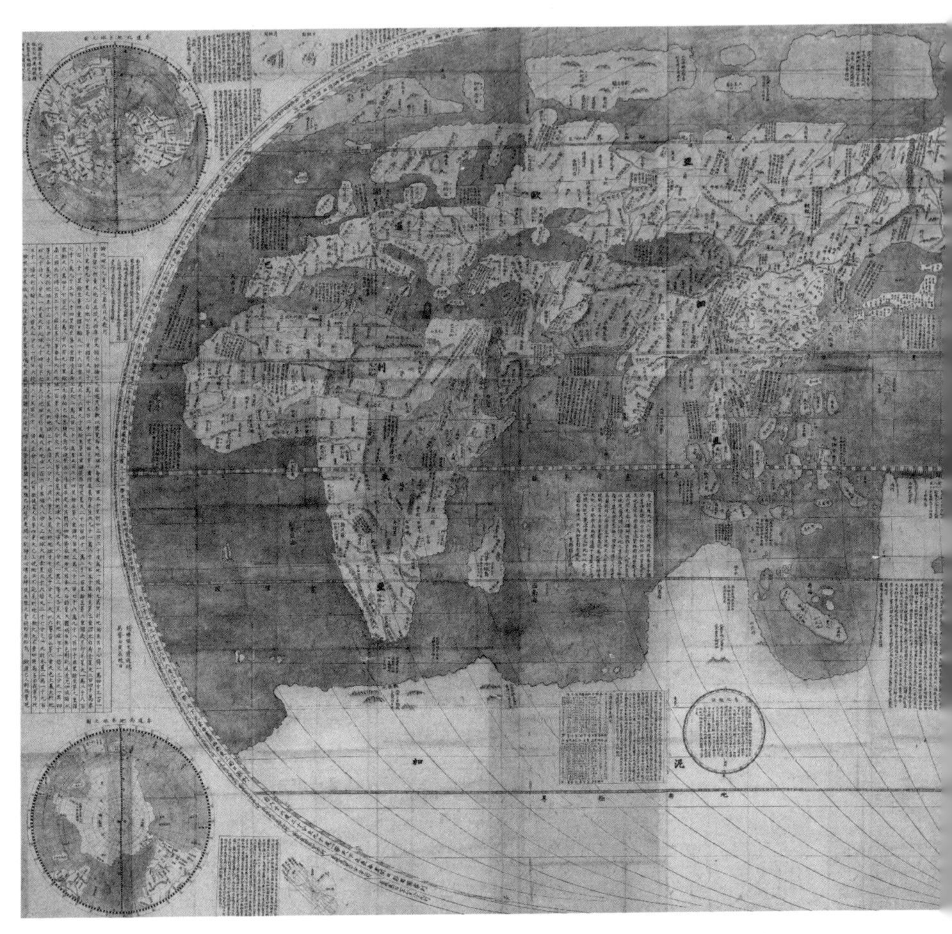

利玛窦绘制的世界地图有多个刻制版本，《坤舆万国全图》为利玛窦、李之藻合作，明万历年间刻制

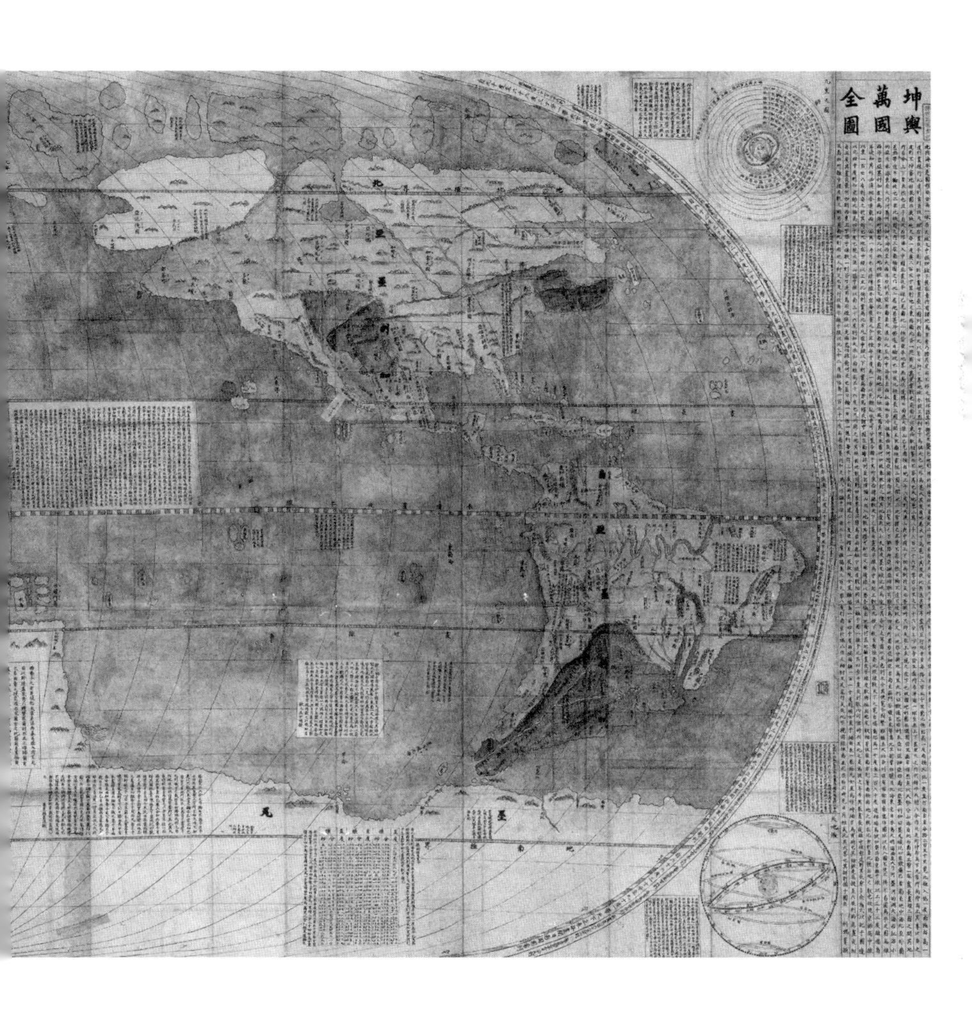
坤輿萬國全圖

盗印。

这张地图很快就传入日本，更名为《坤舆万国全图》，影响之大更甚于中国。虽然利玛窦将中国画在世界中央，但还是一下子颠覆了自古以来日本对中国的崇拜心理。人们发现，在中国之外有一个更大的世界。

利玛窦无疑创造了一个东方版的世界图像，无论在中国还是日本，利玛窦所创汉字名称（洲名、国名、地名等），如大西洋、亚洲、欧洲、美洲、南极、北极、地中海、日本海等，一直沿用至今。此外，“上帝”“天主”和“地球”的名称同样出自利玛窦。

利玛窦在写给教会的信中，对中国的“天下独尊”传统深不以为然——

> 因为知识有限，所以他们把自己的国家夸耀成整个世界，并把它叫作天下，意思是天底下的一切……因为他们不知道地球的大小而又夜郎自大，所以中国人认为所有各国中只有中国值得称羡。就国家的伟大、政治制度和学术的名气而论，他们不仅把所有别的民族都看成是野蛮人，而且看成是没有理性的动物。（在）他们看来，世界上没有其他地方的国王、朝代或者文化是值得夸耀的。这种无知使他们越骄傲，则一旦真相大白，他们就越自卑。[1]

1-［意］利玛窦、金尼阁：《利玛窦中国札记》，何高济、王遵仲、李申译，中华书局 1983 年版，第 179 ~ 181 页。

其实，每个文明都把自己视为世界的中心，并把自己的历史当作人类历史主要的戏剧性场面来撰写。与其他文明相比，西方可能更是如此。

有人认为，中国在16世纪末也出现了一场类似西方的“文艺复兴”运动，在戏剧、小说和哲学领域出现了“突然的繁荣”。不仅有士大夫群体的“复社”和王阳明的心学，还有朱载堉的《律吕精义》、李时珍的《本草纲目》和宋应星的《天工开物》，此外还有王夫之、黄宗羲、顾炎武等思想家。“16、17世纪中国文艺复兴的另一方面是学校和图书馆的繁荣，这是中国对活字印刷术发明做出回应所致。”[1]

“中世纪”是现代历史学家提出的一种历史定义，他们将西罗马帝国灭亡的476年作为中世纪的起点，而将哥伦布发现新大陆的1492年作为终点。

在中世纪的世界地图上，中心是圣城耶路撒冷。

西方汉学家艾兹赫德以“世界屋脊”帕米尔高原为界，将旧大陆分为西欧亚和东亚，耶路撒冷其实就是西欧亚的中心，而儒家中国无疑是东亚的中心。[28]在相当长时间里，东西方交流极为有限。

在中国传统视野中，只有天下，没有世界。中国的“世界地图”在相当长的时间都叫“华夷图”，地图中央是巨大的“天朝”，中国周围是分割矮化了的“蛮夷”。“夫天处乎上，地处乎下，居

1-［英］彼得·沃森：《思想史：从火到弗洛伊德》，胡翠娥译，译林出版社2018年版，第837页。

天地之中者曰中国，居天地之偏者曰四夷。四夷外也，中国内也。天地为之平内外，所以限也。”（石介《中国论》）

从利玛窦开始，中国的世界地图仍将中国置于中心，这并非出于地理的原因，而是因为政治和文化。

应该说，“印刷术文明是自金字塔之后又一个无惧于时间的文明，不是因为相信永恒，而是因为相信进步”[1]。印刷术的发明和新大陆的发现，改变了人们的知识领域，并且极大地扩展了学者们的视野。[2]

1492 年，也就是哥伦布发现新大陆的这一年，文艺复兴时期最著名的学者之一安东尼奥·德·内夫里哈，将一部西班牙语语法呈献给伊莎贝拉女王——“语言是帝国最完美的工具。”

西班牙语走出了西班牙，英语走出了英国，而玛雅语、印加语消亡了。一位神父在弥撒中说：“在他那个时代，发现了两个新的世界，一个是东方的亚洲，另一个是西方的美洲。新的人们、新的国家出现了，说着不同的语言，有着不同的肤色。”[3]

对新世界的探索，还激发了人们重新发现古代世界及古代真相的兴趣，尤其是对书本知识和个人地位的重视。

1- 巫怀宇：《“存在就是存在于铅字上，其他一切逐渐沦为虚无”》，载《南方周末》2019 年 9 月 5 日。

2- 可参阅［英］托马斯·克拉普：《科学简史：从科学仪器的发展看科学的历史》，朱润生译，中国青年出版社 2005 年版。

3-［英］S. A. M. 艾兹赫德：《世界历史中的中国》，姜智芹译，上海人民出版社 2009 年版，第 268 页。

西方冒险家不仅乘风破浪，开辟出一条条海上通道，他们也试图用自己的脚步丈量每一寸陆地。大卫·利文斯通穿越了神秘的非洲，罗伯特·斯科特到达南极，维图斯·白令横跨整个西伯利亚。

我们同样不应忘记，卜弥格最早编撰了《中国植物志》，李约瑟最早编撰了《中国科技史》。

如果说哥伦布发现了一个“新世界”，那么谢里曼就发现了一个“旧世界”。这从另一方面也证明了文字和印刷的神奇力量。

在欧洲，荷马史诗《伊利亚特》像很多民族古老的英雄传说一样，已经流传了数千年，一直口口相传，直到公元前6世纪才变成文字，被记录下来。据说亚历山大出征时总要把它装在宝盒中，带在身边。1475年，《特洛伊历史》作为第一部英文印刷书在英国出版。

尽管家喻户晓，但人们始终以为“特洛伊”只不过是一个美丽的传说罢了，在古希腊之前是不可能有其他文明的。

正如哥伦布迷恋《马可·波罗游记》，谢里曼从儿时起就对荷马史诗着迷，他坚信这些文字记录都是真实的。他在40岁时终于通过贩卖炸药赚到了足够多的钱，然后他就根据文字记载，按图索骥，开始寻找传说中的特洛伊城。天遂人愿，1876年，谢里曼终于以他的执着找到了沉睡地下3000多年的特洛伊城，这就是所谓的“迈锡尼文明”。

值得一提的是，谢里曼不仅实现了自己的童年梦想，并且由此开创了一门研究历史的新学科——考古学。

赎罪券

人们经常听到“阿门”“阿弥陀佛”，所有宗教在传统上都充分利用了口语。不过，世界上的几大宗教都依靠经典文本，比如《吠陀经》《圣经》和《古兰经》。

中国印刷术最早被运用于印刷佛经，佛教密宗信仰是雕版印刷术产生最重要且最直接的驱动力。甚至有观点认为，中国的印刷术，是在印度捺印佛像技术的直接影响下产生的。[1] 同样，谷登堡印刷机的处女作便是基督教的《圣经》，这种四十二行本的《圣经》也被称作“谷登堡圣经”。[29]

古兰经始终固守手抄传统，虽然中国纸和印刷术最早传入阿拉伯世界，但印刷古兰经被认为有违伊斯兰教义，这使得印刷术在该地区并未普及。[30]

从谷登堡开始，《圣经》几乎成为早期印刷机的唯一产品，因为中世纪的欧洲有无数狂热的信徒。但不同版本、不同语言的《圣经》如雨后春笋般纷纷面世，却摧毁了这个由教廷和拉丁文一

1- 可参阅辛德勇：《中国印刷史研究》，生活·读书·新知三联书店 2016 年版。

统天下的中世纪。

谷登堡印刷机堪称上帝的杰作，传播福音几乎成为它唯一的功能。印刷让《圣经》的价格一路下降，尺寸也在不断缩小，直到每个神父和修道士口袋里都装上了一本《圣经》。

除了《圣经》，谷登堡印刷机还印行了许许多多的通俗读物，从几句圣徒语录的单页传单，到改编自圣经故事的各种小册子。

因为谷登堡的伟大贡献，文字和书籍前所未有地沦落凡间，从珍贵的羊皮卷变成了低廉的读物，从少数贵族和教士扩散到最广泛的社会各阶层，每个人都可以直接看到上帝的教诲。

有其器必有其道，一种新的技术常常会推行一种新的制度，包括社会制度、政治制度、经济制度，以及宗教制度。比如大学和印刷书的出现，使知识分子崛起，使重武轻文的贵族衰落，官僚阶级与王权的结合，导致传统的封建骑士制度瓦解。

房龙在《人类的故事》中这样写道：

> 最好把人类的进步比喻为一个庞大的钟摆，永无休止地前后摆动。文艺复兴时期，对文艺热忱，对宗教冷淡；接着在宗教改革时期，反过来，对宗教热忱，对文艺冷淡了。[1]

虽然没有军队和警察，但在某种程度上，罗马教廷延续了罗马帝国对欧洲的统治。[31] 按照基督教教义，世俗君主是因为得到了

1- [美] 房龙：《人类的故事》，刘缘子、吴维亚、邢惕夫等译，生活·读书·新知三联书店1988年版，第267页。

上帝的承认才成为君主，并由神意传达者教皇来为其加冕；也就是说，欧洲所有君主的权力合法性来源于教会。

在中世纪后期，教会和修道院控制着欧洲三分之二的土地。正如教会保存了大量文字和书籍，教会也一直是谷登堡的重要客户和资助者[32]。

早在印刷《圣经》之前，谷登堡就为教会印刷了大量赎罪券；反过来说，正是因为有印刷数量巨大的赎罪券的需要，谷登堡印刷机才得以迅速发展、扩散。

在15世纪印刷机刚发明出来之后，所有印刷品中有10%的产品都是单页，其中超过三分之一是赎罪券，结合当时的合同订单数额进行推算，这意味着当时的印刷厂印制了最少200万张赎罪券。

按照基督教理论，在上帝面前，所有的人都是有罪的；只有行善的人，上帝才赦免其罪行，灵魂能进天堂；而且上帝更青睐穷人，富人要进天堂比骆驼钻进针眼还要难。但当时的罗马教廷宣称，作为上帝在俗世的代言人，教会可为每个人赎罪，只要他愿意付钱给教会。所谓"赎罪券"就是这种交易的证明。[33]

教会大量印制赎罪券，与其说是为了替人赎罪，不如说是为了敛财。有一张赎罪券竟然印了19万份。

中世纪的停滞与封闭，使日益保守的教会跟当年的罗马帝国一样，已经蜕化堕落为一个腐败的利益集团，他们以上帝的名义实行统治，且不受任何法律和道德的约束。很多神职人员不仅包养情妇，而且将权力世袭。从主教、大主教到神父，没有一个职位不能出售。

1514年，勃兰登堡的阿尔贝特为了购买美因茨地区大主教的

马丁·路德将他反对赎罪券的《九十五条论纲》钉在教堂大门上，因此引发了宗教改革

职位，以修建圣彼得大教堂的名义发行赎罪券，大肆圈钱。三年之后，身为教士的马丁·路德在维滕堡大教堂门前贴出了《关于赎罪券效能的辩论》(又称《九十五条论纲》)。

马丁·路德于1483年出生于艾斯莱本，1512年获得神学博士学位，进入维滕堡大学神学系教书。路德贴出这篇论文原本是教士们内部进行学术交流的常事，但令路德没想到的是，仅仅半个月时间，这篇拉丁文文章就通过印刷机传遍了整个德意志，一个月内传遍了欧洲。

后人从世界历史角度看待这次事件发现，起决定性作用的并非谴责滥用权力本身，而是谴责的方式。

一场轰轰烈烈的宗教改革，就从这张“可怕的”传单开始。

马丁·路德敲钉子的铁锤声在整个德意志神圣罗马帝国的大地上回响。印着同样内容的传单墨迹未干，就已迅速流传——“好像天使们自己都当了信差似的。”[1]

印刷不仅推动了赎罪券的发行，如今，它又帮助路德展开对赎罪券的抨击。路德的布道文的印刷量超过了所有其他文本，达到几十万册。

从另一方面来说，印刷推动了《圣经》的普及，这也构成了路德抛弃教会的深层原因。

路德指出，教会和赎罪券在印刷版《圣经》中根本未曾提及，因此它们都是非法的。路德的《论纲》不只是反对教会用赎罪券敛财，还提出“赦免之权只在上帝，教皇无权赦免任何罪责”。

路德提出，要以真诚的信仰来取代虚伪的善功，“因信称义”，以《圣经》的权威来取代教会的权威，以上帝的恩典来取代教皇的专制。“唯独信仰！唯独圣经！唯独恩典！”要想得到上帝的拯救，在于个人对上帝的笃信。在此之前，基督教历史上从来没有出现过这种把权力交给普通民众的教义。

路德本想点燃一根火柴暖和一下自己，谁知却点燃了整个森林。

此后十年间，印刷出版的各种小册子多达600万本，其中三分之一为路德所著。“印刷业和印刷品更广的传播使辩论走出相对孤立的小空间，成为一场普遍的运动。”[2]

当路德于1512年来到维滕堡工作时，这座城市只有384户居

1-［奥］斯蒂芬·茨威格:《鹿特丹的伊拉斯谟》，舒昌善译，生活·读书·新知三联书店2016年版，第121页。

2-［法］弗雷德里克·巴比耶:《书籍的历史》，刘阳等译，广西师范大学出版社2005年版，第186页。

民，只有 1 家小印刷厂。然而，到 1546 年路德去世时，维滕堡已经有 6 家大印刷厂，印制不同版本的书籍，一半是拉丁文，一半是德文。1517—1546 年间，维滕堡的出版商一共出版了 2721 种著作，平均每年 91 种，总印量大概有 300 万册，其中有大量划时代的著作。至此，维滕堡已经成为德国乃至整个欧洲的印刷中心之一，也被称为“路德城”。

维滕堡位于德国东部，在莱比锡和柏林之间。当时，莱比锡的情况正好与维滕堡相反。这里的统治者坚决反对路德的学说，禁止印刷路德的作品。结果是莱比锡的印刷业遭受重创。1519—1520 年间，莱比锡印刷商大概出版了 190 多种书籍，但是到 1524 年，这个数字就骤跌到 25 种。

宗教改革

路德所在时代的德国，由分散的、几百个大大小小的诸侯组成，根本不是一个现代意义上的民族国家。也正因为缺乏统一的抄书行会，印刷业才得以诞生。

当时，德国每年流入罗马教廷的财产超过政府税收的20倍，因此被称为“罗马教皇的奶牛”。作为“野蛮的日耳曼人”的后裔，德国人对罗马抱有宿怨。被称为“智者腓特烈”（1486—1525年在位）的萨克森选帝侯，对出售赎罪券这一做法坚决反对。路德出生于艾斯莱本，他与腓特烈的想法不谋而合，所以《九十五条论纲》一出，在德国立刻引起广泛的共鸣。

路德和德国贵族决意要摆脱罗马教廷的掠夺和统治，建立独立的国家教会，用本民族语言进行祈祷，这就是改变西方世界的宗教改革。

自古以来，罗马教廷就严禁翻译《圣经》。路德以巨大的勇气和毅力，花了六年时间，终于完成了《圣经》德文版的翻译。用海涅的话说：“这部路德译的《圣经》通过新发明的印刷术，通过这种黑色艺术，以成千上万的印数散发到人民中去以后，这路德的语言在不多几年内便普及全德意志，并被提升为共同的书面语言。这种书面语言今天仍通行于德国，并赋予这个政治上宗教上四分五裂的国家以一种语言上的统一。”[1] 德语从一种各地区底层民众的方言，变成了一种高雅的语言文字，路德也因此成为“德语规则的起草人”[34]。

在短短的4年间，路德编写了30本书，总共印行了30余万册。德文《圣经》在两年中总共再版了80次，销量达到50万本。1513年，德国印行的图书只有90种，1518年增加到146种，1523年达到944种。

随着印刷和出版逐步分离，新兴的法兰克福书展对整个欧洲都产生了巨大影响。

正如历史学家杜兰特所说，谷登堡使路德所提倡的宗教改革成为可能。毫无疑问，没有比印刷更快、更好、更有效率的传教方式了。就连路德也赞叹道，印刷术是“神的恩典的最大和最极至的显示，福音的影响通过它得到传播”[2]。

实际上，路德并不是第一个反对赎罪券的，但之前的反对者没有印刷机，结果他们在思想尚未传播开之前便被教会烧死了。[35] 印刷这奇妙精微的新艺术，使每个人都求知若渴，同时不免惊诧于自己先前的蒙昧。

印刷机赋予一个贫穷的普通修道士巨大的影响力，甚至让他获得了比教皇更大的权威，这是因为路德是一位优秀的写作者。

虽然教会宣布开除路德的教籍，但路德得到腓特烈的庇护，被

1-［德］亨利希·海涅：《论德国宗教和哲学的历史》，海安译，商务印书馆1972年版，第47页。
2-韩琦、［意］米盖拉编：《中国和欧洲：印刷术与书籍史》，商务印书馆2008年版，第188页。

路德依靠翻译、写作和印刷推动宗教改革运动，与天主教会相对抗

藏在图林根的瓦尔特堡。当教会发现无法用文字来打败路德时，只好祭起焚书这个老套路，而路德也将教皇的诏书扔进了火堆。一边在焚书，一边在印刷，但纸总是比火更加强大。

不久之后，路德专门就焚书写了一篇文章，这篇文章马上就被印刷了出来。

应当说，正是印刷业的迅速发展造就了路德的群众基础。到1517年，路德已经成为谷登堡发明印刷机之后作品销售量第一的作者，并将这一记录一直保持到16世纪末。

不过，路德本人并没有从中得到什么商业回报。尽管当时没有著作权的概念，但的确有书商愿意付给路德一笔钱，以获得优先印刷其作品的资格。对这些请求，路德全部婉言谢绝，他不愿意被书商的利益所绑架。

因为路德，兜售赎罪券的人没有了，推销《圣经》的人随处可见。

在漫长的中世纪，虽然人们无比虔诚地信奉上帝，但却没有多少人见过《圣经》；甚至可以说，《圣经》几乎跟“禁书”一般，任何争论《圣经》的人都将被视为“异端”而活活烧死。

教会向来拥有对《圣经》的绝对阐释权，由圣热罗姆修订的4世纪拉丁语《圣经》是唯一的《圣经》。时过境迁，路德翻译的德文《圣经》等于打破了版本禁锢。

随着印刷《圣经》的剧增，教会逐渐失去了对《圣经》的垄断，教会势力被大大削弱。一份1583年的《殉教者书》中写道：“教皇要么必须废除印刷，要么就得另找一个世界去统治；不然在这个世界上，印刷必定会推翻他。”

当印刷使《圣经》变得普及，并将它从教会的控制中抢夺过来时，它同时也赋予基督教一种文本原教旨主义的特色，要求它的读者按照遥远过去的一部文本定下的规则生活。

经过多年的努力和抗争，罗马教会终于承认了新教（路德派）的合法地位，并且确定了“教随国定”的原则。[36]

自从公元337年君士坦丁大帝皈依基督教，基督教教义主要靠说服和辩论来赢得更多的信徒。从权力角度来说，基督教最重要的教义是“我们应该服从上帝而不服从人”[1]。“宗教改革把西欧和北

1-［英］伯特兰·罗素：《权力论》，吴友三译，商务印书馆2012年版，第53页。

欧从一个权力专制中解脱了出来，这个专制尽管披着宗教组织的外衣，但实际上却是罗马精神专制的不折不扣的翻版。”[1]

在欧洲各国，君主取代了罗马教皇，教皇的中世纪土崩瓦解。从此以后，欧洲进入一个君权神授的新专制时代。

“宗教改革并没有削弱统治者绝对专制主义的影响，反而增强了它。”[2]正如阿克顿勋爵所说，自由是古老的，而专制主义则是现代的。“16世纪的宗教改革运动打破了宗教僵化的连续性、传统和对过去及对死人智慧的崇拜。这场运动摧毁了保守主义的巨大根基并使得社会加速变化，独立思想开始出现。”[3]

宗教改革的最终成果是国家统治者建立起类似议会或教团这样的政治机构，西方文明重新走向政教分离。这为现代政府的出现完成了铺垫。

1611年，由54位学者翻译并由英国国王詹姆士一世钦定的《圣经》正式出版。[37] 1623年，第一本对开印刷的《莎士比亚戏剧集》出版。前者包括1万个不同的英语单词，后者多达3万个，而现在英语常用词汇也不过2000个左右。因此，很多历史学家认为，英语的世界性地位正是由这两部印刷书确立的。英国思想家托马斯·卡莱尔说：“英国可以失去印度，但不能失去莎士比亚。”可见莎士比亚对英语的贡献有多大。

1-［美］房龙：《宽容》，连卫、靳翠微译，生活·读书·新知三联书店1985年版，第186页。

2-［法］古斯塔夫·勒庞：《革命心理学》，佟德志、刘训练译，广东人民出版社2012年版，第52页。

3-［英］阿克顿：《自由与权力》，侯健、范亚峰译，译林出版社2011年版，第275页。

从1611年起，这本没有任何注释的《圣经》成为英语文字世界无与伦比的利器，从英国内战到美国民权运动，《圣经》为反抗暴政提供了无尽的力量和理由。21世纪之后，每年由基甸基金会向全世界发放的“詹姆士王圣经”达6300万本之多。[1]

最后话题回到中国，初唐时代虽然佛教极其兴旺，但手抄佛经导致的不准确却造成很大困扰。玄奘因此西游取经，成为著名的“唐僧”。他一生青灯古佛，学识渊博，致力于印度佛经的研究、翻译和传承。

法显比玄奘早300年，当年法显去印度取经时发现，佛经在印度少有文字记载，多靠口耳相传。[38]

玄奘去世时，惠能刚刚出家，历史就是如此巧合。惠能后来以顿悟取代读经，以口语取代文字，创立了中国本土化的新禅宗，“诸佛妙理，非关文字”。“直指本心”“不立文字”的新禅宗很快就成为中国佛教的主流，从而使佛教更加世俗化。[39]

钱穆将惠能比作“中国的马丁·路德”，但与路德不同的是，惠能根本不识字；路德的改革是识字和读经，而惠能则相反。

1- 可参阅［英］梅尔文·布莱格：《改变世界的12本书》，何湾岚译，中华书局2010年版。

新教的工具

因为路德的出现，教堂的时代已成过去，印刷机的时代开始了。

英国新教改革运动活动家约翰·福克斯在《殉道者》一书中写道："上帝不再使用刀剑去征服他那地位显要的敌人了，他现在的武器是文字、阅读和印刷。"

教堂是口语化的，阅读将宗教变成一种书面语文化；对每个人来说，信仰与思维发生了相互作用，信仰改变了思维，思维也改变了信仰。在接下来的几个世纪中，宗教始终是印刷产品的最大宗主题。"直到 1900 年，宗教书籍的出版数量（起码在英国）才首次被其他书籍超过。"[1]

文字与宗教一起，也成为欧洲君主制革命和现代民族国家的助产婆。用基辛格博士的话来说："地理大发现时代的开始、印刷术的发明以及基督教会的分裂这三大历史事件，宣告了旧的大一统理想的终结。"[2]

宗教改革对于西方文明发展的最深刻贡献并非宗教上的革新，

1- [美] 雅克·巴尔赞：《从黎明到衰落：西方文化生活五百年，1500 年至今》，林华译，中信出版社 2013 年版，第 43 页。

2- [美] 亨利·基辛格：《世界秩序》，胡利平、林华、曹爱菊译，中信出版社 2015 年版，第 10 页。

而是结束了统治欧洲的教会权威。从此以后，上帝的归上帝，恺撒的归恺撒，政教分离，宗教在很大程度上变成私人事务，这种去道德化为接下来的西方崛起扫清了道路。

虽然马基雅维利没有预见宗教改革，但却预言了封建社会贵族与国王时代的终结；被称为“恶棍手册”的《君主论》以惊世骇俗的勇气，宣告一个绝对统治的君主时代的到来。

目的证明手段正确的马基雅维利主义，其实就是弱肉强食的政治无神论，政治被剥去道德的皇帝新装，从宗教和哲学中分离出来，沦为赤裸裸的权力之术，国家不受任何道德法则和法律的约束。人民与统治者被强烈对立，“深刻认识人民的性质的人应该是统治者，而深刻认识统治者的性质的人是人民”[1]。

讽刺的是，马基雅维利将此书献给佛罗伦萨君主美第奇，后者刚刚带给他一场牢狱之灾——“人民是忘恩负义的，让他们爱戴，不如让他们害怕。”[2]

与其说民族国家是君主制的产物，不如说君主制是民族国家的产物。

如果没有现代民族国家，资本主义也许永远也不会在欧洲建立起来。作为一种历史的例外，新教和印刷资本主义的结盟，创造了欧洲第一个重要的、既非王朝也非城邦国家的荷兰共和国，阿姆斯特丹成为欧洲的印刷中心和“知识中心”。

1-［意］马基雅维利：《君主论》，阎克文译，辽宁教育出版社 1998 年版，第 2 页。

2- 同上书，第 71 页。

比路德稍晚几年，茨温利发布《六十七条论纲》，在瑞士掀起了宗教改革的狂潮。

受路德和茨温利的影响，加尔文于1536年出版了《基督教原理》，并在日内瓦创立新教加尔文宗。“每个人都是自己的神父”，具有极高识字率的日内瓦成为现代第一个“靠严格的自律，使个人自由和平等相结合的社会；这个社会的基础，是追求道德完美的共同奋斗”[1]。

宗教改革带来的一个重要影响是，欧洲在政治上和宗教上都走向多元化，除教会和国家之外的第三极——个人良知开始得到认可。

新教徒崇尚勤劳、俭朴和积极向上，反对奢侈、浪费和不劳而获，更关注现世而不是来世；他们认为世俗义务是上帝应许的唯一生存方式，而工作和劳动是人生最大的责任。路德号召人们“向小鸟学习”，“如此赋予俗世职业生活以道德意义，事实上正是宗教改革，特别是路德影响深远的一大成就”[2]。

恩格斯发现，“在路德遭到失败的地方，加尔文却获得了胜利。加尔文的信条适合当时资产阶级中最勇敢的人的要求”[3]。一大批冒险进取、克勤克俭，对社会有着强烈责任感的信徒成为新兴资产阶

1- [加]哈罗德·伊尼斯：《帝国与传播》，何道宽译，中国人民大学出版社2003年版，第185页。

2- [德]马克斯·韦伯：《新教伦理与资本主义精神》，康乐、简惠美译，广西师范大学出版社2007年版，第56页。

3- [德]恩格斯：《“社会主义从空想到科学的发展”英文版导言》，载《马克思恩格斯全集》第二十二卷，人民出版社1965年版，第349页。

级的精神代表。尤其是荷兰的加尔文宗信徒，从农民到银行家都愿意勤俭持家。到 17 世纪晚期，尼德兰共和国成为欧洲最富裕的国家。一个典型的例子是 16 世纪的银行家富格尔，他工作了一辈子，仍拒绝退休。他说："只要我还能赚钱，我就绝不停止赚钱。"

韦伯在《新教伦理与资本主义精神》中郑重指出，整个资本主义的精神气质正是源自这种宗教信仰。与韦伯齐名的桑巴特在《犹太人和现代资本主义》中进一步揭示——清教就是犹太教。[40] 确实，16—18 世纪的商业革命主要发生在新教国家，即便是信仰天主教的法国，控制上层金融的依然是新教徒和一小部分犹太人。

韦伯认为："在近代的企业里，资本家与企业经营者，连同熟练的上层劳动阶层，特别是在技术上或商业上受过较高教育训练者，全都带有非常浓重的基督新教的色彩。"1 [41]

社会学家默顿提出，新教精神也是英国科学的主要动力源泉，科学探索是"赞颂上帝"的最可贵努力。"清教主义和科学最为气味相投，因为在清教伦理中居十分显著位置的理性论和经验论的结合，也构成了近代科学的精神实质。"2 [42]

对于西方文化的"祛魅"而言，文艺复兴和宗教改革至关重要，这为西方理性主义和工业资本主义的兴起奠定了基础。还有宗教学者认为，宗教改革引发了一场波及广泛的深刻规训过程，可以称之为规训革命。这场变革大大增强了近代早期国家的权力，

1- [德] 马克斯·韦伯：《新教伦理与资本主义精神》，康乐、简惠美译，广西师范大学出版社 2007 年版，第 10 页。

2- [美] 罗伯特·金·默顿：《十七世纪英格兰的科学、技术与社会》，范岱年、吴忠、蒋效东译，商务印书馆 2000 年版，第 133 页。

其影响在信奉加尔文主义的若干欧洲地区最为深远和彻底。[1]

应当指出的是，理性和独立作为新教的美德，与阅读密不可分。“新教徒们比天主教徒有更多的书，新教从业人员平均拥有的书是天主教相对应人员的三倍，这比例和商人、艺人及低级文职人员一样。在那些被划为‘资产阶级’的阶层中，加尔文派的书房比天主教派的大 9 倍。”[2]

在中世纪早期，识字的人几乎都是神职人员。从 1500 年开始，学校的数量与日俱增。这一方面得益于印刷革命降低了书籍价格，另一方面也与新教的兴起有很大关系。在信奉新教的国土上，到处都开设了学校；除神学外，学校也传授一些其他知识。因为整个社会都鼓励人们阅读，这也促进了印刷业的蓬勃发展。[3][43]

当时，有一本名为《比利时忏悔录》(1561) 的书在加尔文信徒中不胫而走。书中写道，自然是“我们眼前一部最美丽的书籍，在这部书里，所有创造出来的东西，无论大小，都是向我们展现上帝昭示给我们的无形之物的字母”。[4]

“人必须为真理而战。”印刷术被马克思称为“新教的工具”，其实它还是国家的工具、资本主义的工具和民主的工具。

1- 可参阅［美］菲利普 · S. 戈尔斯基：《规训革命：加尔文主义与近代早期欧洲国家的兴起》，李钧鹏、李腾译，北京师范大学出版社 2021 年版。

2-［法］菲利普 · 阿利埃斯、乔治 · 杜比：《私人生活史 3：星期天历史学家说历史（文艺复兴）》，杨家勤等译，北方文艺出版社 2008 年版，第 113 页。

3- 可参阅［美］房龙：《人类的故事》，刘缘子、吴维亚、邢惕夫等译，生活 · 读书 · 新知三联书店 1988 年版。

4-［英］麦克格拉思：《科学与宗教引论》，王毅译，上海人民出版社 2008 年版，第 9 页。

新教革命引发了一场全民阅读运动，并由此发展为宗教民主运动，每一个“上帝的公民”都可以通过阅读《圣经》来直接理解上帝，发现真理，而不需要任何权威专家和中间代理人。

与天主教徒相比，新教徒不仅拥有较高的识字率，而且具有更强的阅读能力，而阅读能力也是现代人的基本标志之一。

新教教派之所以多如牛毛，源于这样一个观点：《圣经》所言绝对不会出错。一个人的阅读取代了口语传播的教堂，使人在孤独中面对自我，个人主义和理性主义被激活。就这样，新教在无意中传播了关于自由、自治和平等的现代观念，并通过信仰建立了最早的公民盟约关系，这种精神经典地体现在《五月花号公约》中。

“为了满足对书本和其他印刷品的需求，1638 年，清教徒在英国殖民地建立了第一家印刷厂（一百年前，西班牙人在墨西哥建立了第一家印刷厂），创造出了当时世界上识字率最高的社会群体，有 45% 白人女性和 70% 白人男性识字。到 1790 年，白人男性的识字率甚至达到了惊人的 90%。”[1]

在美洲殖民地时代早期，每个牧师都会得到 10 英镑，来启动一个宗教图书馆；清教徒对文字和书籍有着宗教般严肃甚至神圣的感情，《圣经》是所有家庭的必读书。[44]

有西方学者总结说：“新教是一种倡导文化知识，倡导晚婚、

1-［美］马丁·普克纳：《文字的力量：文学如何塑造人类、文明和世界历史》，陈芳代译，中信出版社 2019 年版，第 286 页。

清教徒签订《五月花号公约》

婚姻生活、少要孩子、多受教育，期望长寿的宗教，新教对这一切都起到了促进作用。文明是知识、文化和制度结合的产物……新教对欧洲的现代化进程总的来说贡献的是合适的文化，而英国新教作出了独特的贡献则是制度上的，它建立了立宪政体以及一个非神权的、更宽容的教会，并使教会成为社会而不是国家的一部分。”[1]

1-［英］S. A. M. 艾兹赫德:《世界历史中的中国》，姜智芹译，上海人民出版社 2009 年版，第 294 页。

宗教与战争

19世纪的德国法学家吉尔克指出，现代社会与传统社会的根本区别在于，现代社会里，个人主权与国家主权并存：一方面，个人从家庭、宗族、地域和宗教的阴影下独立出来，成为社会基本单位和法律保护对象；另一方面，民族国家成为现代社会的权力中心。[1]

抛开宗教因素，仅从思想观念方面讲，新教关于人的说法对于现代西方社会的发展有着极大的影响。它从理论上倡导这样一种观点，即不能把人自身的幸福视为其生活的目标，人只不过是为达到其自身之外的某种目标的一种工具，或者说，人是全知全能的上帝、强大无比的世俗权威和规范、国家、事业、成就的附庸。[2]

如同火药一样，印刷术在推动社会进步的同时，也造成了破坏，宗教改革和民族国家撕裂了欧洲社会，人们将不同信仰和不同国家的人定义为“敌人”。房龙说：“新教徒的造反摧毁了旧的建筑，并用现成的材料建立起自己的监狱。一五一七年以后，出

1- 陈伟、孔新峰：《图说政治学》，华文出版社2009年版，第75页。

2-［美］埃里希·弗洛姆：《寻找自我》，陈学明译，工人出版社1988年版，第156页。

现了两座地牢，一座专为天主教徒，另一座是为新教徒。”[1]

罗马教廷对新教展开了全面镇压，许多书商被处以火刑，而烧死他们的就是他们印刷的书。

发生在法国的、著名的“圣巴托罗缪惨案”，暴露了人性中极其黑暗凶残的一面，在很短的时间里，五万多新教徒遭到屠杀。

大屠杀的悲剧对法国造成了一种前所未有的割裂，引发了人们对王权的根基与界限，以及不服从的合法性的思考，同时也令人反思宗教分裂对王国传统造成的危害。[2]

接下来，战争与屠杀成为现代世界最悲剧的预告片。

“三十年战争形成了一个传统：抢劫是战争时期的合法行为，暴行是士兵的特权。”[3]在尼德兰，西班牙军队杀害了数万新教徒，断头台、火刑柱，以及行道树和风车上都挂满了尸体。德国军队洗劫了罗马，几个世纪以来的人文学术成果大量化为灰烬。

作为印刷革命和宗教改革的发源地，德国与其说变成了战场，不如说是沦为了地狱，人口由 1800 万锐减到 400 万。

路德看到了精彩的开始，却没有想到悲惨的结局。“我不愿意靠暴力和流血来维护福音。世界是靠语言来征服的，教会是靠语言来维持的，也还是要靠语言来复兴。反基督的人们不是靠暴力

1-［美］房龙：《宽容》，连卫、靳翠微译，生活 · 读书 · 新知三联书店 1985 年版，第 187 页。

2-可参阅［法］阿莱特 · 茹阿纳：《圣巴托罗缪大屠杀：一桩国家罪行的谜团》，梁爽译，北京大学出版社 2015 年版。

3-［英］H. G. 韦尔斯：《世界史纲：生物与人类的简明史》，曼叶平、李敏译，北京燕山出版社 2004 年版，第 608 页。

取得一切，也将勿需暴力而消亡。”[1]

同为修道士，如果说路德希望改革，那么闵采尔则希望革命；后者不仅写作印刷自己的《书简》，还亲自领导了一场农民起义。[45] 闵采尔宣称：“整个世界必须来一个大震荡，一切政权都应该交给普通人民，没有压迫、剥削的天堂不是在天上，而是在人间，建立天堂的办法只有拿起武器推翻一切不正义的事物和残暴的统治者，而不是消极地等待和向上帝请求。”[2]

宗教改革显示出极其激进的一面，它打开了通往巴别塔的大门，欧洲大大小小 20 多个国家、100 多万人参加到这场长达 30 年的宗教战争中。尼采曾说：“人类历史上最大的一个跃进，便是宗教战争，因为它证明了人类已经开始在虔诚地处理事物的概念问题。”[3]

在这场持续一代人的三十年战争中，天主教与新教之间的对抗，导致西班牙、德国和法国等陷入内战，荷兰和英国趁机在新大陆开疆拓土；欧洲宗教走向分裂，资本主义加快了发展步伐。[46]

从政治角度来说，三十年战争还不是国家间的战争，而是一场建构国家的战争，从此基督教神权世界宣告结束，一个以民族国家为主体的新世界来临。“这次长期的较量，导致了国际政治的一

1-［德］马丁·路德：《致德意志基督教贵族书》，转引自《马克思恩格斯全集》第七卷，人民出版社 1959 年版，第 407 页。

2-《图说天下．世界历史系列》编委会编：《文艺复兴：中世纪的觉醒》，吉林出版集团有限责任公司 2009 年版，第 137 页。

3-［德］尼采：《快乐的科学》，余鸿荣译，中国和平出版社 1986 年版，第 149 页。

个新的基本原则，即日后不可能再由一个国家来统治全欧洲或全世界，即便是为时不长也罢。”[1]《威斯特伐利亚和约》确立了一种现代国际规则，各国相互承认主权、领土完整，主权国家成为世界政治的主体；所有的国家不分大小，均一视同仁。[47]

这场为信仰而进行的战争所产生的“唯一好处”是，天主教徒和新教徒双方都不愿再发生战争，能够和平相处；或者说，从此确立了信仰自由的现代法则。

宗教自由与世俗自由是相通的，互为因果。

对于宗教徒而言，信仰是人类追求理解的首要意志，也是唯一结果。但自由是昂贵的，似乎没有什么自由是可以免费获得的。正如莫尔临死前的那句遗言：“自由的代价的确很高。然而，即使是最低级的奴隶，如果他肯付出代价，也能享有自由。”

在谷登堡时代，印刷也成了战争的一部分。

腥风血雨的三十年战争期间，印刷的各种小册子和单页成为各交战国从事战时宣传的主要载体。战争还催生了西方世界第一份新闻报。当不同信仰的维护者把他们的敌人杀死、烧死或淹死的时候，一本本殉教史以印刷品的形式来记录和传颂那些“圣徒”的虔诚往事。

从传播史来说，印刷术的作用在16世纪和17世纪残酷的宗教战争中最为明显。在传播产业上，对于权力的应用加速了本土语

1-[美]房龙：《人类的故事》，刘缘子、吴维亚、邢惕夫等译，生活·读书·新知三联书店1988年版，第318页。

三十年战争是历史上第一次大规模的全欧洲大战

言地位的巩固、国家主义和革命的出现，以及原始主义在 20 世纪的新爆发。[1]

事实上，早在谷登堡印刷机诞生的同时，一场宗教改革就已经无可避免地开始了。或者说，使拉丁文《圣经》过时的不是路德，而是印刷术。接下来，宗教改革彻底放纵了这场社会暴乱，使欧洲陷入了长达一个半世纪的宗教战争中。

宗教改革之后，欧洲逐渐进入了一个韦伯所说的祛魅时代，一个共同的神消失了，每个国家、每个人内心都有自己所供奉的上帝。宗教改革是全方位的，新教运动的压力迫使罗马教会不得不进行内部改革，“耶稣会”随之登上历史舞台。

耶稣会试图重新恢复天主教徒的美德——清贫、贞洁、服从，他们创办大学和医院，投资工商业，研究科学，教育青年，传播古典文化，培养了一大批思想保守但信仰坚定的知识分子。

这些不穿盔甲的传教士好比现代十字军骑士，不远万里，游走世界，出入宫廷，关注科学。利玛窦、卜弥格、汤若望、南怀仁、蒋友仁、郎世宁等，成为 17 世纪西方与中国交流的真正的“世界公民”。[48]

耶稣会作为最有学问的宗教组织，早在创立人西班牙的罗耀拉起草会章之际，就已经呼吁有系统地搜集、传递、出版各类信息。耶稣会发展的第一阶段，也就是从 1534 年创设起，一直到

1- 可参阅［加］哈罗德·伊尼斯：《传播的偏向》，何道宽译，中国传媒大学出版社 2013 年版。

1782年普遍遭到镇压为止，近250年间，共出版了5600种科学方面的著作，包括医药、地理、农学和自然史等。

1735至1795年间，北京的耶稣会士总共翻译了400多种中文作品。利玛窦、白晋和殷弘绪等人写了卷帙浩繁的报告，寄给他们在法国的上级，促成首座全球信息网的诞生。[49]

随着利玛窦等一批传教士将中国文化源源不断地介绍给西方世界，欧洲出现了风靡一时的“中国热”。

在17—18世纪的欧洲，上流社会的人们一边用中国瓷器喝着茶，一边对这个“由知识分子管理的国家”赞不绝口。莱布尼茨和伏尔泰认为，中国在伦理和政治的大部分事务中都领先欧洲，他们甚至建议把汉语作为一种世界语言来教授。

一场悄然爆发的科学革命为旧时代画上句号。最初由数学革命引领的制图学、测绘学、航海术、透视法等技术开始将自然数字化并改变人类对自然和社会的控制力。接着，显微镜、望远镜、温度计和气压计的发明带来了尺度革命，增强人的知觉，让人的眼界上升至无垠的宇宙，下落到多彩的微生物界。在此之外，信息革命伴随着印刷机促成出版文化的兴起，权威的语言被削弱，信息开始被广泛交流、分享和比较。最终，科学宣告诞生。

——［美］戴维·伍顿

第五章　文字战争

启蒙运动

历史学家卡拉姆津[1]认为：心智的历史有两个主要的时代，文字的创制和印刷术的发明。其他任何时代都只是这两个时代的后果。阅读和书写给我们展现了新的世界，尤其是当下，在理性取得今天这样成就的时候更是如此。

对欧洲来说，印刷术与纸几乎是一起到来的。昂贵的手写与昂贵的羊皮纸一起被廉价的印刷术和廉价的纸取代，这就使得文字与知识如同溃坝一般，在极短的时间里倾泻进社会各个层面，使人的精神面貌和社会质地彻底改观。

人类刚刚进入历史和文明，文字就以法律的名义实现了对人的统治。从《汉穆拉比法典》到《拿破仑法典》，印刷比传统的碑刻更能体现现代法治精神。

“我们由此看到，印刷术是何等地重要，它使公众而不是少数人成为神圣法律的保管者；它驱散了阴谋和欺骗的阴暗现象，这种现象的追随者表面上虽然鄙视文明和科学，但实际上却为之胆战心惊。因此，我们发现：在欧洲，犯罪的残忍程度已经降低，我们那些时而成为暴君，时而又变成奴隶的祖先，曾被这种残忍性折磨得凄苦不堪。”[1]

印刷机的确是一件神奇的传播机器。虽然古希腊时代的科学家们早就著书立说，但因为没有印刷机，他们的创建和思想，与达·芬奇的笔记一样，很难为人所知。

公元前3世纪，亚里斯塔克就提出了日心说，但到了哥白尼和布鲁诺时代，人们仍相信太阳围着地球转。同样，古希腊的内科医生早就发现了血液循环，但到了17世纪，威廉·哈维又“重新”发现了血液循环。

作为一种历史现象，“天才”总是成群地来。对西方历史来说，17世纪是个群星璀璨的“天才时代”，各领域涌现出一大批不同凡响的巨人，比如文学上有莎士比亚、弥尔顿、塞万提斯，哲学上有笛卡儿、培根、洛克、莱布尼茨，科学上有帕斯卡、开普勒、胡克、牛顿，艺术上则有卡拉瓦乔、鲁本斯，等等。正是这一个世纪的巨变，将西方文明推上了人类历史的前台。[2]

在这个天才时代，印刷作为一种媒介革命，使许多鲜为人知的知识变成人人皆知的“常识”。特别是对这些科学家群体来说，定期出版印刷的学术刊物增强了同行之间的交流，极大地促进了人们对前沿科技的探索能力，哥白尼、伽利略、牛顿和笛卡儿等几代科学家，通过著书立说，将他们的伟大思想变成人类文明的推动力。

1- [意] 贝卡里亚:《论犯罪与刑罚》，黄风译，中国法制出版社2005年版，第20页。

2- 可参阅 [英] A. C. 格雷林:《天才时代：17世纪的乱世与现代世界观的创立》，吴万伟、肖志清译，中信出版社2019年版。

尼古拉·哥白尼（1473—1543）

印刷打破了专业的局囿，在“科学共和国”里，“人人都是自己的科学家”，这场知识民主化的过程就是启蒙运动。

英国之所以在工业革命中拔得头筹，与民众整体科学文化素养较高密不可分。恩格斯在《英国工人阶级状况》中写道：“我常常碰到一些穿着褴褛不堪的粗布夹克的工人，他们显示出自己对地质学、天文学及其他学科的知识比某些有教养的德国资产者还要多。阅读最新的哲学、政治和诗歌方面最杰出的著作的几乎完全是工人……”[1]

1-［德］恩格斯：《马克思恩格斯全集》第二卷，人民出版社1957年版，第528页。

科技革命首先是一场理性革命。从某种意义上，启蒙运动是科技革命以及“3R运动”[2]的继续，它将文艺复兴的“人性”思想进一步提升到“理性”阶段，并提出了民主、自由、法治、人权等观念。

启蒙运动比文艺复兴走得更远，它对君主专制提出强烈批判，将民主政治作为走向文明和现代的主要途径。[3]作为对工业革命的精神呼应，启蒙思想家倡导的天赋人权、三权分立、自由平等、博爱思想，完善了资本主义的政治理念。

“作为一场思想运动，启蒙运动后来涵盖了整个欧洲和北美，但它其实是在路易十四死后法国比较自由的政治气候里开始的。”[1]歌德说，伏尔泰结束了一个旧时代，而卢梭开创了一个浪漫主义新时代。

作为思想的载体，印刷书成为这场运动中的核心武器。伏尔泰、卢梭、孟德斯鸠、康德和狄德罗等思想家的作品，在印刷机的放大下，深刻地改变了欧洲社会发展的步伐甚至方向。[4]特别是丹尼斯·狄德罗编撰的《百科全书》，整合了几乎所有启蒙思想家的创见，其意义是为了引导人们思考，而不只是传授知识。

出版社的出现和科学的崛起，让人们有机会看到正确的和可信赖的历史。伏尔泰以一己之力几乎改变了历史的写作，他不仅将世俗历史和神圣历史区别开来，还将世俗历史和“自然的进程”联

1-[英]约翰·麦克里兰:《西方政治思想史》，彭淮栋译，中信出版社2014年版，第307页。

系在一起，这使得历史变得更加有规可循。伏尔泰说：“现代历史学家应该提供更多的历史细节、更有依据的事实、更准确和权威的日期，更加关注风俗、规律、道德、商业、金融、农业、人口。历史应该像数学和物理一样，具有经验和理性相结合的严谨性。”[1]

对理性的推崇导致了历史“终点”的提法，在用毕生精力写完《罗马帝国衰亡史》之后，吉本认为历史已经从过去的黑暗中挣脱出来，进入“现代”的18世纪。

启蒙激活了思想，独立思考与批判精神构成启蒙运动的最大贡献，思想家们不仅抨击宗教迷信和旧制度，也对资本主义理性发出质疑。

空想社会主义者欧文以他的亲身经历发出疾呼，对机器时代的到来，人们不能只见利而不见弊。机器的使用虽然创造了大量的财富，但这些财富为少数人所掌握，少数人利用这些财富继续吞并多数人劳动所产生的财富。同时，建立在机器之上的工厂制度塑造了人的不良性格，工业提倡创新与竞争，放大了人内心的贪婪。

在浪漫主义之后，又出现了现代非理性主义。它坚持以人的自我意识、人的主观意志与人的存在为本体，反对理性以及通过理性对自然界的认识与改造，反对普遍的机械化、功利化倾向，反对当时风靡一时的实证主义思潮，试图在一个机械图景化的世界里，阻止人们心灵的枯竭，呼唤生命力的张扬。

与理性主义针锋相对，非理性主义思想家叔本华从东方传统

1- [美] 杰西卡·里斯金：《永不停歇的时钟：机器、生命动能与现代科学的形成》，王丹、朱丛译，中信出版社2020年版，第233页。

席勒在朗读

智慧中受到启发，寻求自然的和谐与心灵的安宁。虽然《作为意志和表象的世界》刚出版时无人问津，但他并不在意。叔本华说：如果不是我配不上这个时代，那就是这个时代配不上我。

从文艺复兴到1750年左右，欧洲人普遍讲究“精读”，到了18世纪后半叶，受过教育的人开始“博读”。

不论博读还是精读，都不是为读书而读书，而是为思考而读书，读书是为了启发自己思考。叔本华认为，读书而不思考，就跟经常骑马坐车而丧失步行能力一样，会让人失去独立思考的能力。卢梭带来了这样的阅读观：读书的要义在于使我们更自由、独立。

从根本上说，启蒙是一种自我完善，启蒙与阅读都必须经由个人独立完成，因此启蒙运动也是一场阅读运动。

其时，先知般的思想家们灿若群星，他们以笔为剑，以书为刀，为现代文明开光，将基督教的上帝世俗化，将国王的专制民主化，将天赋人权神圣化，将国家权力法治化，桎梏欧洲近千年的传统王权和教会几乎被彻底颠覆。

百科全书

从文艺复兴到启蒙运动，欧洲世界开明与黑暗并存，在民间出现了一个跨越国界的独立知识分子群体，这些“文化生产者”以传统的自治精神组织在一起，称为“文人共和国”。

皮埃尔·贝尔于1684年创办刊物《文人共和国新闻》，印刷地是他在荷兰相对安全的住所。贝尔是这样定义“公民”的——“我们所有人都是平等的，因为我们都是阿波罗的孩子。”[1]

思想启蒙的一个明显特征就是，将批判视为公民的天然权利，正如康德所说：“一切都应该受到批判。宗教塑造了自己的神圣，法律赋予了自己权威，它们唤醒的只有怀疑。”康德给启蒙运动的定义是：人类脱离自己招致的不成熟状态；换言之，人要求把自己当作一个成人，一个能够承担责任的人。

启蒙是对人的文明驯化，是关于现代和民主的精神操练；没有启蒙，就永远不能从精神上进入现代，更不会有民主。未经启蒙，即使物质上实现了现代化，其精神也停留于黑暗的中世纪，“旧制度”与“大革命”是其无法摆脱的命运。

1- [美] 乔尔·莫基尔：《增长的文化：现代经济的起源》，胡思捷译，中国人民大学出版社2020年版，第168页。

启蒙运动以来的西方“知识分子”代表了一种崭新的现代精神。和基督教的传统不同，他们的理想世界在人间而不在天上；和希腊的哲学传统也不同，他们所关怀的不但是如何“解释世界”，而且更是如何“改变世界”。从伏尔泰到马克思都是这一现代精神的体现。[1]

在17世纪和18世纪，科学革命和启蒙运动把人们的注意力从人类内心的黑暗中移开，让人们走出了对于上帝的畏惧，来到外部世界的阳光下。以神为本的世界变为以人为本的世界，《百科全书》应运而生，一纸风行。

现代意义的百科全书，是一种宣扬“机械的艺术”和“人文科学与自然科学”的通用工具书。1747年，狄德罗承担起法国版《百科全书》的编纂工作。1751年，第一卷正式出版。起初，出版商只是想将英国的《科技百科全书》翻译过来，但后来决定重新编写，一部全新的巨作随之诞生。它不仅是一部参考用的工具书，同时还承载着推动现代化的神圣使命。

古希腊诗人、著名的亚历山大图书馆馆长卡里马科斯有句名言：“一部大书是一场灾难。”连狄罗德自己都没有想到，《百科全书，科学、艺术和工艺详解词典》最后会成为多达35卷本的皇皇巨著，完全成了社会精英的私家珍藏；对一些人来说，购买《百科全书》与其说是为了阅读和收藏，不如说是为了装点门面。

1- 余英时：《士与中国文化》，上海人民出版社2013年版，引言第5页。

与卢梭、潘恩等人相比，狄德罗更像一位职业作家——以写作和贩卖文稿为职业的人。狄德罗的成功标志着独立作家的崛起。[5]

从某种意义上说，巴尔扎克的《人间喜剧》其实是文学版或小说版的"百科全书"：财政金融、工商实业、农业设施、科学技术、司法诉讼、商业经营、金融借贷等，几乎无所不包。事实上，巴尔扎克多次创业，甚至开过印刷厂，但没有一次成功，他不得不靠写作来还债。对有些人来说，除了写作，其他什么都做不了。

古罗马时期，老普林尼就编写了世界上第一部百科全书《博物志》。狄德罗的《百科全书》继承了培根以知识为人类谋福利的思想，以大量篇幅记述人类已掌握的各种自然科学知识，特别强调技术的重大作用，对各种零散的知识进行整合，这是真正的启蒙伟业。

无论从文化影响上还是从商业运作上，《百科全书》都是成功的。[6]

作为一部人类现有知识和经验的集大成之作，《百科全书》在数年间的连续出版，造成持久不断的叠加效应，社会各个阶层的精英们无不投身其中，作家、书商、官员、印刷工，还有狂热的读者。

人们不仅把它当作"人类知识的总汇"，更视其为最时尚、最有身份感的商品。

对于一个绅士来说，拥有一套《百科全书》，也就等于拥有了应有的教养和智慧，"这部书使我们几乎不用再读其他任何书"。不仅远在美洲的杰弗逊、富兰克林订购了《百科全书》，就连法国国王路易十六也有一套。

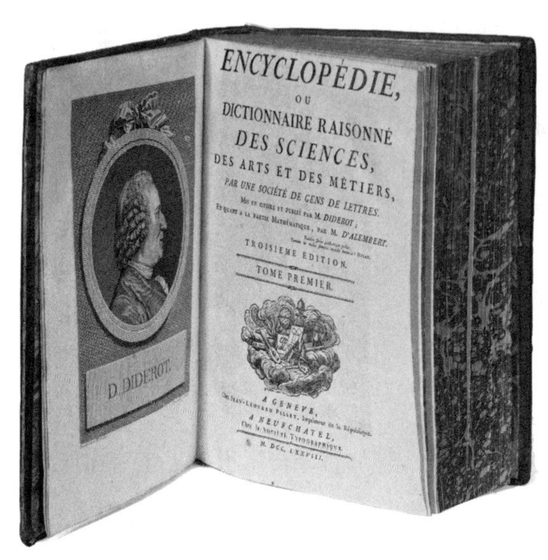

“人类知识的总汇”——《百科全书》

启蒙运动是否影响了法国大革命？法国近代史专家雅克·索雷的答案是：“人群中唯一有能力理解并支持启蒙精神的只有开明贵族。”[1]

事实上，《百科全书》与后来的大革命并没有直接关系，但大革命却是它的终结者。[7]

在这场狂热的底层运动中，比小册子书籍更简易的传单成为革命时期最流行的印刷品。伏尔泰在一本《关于阅读的可怕危害》的小册子中说：书籍驱除蒙昧，“而蒙昧从来就是控制完美的国家实行监管与保护的工具”。

书籍虽是一种商品，却极其特殊；它既代表物质，也代表观

1- 可参阅［法］雅克·索雷：《拷问法国大革命》，王晨译，商务印书馆 2015 年版。

念，将精神与物质紧密地结合在一起。同时，书籍是最具个性化的。没有任何一种大众商品像书籍这样多样化。从某种意义上说，受语言和文化区隔的书籍，一直属于小批量生产，男女老少都喜爱的畅销书毕竟是少数。

“作为奢侈品，书本从一开始就屈从严格的利润法则和供求法则。”[1] 即使《百科全书》从最初的对开本，缩小到了后来的 8 开本，价格降至原来的四分之一，也仍然相当于一般工人将近半年的收入。

对书商来说，最好的书是卖出去的书。1789 年以前，包括盗版在内，所有的出版商一共印制了大约 24000 部《百科全书》，其中至少 11500 部到了法国读者手中。[2] 就像谷登堡时代的《圣经》一样，《百科全书》成为“18 世纪最大的生意”，这使启蒙运动在某种程度上成为一场传媒革命。

1768 年，传媒大王庞库克以超凡的胆略购买了狄德罗《百科全书》的所有版权。在此之前，《百科全书》屡屡遭禁，几乎胎死腹中。路易十五曾下令，任何书写或印制反教会反政府文字的人都将被处死。

1770 年，6000 册《百科全书》刚刚走出印刷厂，就像思想犯一样，被关进臭名昭著的巴士底狱。[8]

1- [法] 费尔南·布罗代尔：《15 至 18 世纪的物质文明、经济和资本主义》第 1 卷，顾良、施康强译，生活·读书·新知三联书店 2002 年版，第 473 页。

2- [美] 罗伯特·达恩顿：《启蒙运动的生意：〈百科全书〉出版史（1775—1800）》，叶桐、顾杭译，生活·读书·新知三联书店 2005 年版，第 36 页。

穷人的圣经

与专职写作的狄德罗不同，潘恩多少显得业余。

潘恩的作品都是小册子，无法跟皇皇巨著的《百科全书》相比。但是，同为启蒙时代的经典作品，潘恩的《常识》和《人权论》对社会的影响却要大得多，这两本专为底层大众写作的小册子，直接推动了两场改变世界的革命。伏尔泰总结道："20 卷沉甸甸的鸿篇巨制永远不会促发革命，促发革命的是定价 30 个苏的薄薄的小册子。"[9]

华盛顿曾说："要能制衡一个民选的政府，首先得开启民智。"《常识》以直接而无可驳斥的观点，鼓励每个美国公民都去争取美国的自由，它把独立和共和联系在一起，使美国独立运动从一个区域性的民族战争，变成了一场资产阶级政治制度史上的共和革命。

这本 50 页的小册子，其实只是一篇文章，几个月内就狂销 50 余万册，在 250 万人口的北美几乎家家都有，甚至成为教堂的布道辞，被称为"穷人的圣经"。英国报纸惊叹："《常识》无人不读。凡读过这本书的人都改变了态度，哪怕是一小时之前，他还是一个强烈反对独立思想的人。"就连华盛顿也承认，"长时间的迫害让许多美好的东西消失了"，而《常识》在"很多人心里，包括他自己在内，引起了一种巨大的变化”。

后来的美国《独立宣言》不乏《常识》的影子。约翰·亚当斯对杰弗逊抱怨：“历史会把美国革命全归功于托马斯·潘恩。”

潘恩13岁便辍学，因此《常识》以极其浅显的语言写成，一些句子几乎人人成诵：“在上帝眼中，一个普通的诚实人要比从古到今所有加冕的坏蛋更有价值。”“正如在专制政府中，国王便是法律一样，在自由国家中法律便应该成为国王。”“只要我们能够把一个国家的政权形式，一个与众不同的独立的政体留给后代，花任何代价来换取都是便宜的。”

正如1789年出版的《美国革命史》中所言：“在实现美国的独立中，笔与印刷机和剑同样功不可没。”[1]

孟德斯鸠和卢梭都认为，真正的民主只能在古希腊城邦那样的小城市实现。印刷无疑使民主突破了口语的时空局限。用法国哲学家孔多塞的话说：“印刷术使现代政体得以达到先前不可能实现的完美境地。有了印刷，广袤土地上稀少的人口就有了和小城居民同样的自由……只有靠印刷机，伟大的人民才能真正进行讨论。”[2]

按照一种说法，“法国大革命证明学者和有知识的人第一次拥

1-［英］汤姆·斯丹迪奇：《从莎草纸到互联网：社交媒体2000年》，林华译，中信出版社2015年版，第216页。

2-同上书，第241～242页。

托马斯·潘恩的小册子《常识》影响深远

有权力，哲学与革命之间形成历史联系”[1]。

法国大革命爆发时，潘恩正沉迷于设计发明中，从刨床、车轮、起重机到无烟蜡烛；他放下手头的建桥计划，又为法国大革命撰写了《人权论》。

潘恩在书中提出“天赋权利”理论，“天赋权利”就是“人在生存方面所具有的权利”，包括智能或者思想上的权利，以及不妨害他人天赋权利而为个人谋求安乐的权利；“天赋权利”是“公民权利”的基础，“公民权利”是“人作为社会成员所具有的权利”。

1-[法]雷吉斯·德布雷:《知识分子与权力——雷吉斯·德布雷北京演讲实录》，载《南方周末》2010年6月10日。

《人权论》在两年内狂售了20万册，甚至有人将其写进了国歌："上帝保佑伟大的托马斯·潘恩，他的《人权论》照亮了每一个人的灵魂。他使盲人看清了被愚弄、被奴役的命运。他给全世界指明了自由之神。"[1]

这本书极大地推动了法国大革命，但当潘恩来到法国主持起草《人权宣言》时，却发现"共和国死了"。[10]

颇为不幸的是，身为英国人的潘恩不仅在英国备受打击，在美国同样不受欢迎。倒是在法国，独裁者拿破仑称赞潘恩是"一把共和国的火炬，一切传奇中最伟大的人物"，并每天将《人权论》放在枕边。

拿破仑说，世界上有两种东西最有力量：一是刀剑，二是思想；而思想比刀剑更有力量。

作为启蒙运动和大革命的精神遗产，《拿破仑法典》成为现代社会第一部民法典。它系统全面，条文清晰，通俗易懂，便于操作，成为世界很多国家的立法蓝本，被历史学家称为"少有的几部影响整个世界的文献之一"。

潘恩热爱自由和人权，但不屑于人情世故，这个"有史以来最好斗的小册子作家"，最后成为罗素所说的"无法赢得应有的尊重的人"。他鼓吹革命，却不断看到人们以革命的名义行使不义。

潘恩曾说："给我7年时间，我将为欧洲每一个国家都写一部

1- 可参阅朱学勤：《两个世界的英雄——托马斯·潘恩》，《河南大学学报》1987年第1期。

《常识》。”他的理想是建立一个“世界公民”的“世界共和国”，最后却找不到一个可以收留自己的国家，甚至租不到一间栖身的房子。他被人们遗弃在一个他为之奋斗一生的年代里。

印刷时代的到来，可以让潘恩在很短的时间内赢得那么多读者，也可以让那些读者在很短的时间内忘记他。历史有时竟是如此残酷！

“潘恩在历史上的重要性在于这样一个事实：他使得对民主的宣传民主化了。”[1] 对今天的人们来说，最无法忘怀的或许是潘恩时代的“阅读狂热”。据说潘恩死后，有书商请潘恩生前好友写作潘恩传记，结果遭到婉拒：“想了解潘恩人生，可以去读他的作品，他的作品就是他的人生。”

在常人看来，潘恩一生贫困潦倒，最后众叛亲离，简直没有比这更失败的人生了。但从历史的角度来看，似乎没有比潘恩更成功的人生。他将自己几乎所有的精力和才智都用来进行创造——发明和写作，这就是孔子所说的“君子谋道不谋食，君子忧道不忧贫”。

对知行合一的潘恩来说，他的人生才是他真正的作品，这部作品是他用自己的生命书写的，而不是用笔。

潘恩的命运固然令人扼腕，但这其实是一种比较有代表性的现象。印刷创造了版权制度，但除了少数大作家，一般作者很难得

1- [英] 罗素：《为什么我不是基督教徒》，徐奕春译，商务印书馆 2010 年版，第 91 页。

到足够维持生计的稿酬。

在当时的欧洲，写作一方面依赖贵族阶级的资助，[11]即传统的“无君子不养艺人”，另一方面则出于作者甘于清贫、煮字疗饥的坚守。正如一位现代作家所说，靠写书挣稿费赚钱，就和靠卖血赚钱一样不容易。

书法、音乐、绘画或许可以修身养性，严肃的写作却常常会摧毁人的健康和幸福。这也说明，人真的是一种自寻烦恼的动物，至少对写作的人是如此。

马克思一生写了无数关于金钱、资本和财富的著作，但他却不名一文，几乎全靠恩格斯的资助。[12]卢梭一生著述无数，即使有不少稿酬和资助，他也需要替人抄写乐谱维持生计——这是当时无法印刷的。

图书审查

权力与知识常常是对立的。权力是野蛮的、垄断的、封闭的，知识则是文明的、分散的、开放的；权力来自暴力，但权力的合法性却来自知识。

思想从来没有远离过政治，早在印刷书诞生之前，就已经有了图书审查；文字与文字狱的历史一直难分彼此。

进入印刷时代后，关于文字权力的争夺日益白热化。有一位印刷商甚至说："只要有 26 个铅字兵，我就可以征服世界！"面对印刷书的泛滥，传统权力机构仍试图维持对文字和思想的垄断。1471 年，谷登堡印刷机首次出现在佛罗伦萨，就引起一位政客的强烈抨击："许多愚蠢的想法，可以借由这种危险的机器，在一瞬间内变成几千倍流传出去。"

传统势力无疑看到了印刷机对自身权力的挑战；对他们来说，思想本身就是危险品，能传播危险品的机器，无疑更加危险。

单凭印刷机能复制产品的力量，它就能称得上是自由的卫士，为许许多多危险的事实与思想的传播提供了不能堵塞的无数渠道，也散布了无数既无从追踪也不能撤回的新闻。一旦印刷完成，世界上任何力量，不管是法律还是赦令，要将已发出的信息收回，都无能为力。[1]

无论是新教革命时期的教皇，还是启蒙运动时期的国王，肯定是不会欢迎印刷机的。在 17 世纪初的法国，如果有人胆敢持有印刷品，哪怕是一张印刷纸，也会被判处死刑。

在 18 世纪，世界上只有两个地区拥有大规模印刷出版业：欧洲和东亚。但只有欧洲诞生了启蒙运动。

人类发明了印刷术，却没有在同时发明出版自由。

1501 年，教皇亚历山大六世在敕令中警告："只要印刷术让有益且受过审查的书籍进一步传播，那么它非常有用。但是如果它使有害的作品也广为流传，那么印刷术也可以是有害的。因此，保持对印刷业者的完全控制是极有必要的。"[2]

欧洲最早的书报检查由教会的宗教裁判机构执行，罗马教廷曾经用过审查、禁书、焚书等一切手段。

1543 年，教廷规定，所有图书须印有主教授予的"准印许可"；未经教会同意，任何书籍不得印刷。由教皇颁布的《禁书目录》从保罗四世开始，一直延续了数百年；不仅禁书，还禁作者，甚至成立了一个专门的"禁书委员会"。

作为教会学者，哥白尼一直不敢将《天体运行论》付梓，直到临死之日才看到印刷书。伽利略的《关于托勒密和哥白尼两大世

1- [英] 丹尼尔·J. 布尔斯廷：《发现者：人类探索世界和自我的历史》，上海译文出版社 1995 年版，第 395 页。

2- [美] 约翰·梅丽曼：《欧洲现代史：从文艺复兴到现在》(上册)，焦阳、赖晨希、冯济业等译，上海人民出版社 2016 年版，第 34 页。

哥白尼《天体运行论》(1566 年印刷)

界体系的对话》刚一出版即遭焚禁，他本人亦被宗教裁判所判处终身监禁，并禁止出版印刷其任何著作。[13]

这是思想意志和权力暴力的一场较量。

布鲁诺因日心说被判处火刑，但他极其蔑视地对宗教法庭说：“你们宣判时的恐惧甚于我走向火堆。”

宗教改革导致教权衰落，但禁书并没有丝毫放松，国王指派的官吏继续这项反动事业。

1515 年，英国国会规定，除非经过“被指定的明智、谨慎的人阅读、讨论和审查过”，否则不得印刷和出版任何图书；1526 年，英国公布第一批禁书目录，三年后禁书书目从 18 种增加到 85 种。1538 年，亨利国王下令：销售图书须经国王批准；未经审查官的审查，不得进口任何图书；每本书须印出承印人、作者、译者、编者的姓名，否则将判处监禁和没收财产。

由国王授予特权的“星法院”于1587年裁定，英国所有图书版本总量不得超过1250本；1637年，再次限定伦敦的印刷厂不得超过20家，铸字厂不得超过4家。

在美洲殖民地，直到1671年，弗吉尼亚总督威廉还在为印刷机缺席而感谢上帝，希望印刷机永远也不会来到弗吉尼亚，因为印刷机是“传播异端邪说的罪魁祸首”。但后来，印刷机还是无人能阻挡，活字印刷解散了雇佣军，废黜了国王，并创造了一个“民主的新世界”。

英国的图书审查制度一直延续到光荣革命[14]之后，只是从出版前审查改为出版后审查，以追惩代替预惩。这迫使书商和作者不得不进行自我审查。

法国第一次图书检查运动始于1521年，弗朗索瓦一世责令巴黎最高法院严密监视印刷所和书店。路易十四时期，严厉限制书商和印刷商的从业人数，严控印刷机和印刷器材，印刷作坊和书籍包装必须接受检查。1701年，法国政府正式设立图书管理局，专门负责图书检查。

作为启蒙运动的发源地，18世纪的法国虽然思想家如云，并在欧洲拥有无数读者，但他们的作品却大多是在法国之外印刷出版的。

魔高一尺，道高一丈。在严厉的图书审查下，大量的“非法”图书走向地下印刷，以盗版的形式出版，仅巴黎就有100家出版商从事地下出版业。当地下印刷也受到限制时，书商们便将书稿送到外国出版，再通过走私将图书运回。

正如尼采所说：哲学家的命运掌握在书商手里。那些“危险的书籍”一般都被书商们心照不宣地称为“哲学书”，偷偷地在斗篷下销售。庞库克后来将《百科全书》放在法瑞边境的纳沙泰尔印刷，那里受普鲁士国王弗里德里希二世的保护。这位“哲学家国王”以宽容开明著称。

欧洲现代早期的这段历史，可以称为“没有国界的历史”。一直到马克思时代，各国之间往来并不需要护照和签证，所以包括马克思本人在内的很多流亡者，在本国受迫害，都可以跑到其他国家继续生活和写作。

在多元化的欧洲，荷兰共和国成为出版自由的“世外桃源”，很多印刷商移民至此。阿姆斯特丹依靠无数杰出的印刷商和出版商成为当时“全世界的图书超市”。在17世纪，荷兰人印的书超过世界其他各国印数的总和。

与荷兰相反，从16世纪起，法国每年都要出口大量的纸，然后再将大量的书进口或走私进来。卢梭的作品几乎都是在外国出版和印刷的。[15]

为了对付审查，作者和出版商信息常常被刻意隐去，或者编造虚假的信息——“这是一种讲了一些东西而免于被送进巴士底狱的艺术”。

在18世纪中期的欧洲，几乎没有哪一个作者没有在监狱中蹲过24小时以上的，而巴士底狱更成为欧洲文字狱的象征，以至于民众攻破巴士底狱的7月14日在后来成为法国国庆日。从1600年到1756年，800多位作家、印刷商、书商和印刷品销售商在这

攻破巴士底狱

里受尽牢狱之灾。

据统计，在18世纪，至少有4500种书是随意杜撰人名和地名出版的，甚至有一些书伪托遥远的北京“大汗书店”（chez le Grand Mogol）。[1]

“从最广博的意义讲，宽容这个词从来就是一个奢侈品，购买

1- 韩琦、[意]米盖拉：《中国与欧洲：印刷术与书籍史》，商务印书馆2008年版，第166页。

它的人只会是智力非常发达的人——这些人从思想上说是摆脱了不够开明的同伴们的狭隘偏见的人，看到整个人类具有广阔多彩的前景。”[1]

从本质上来说，印刷最显著的成就表现为现代民主精神，写作与阅读、启蒙与民主，完全可以看作同一件事。

法国著名思想家帕斯卡尔有一句名言：“人只不过是一根苇草，是自然界最脆弱的东西；但他是一根能思想的苇草。”[2]再进一步说，思想源于自由，没有自由也就没有思想。

思想自由作为一种政治要求，无疑是对权力的反动。所谓权力，就是对人的权力，是对身体，尤其是对思想的权力。正如思想自由体现为言论自由，扼杀思想的方式常常表现为消灭言论自由，在印刷时代则表现为取消出版自由。当人民能够和统治者知道的一样多时，他们就要求得到自治的权利。

从弥尔顿的《论出版自由》开始，书报审查制度便不断遭到民间的杯葛。马克思谈到普鲁士的书报检查制度时说：“治疗书报检查制度的真正而根本的办法，就是废除书报检查制度，因为这种制度本身是一无用处的，可是它却比人还要威风。”[3]

“大革命摧毁了旧制度的根本原则——特权，又根据自由和平

1- [美] 房龙：《宽容》，迮卫、靳翠微译，生活·读书·新知三联书店 1985 年版，第 396 页。

2- [法] 帕斯卡尔：《思想录》，何兆武译，商务印书馆 1985 年版，第 157 ~ 158 页。

3- [德] 马克思：《评普鲁士最近的书报检查令》，载《马克思恩格斯全集》第一卷，人民出版社 1956 年版，第 31 页。

等的原则建立了一种新秩序。”[1]

出版自由构成现代法治国家的基础，“出版自由并非来自宪法，而是宪法来自出版自由”（夏多布里昂）。诞生于法国大革命时期的《人权宣言》宣称：“思想和意见的自由传播是人类最可宝贵的权利之一，所有公民都有言论、写作、印刷出版的自由。”

两年后，废除书报审查和维护出版自由被写入法国第一部宪法。巴黎的印刷厂从旧制度时代的36家猛增到220家。不过拿破仑黄袍加身后，很快又恢复了书报审查——“如果我对新闻界不加以控制，三个月之内我就会下台。”

讽刺的是，审查机构编制的“禁书目录”往往成为免费广告。某种书一旦被禁，就成为盗版的畅销书，由此诞生了最早的“秘密阅读经济学”。

1- [美] 罗伯特·达恩顿：《启蒙运动的生意：〈百科全书〉出版史（1775—1800）》，叶桐、顾杭译，生活·读书·新知三联书店2005年版，第532页。

文字狱

几乎就在弥尔顿发表《论出版自由》的同一时期，刚刚入主中原的清王朝在全国各地方府学县学前都置一通石碑，因该碑不是竖栽而是横躺，故称“卧碑”。

卧碑镌刻三条禁令：第一，生员不得言事；第二，不得立盟结社；第三，不得刊刻文字。

中国的印刷历史非常悠久，文字和书籍所经受的灾祸罄竹难书。早在纸出现之前，文字审查就已经成为传统，“笔则笔，削则削”“在齐太史简，在晋董狐笔”。

秦始皇的焚书坑儒开中国思想钳制之先河，有敢偶语诗书者弃市，以古非今者族，非秦记皆烧之。这场暴政彻底终结了春秋战国以来百家争鸣的文化繁荣，“废先王之道，焚百家之言，以愚黔首”“以刑杀为威，天下畏罪”（《史记·秦始皇本纪》）。

进入印刷时代后，图书遭遇的管制一代比一代严酷。

如今不少喜欢历史的人都常常夸赞，宋朝时文化多么繁荣，政治多么开明，事实上，宋朝几乎每个皇帝都颁布过“禁止擅镌”的诏令，并设有专门的图书审查和禁书机构。

绍兴十五年（1145）诏令称：“自今民间书坊刊行文籍，先经所属看详，又委教官讨论，择其可者，许之镂板。”（《宋会要辑稿·刑法》）书籍出版必须由“选官详定，有益于学者方许镂版，候印讫送秘书省，如详定不当，取勘施行。诸戏亵之文，不得雕印”（《宋会要辑稿·刑法》）。

清朝建立后，为了排除异己、“一统思想”，其对书籍的焦虑和毁灭达到极致，因为著书印刷而被凌迟杖毙、诛灭三族、剖棺戮尸、锉骨扬灰者，不胜枚举。

康熙初年，在极为惨烈的“庄氏《明史》案”中，包括编撰、写字、刻版、校对、印刷、装订者，以及卖书、购书、藏书、读书之人，几乎所有与该书有关的人都遭到屠杀和残害。

乾隆时期，乾隆皇帝常常标榜自己“不以语言文字罪人”，却每以“大逆”罪滥造文字狱。[16] 仅在乾隆四十年（1775），焚书事件就出现了24次，13800部书被毁。因此，民间常有“避席畏闻文字狱，著书都为稻粱谋”[17] 的感叹。

作为乾隆的文治武功之一，《四库全书》收录图书3460种、79300余卷（文渊阁）。与此同时，根据陈乃乾《禁书总录》统计，全毁书2452种，抽毁书402种，销毁书版50种，销毁石刻24种。

鲁迅先生曾谴责道：“清人纂修《四库全书》而古书亡。”[18]

正如王朝的命运就是皇帝的命运，书的命运其实也是作者的命运。

中国自古有“立言”之说，对一个写作者来说，他是因为其著作而存在的。从《尚书》《孙子兵法》《东坡文集》《水浒传》《金瓶

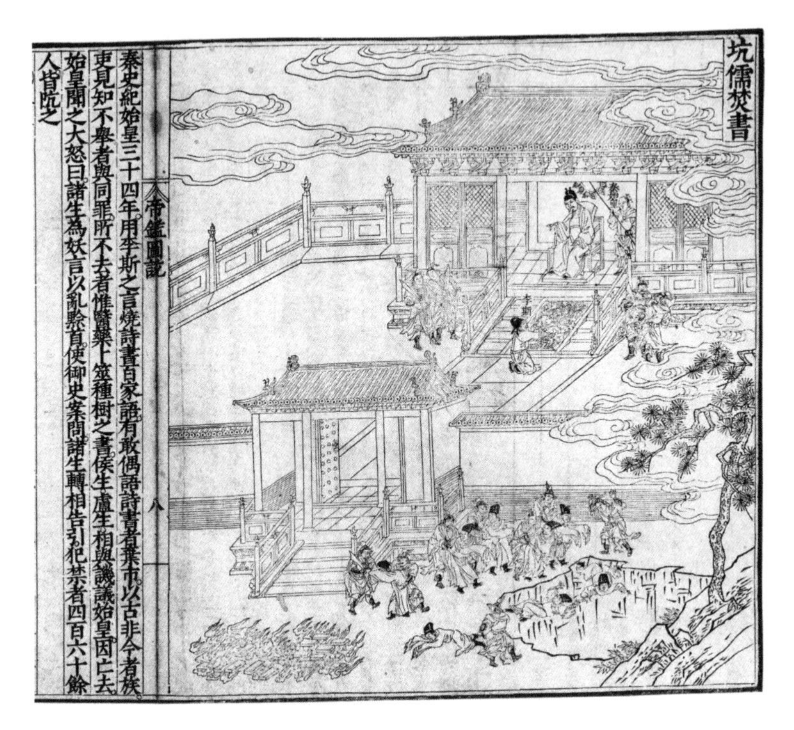

《帝鉴图说》中的焚书坑儒

梅》，到《武备志》《天工开物》乃至《红楼梦》，这些代表中国文明的经典图书，都曾被禁和销毁。

禁书与焚书固然可以扼杀思想文明，但却常常激发起更可怕的暴力革命，正所谓“竹帛烟销帝业虚，关河空锁祖龙居。坑灰未冷山东乱，刘项原来不读书”（章碣《焚书坑》）。

文字狱作为古代文化专制的一种极端形式，固然反映了当权者的苛酷，却也表明了当权者的虚弱。从长远看，人心不可欺，真理难磨灭。历史如大浪淘沙，那些不可一世的王朝都已雨打风吹去，只有这些“禁书”流传了下来。“雪夜闭门读禁书”甚至成为中国古代读书人的一种特殊雅好。

“谤声易弭怨难除，秦法虽严亦甚疏。夜半桥边呼孺子，人间犹有未烧书。”（陈恭尹《读秦纪》）最为讽刺的是，“清代文字狱中禁止的大多数作品一直被保存下来，而大多数遗失的作品不在被禁之列”[1]。

书籍作为人的产物，不仅可以独立于人而存在，而且具有超越于人的神奇力量；甚至说，每一个人最后都将终结于一本书中。人没有了，书永远存在。

1-［美］牟复礼、［英］崔瑞德：《剑桥中国明代史》，张书生、黄沫、杨品泉等译，中国社会科学出版社 1992 年版，第 833 页。

图书馆的起源

人类之所以能够走出蒙昧，并不是某个特殊人物在使用暴力和阴谋上多么惊天地泣鬼神；在很大程度上，是因为智慧和知识的积累，或者说是书和图书馆的力量。

客观地说，知识总量必须达到一定程度，才有可能产生巨大的力量。对一个人来说，一本书或许就足以使其“知识渊博”；但对一个社会来说，仅有一本书是明显不够的。当很多书被集中在一起，就有了图书馆。

实际上，类似《永乐大典》《四库全书》《百科全书》这样的多卷本巨著，本身就是一座图书馆。

最早的图书馆其实是档案馆，是为了保存历史经验。

公元前 3000 年，亚述帝国建立了世界上最早的图书馆，共收藏了 1500 多块泥板，每块泥板上有 80 到 200 行文字。公元前 500 年，雅典和萨摩斯建立了服务少数识字公民的公共图书馆；稍晚，亚里士多德创立了一座收藏颇丰的私人图书馆。

据说为了超过亚里士多德，托勒密一世于公元前 300 年创立了亚历山大图书馆，藏书达到 40 万卷（一说 70 万卷），几乎囊括了当时希腊、印度、波斯和巴勒斯坦等不同文明的思想和艺术。这些藏书都是由职业写手抄写在莎草纸上的卷子。

亚历山大图书馆被视为当时汇聚所有人类文明成果的最早的大型资料库。

无论是民主思想，还是文化艺术，古罗马都是古希腊的忠实继承者。擅长建筑的古罗马人修建了许多图书馆，圣奥古斯都将图书馆分为希腊馆和罗马馆。在公元4世纪的罗马城，至少有28座图书馆，藏书达2万卷。不仅帝国范围内的每座城市都有图书馆，而且很多个人也修建藏书楼来斗富。

进入中世纪后，蛮族兴起，斯文扫地，仅有的文字与经卷被秘藏于修道院中。当时有句俗话说："一个没有图书馆的修道院，就像一座没有军械库的城堡。"话虽如此，所谓的图书馆其实也就只有几本书而已。

直到大学出现以后，欧洲才出现了面向世俗社会的图书馆，但这些图书馆的图书也少得可怜。1257年，巴黎索邦神学院向所有"贫困的神学大师们"开放了自己的图书馆，以便人人都能阅读。该图书馆拥有当时欧洲最多的藏书——超过1000册（卷）。

早期的大学几乎是图书馆的同义词。

14世纪末，欧洲已经有75所大学，每所大学都有自己的图书馆和阅览室。为了防止珍贵的羊皮书被盗，这些书都用铁链拴着。

在相当长的时间里，书籍这种特殊的"手工艺品"因其昂贵，一般个人几乎无法拥有，所以大多数书籍都被保存在图书馆里。由于忌灯火，图书馆里昏暗阴冷，在这里看书绝不是一件惬意的事情。

在手抄时代，即使在大学里，图书也比较匮乏，非常珍贵

在阿拉伯帝国征服西班牙时期，图书馆有70多座。976年，哈里发哈基姆在科尔多瓦建立了一家最大的图书馆，藏书超过40万册。这对当时的欧洲人来说简直是天文数字。科尔多瓦被十字军“收复”后，这些藏书成为欧洲走向文艺复兴的重要因素。中世纪的欧洲在自己的家门口，重新发现了希腊和罗马的古典名作——

> 当穆斯林1090年被逐出西西里岛时，基督教统治者令人惊讶地把图书馆看作战利品，并促进了对许多阿拉伯作品的翻译。继托利多于1085年、科尔多瓦于1236年和塞维利亚于1248年陷落之后，穆斯林的图书馆向欧洲人敞开了大门。[1]

与古代欧洲相比，中国的书籍与图书馆则拥有一段可谓辉煌的历史。

中国的“图书馆”同样是从官方或宫廷的“档案馆”起步，名称各有不同，如西周的盟府，两汉的石渠阁、东观和兰台，隋朝的观文殿，宋朝的崇文院，明代的澹生堂，清代的南北七阁等。

老子就曾做过周朝的“守藏室之史”，“藏室”大约相当于当时中国的国家图书馆。

秦汉时期延续了周朝的藏书习惯，不过文字书写和书籍制作技术发生了革新。东汉设有秘书监和校书郎，对图书资料进行搜集、抄录和整理。这在《汉书·艺文志》中都有详细记载。

唐以降，书院兴起，无书不成书院，极大地推动了藏书风气的兴盛。在书院建筑中，藏书室往往采用高大显赫的楼阁形式。

朱元璋建立明朝后，诏谕中书省：“治国之要，教化为先。教化之道，学校为本。今京师虽有太学，而天下学校未兴，宜令郡县皆立学。”（《明太祖宝训》）洪武元年（1368）八月，诏除书籍税，由此掀起了一场复兴中华文化的印书藏书热潮，几乎每个官办

1-［英］埃里克·琼斯：《欧洲奇迹：欧亚史中的环境、经济和地缘政治》，陈小白译，华夏出版社2015年版，第59页。

学校都有“尊经阁”。

1440 年，松江府学号称藏书万卷，而同一时期的剑桥大学图书馆只有 122 本图书，这在英国当时已算是很多了。

在中国古代，每个王朝都非常重视历史，甚至将其视为政治合法性的来源。就二十四史而言，一般都是后一个王朝编纂前一个王朝的历史。

值得深思的是，虽然历代王朝对历史都很重视，但对档案管理却很疏忽，几乎没有保存档案的习惯。通常的情况是，一个王朝覆灭之后，这个王朝的所有文献档案也都会被付之一炬，化为乌有。即使这些档案能够幸存，等新王朝完成对旧王朝的历史编纂后，也会予以销毁，让后人无从得见。

清政府倒台之后，北洋政府的国家历史博物馆把重达 60 吨的档案资料统统卖给了废纸收购商。多亏罗振玉出面干预，才使这些原始史料幸免于难。

中国藏书楼

中国古代的图书馆其实就是藏书馆，从老子时代就已经如此。

印刷术出现之后，书籍实现了商品化，宋朝从官方到民间藏书之风弥漫。各地州学都建有藏书楼，江西十一府，府府有藏书。私人藏书更胜官方，“仕宦稍显者，家必有书数千卷”。仅湖州一地，拥书数万卷的藏书家就有七八位。

明清两代，不少富贵之家或附庸风雅，或名士真风流，大建藏书楼。知名的大藏书家从宋元时代的数十位猛增到数百位。据估计，当时全国有数以千计的私人藏书楼。

宋元以来，江南兴盛，文化繁荣，不仅是全国的印刷出版中心，也是读书人和藏书人比例最高的地区，藏书楼比比皆是。清人孙从添在《藏书纪要》中说：“大抵收藏书籍之家，惟吴中苏郡、虞山、昆山，浙中嘉、湖、杭、宁、绍最多。”

直至晚清，苏州有藏书楼70多处，宁波有藏书楼80余处。

宁波范氏家族的“天一阁”号称“藏书之富，甲于天下”。收藏《四库全书》的“南北七阁”都是参照天一阁所建。常熟毛氏家族的“汲古阁”既藏书也印书，不仅藏书多达84000册，所藏书版也超过10万块。

传统藏书楼以藏为主，秘不示人

应当指出的是，这些皇家藏书楼和私人藏书楼，与现代意义上的图书馆还是有着本质区别的。

所谓藏书楼，其核心是“藏”。藏的目的，一是传与后代，二是保值增值，与阅读并没有多少直接关系。很多书只要进了藏书楼，就被束之高阁，与读者隔绝；书籍成了一种秘不示人的古玩、古董和艺术品，而不是一种读物。[19]

对一个藏书家来说，书的价值来自珍稀版本，而不是来自独特内容。这导致藏书几乎都是古籍，而且越古老越好，藏书家对于当代书几乎不屑一顾。“明人好抄书，颇重手抄本；藏书家均手自缮录，至老不厌，每以身心性命托于残编断简之中。”[1]

在某种程度上，这完全是一种商业活动，或者说是一种投机行为。许多因官而富、因商而富的藏书家，为了“孤本”“秘本”不惜耗费重金，但对其内容并不见得感兴趣，这也导致不少假冒、伪造的“古书”大行其道。

这些藏书楼虽然保存了稀缺的书籍和知识，但它们也成为书籍和知识的黑洞，类似老地主在地窖埋藏银钱，其对公众阅读和社会启蒙并没有多大影响。对他们来说，书籍只是物质象征，而不是精神财富。[20]

像是一种诅咒，官方藏书楼最后总免不了被守吏偷盗一空，私家藏书楼最后也总会在不读书的儿孙手里破败。[21]

明代崇祯年间，宋应星倾尽一生著成《天工开物》，委托友人帮助刊行，该刻本藏浙江宁波李氏墨海楼，另外还有一个坊刻本。这两个版本均被藏诸书箧，秘不示人，至清代竟湮没无闻。直到近代以后，罗振玉从日本购得菅生堂刻本，由陶湘于1928年重印出版，《天工开物》始为国人所知。

虽然宋代时印刷术已经很成熟，但私家藏书楼的藏书仍大多为手抄本（写本），几乎每个藏书楼都有专门抄书的写手。官方也设有专门抄书的“补写所”。宋仁宗嘉祐年间，一次抄书16000余卷，同期的刻印本只有4700多卷，相当于抄本的四分之一。

1- 袁同礼：《明代私家藏书概略》，载郑如斯、肖东发编：《中国书史》，书目文献出版社1987年版，第219页。

明朝“秘阁贮书约二万余部，近百万卷，刻本十三，抄本十七”(《明史·艺文志》)。一部《永乐大典》，动用的抄书经生多达 2669 人。

藏书本是为奇货可居，因此抄本也就远较印本更值钱，这反过来也导致印刷的倒退。

藏书楼是家族化的典型产物，正如图书馆是社会化的结果。中国的皇家藏书楼号称“天子讲读之所”，阁门高悬圣谕：“机密重地，一应官员闲杂人等不许擅入，违者治罪不饶。”私人藏书楼同样戒备森严，如天一阁就曾规定“外姓人不得入阁”。后来，黄宗羲成为第一个进入天一阁的外姓人。

袁枚在《黄生借书说》中感叹道：

> 子不闻藏书者乎？《七略》《四库》，天子之书，然天子读书者有几？汗牛塞屋，富贵家之书，然富贵人读书者有几？其他祖父积、子孙弃者无论焉。非独书为然，天下物皆然。

钱谦益可谓明清两朝名臣，其一生积累藏书万卷，建成绛云楼，但从不借人。后来失火，全部藏书化为乌有。

钱谦益和绛云楼其实是中国所有藏书家和藏书楼的缩影。

早在印刷术诞生之前，就有这样一个疯狂乃至病态的藏书家——梁元帝萧绎。

据《梁书》记载，萧绎“博总群书，下笔成章，出言为论，才辩敏速，冠绝一时”，“性不好声色，颇有高名”；他著书立说，收藏天下典籍达 14 万卷。承圣三年（554），西魏围城，萧绎尽毁所藏，“读书万卷，犹有今日，故焚之”。有人估计，至少有一半中国传世书籍因此被毁。

中国传统的线装书在很大程度上超越了书的实用功能，其本身就是文化秩序的化身。

中国传统坊本虽然纸墨粗糙，易损易折，但装订严谨，字体规范，版式装帧函套题签，有规有矩。

书不仅是为了阅读，它同时将中国传统精英的士大夫精神融于其中，体现了“文”的尊严。中国传统读书人是一种安身立命的身份认同概念，即所谓的“士大夫”或“文人”。

随着近代工业化的到来，这种文化共同体不可避免地走向解体。

公共图书馆

与中国的藏书楼发展类似，欧洲的图书馆也是在纸和印刷的推动下兴起的。因为书籍开始大量生产，就有人说，“在这个时代，书籍如此廉价，一个人每年只需要花费抽烟喝啤酒的钱就能买上一百本书”[1]。

伴随着文艺复兴、宗教改革和启蒙运动，中世纪掀起了一股世界性的图书馆风潮。

在启蒙运动中的知识分子们看来，图书馆是世界的完美镜像：每一本书都代表了世界某个片段的摹本和缩影，图书馆的书展现了人类知识的边界，一个图书馆就代表了整个世界，图书馆的分类也就是世界的分类。

书籍不是用来储存的，而是用来借阅的。

公共性是现代图书馆的最大特征，它不仅保持了传统图书馆的储存功能，而且更加偏重于知识的传播。面向大众的公共图书馆以阅读为中心功能，从而跳出了传统的知识特权与垄断，实现了书籍和知识的社会化和民主化。

1- [美] 斯图亚特·A. P. 默里：《图书馆：不落幕的智慧盛宴》，胡炜译，南方日报出版社 2012 年版，第 192 页。

1444年，佛罗伦萨的美第奇家族建造了一座“公共图书馆”——圣马可图书馆。尽管这里的“公共”一词并非指普通民众，图书馆也不过是教会、贵族和有权势的商人家族展示他们的社会角色、施展权势的舞台。

印刷时代普及了书，也普及了图书馆。

1753年，大英博物馆图书馆建立；1789年，法国国家图书馆建立；1850年，英国议会通过《公共图书馆法》。

中国古人说：“丈夫拥书万卷，何假南面百城？”从某种意义上说，美国就是一群热爱阅读的绅士创建的，杰弗逊、麦迪逊、亚当斯、富兰克林等无不爱书如命。

杰弗逊曾说：“无书做伴，生有何欢？”杰弗逊有一座藏书达6487册的私人图书馆，相比之下，创建于1800年的国会图书馆，直到被英军烧毁时也只有3000余册藏书。

1815年，美国国会以23950美元买下了杰弗逊图书馆；一个世纪之后，国会图书馆成为世界最大的图书馆。

早在1727年，印刷工出身的富兰克林就创办“共读会”，数年后发展为会员制的费城图书馆，美国收费图书馆也由此滥觞。这类图书馆提高了美国人的一般对话水平，使各行各业的工人和农民同其他国家的大多数绅士一样睿智，并可能在一定程度上对整个北美殖民地人民维护他们的权利做出贡献。

一个民主的社会需要受过教育且见多识广的公民来推动。对美国来说，现代民主的摇篮，非免费公共图书馆莫属。

“进入19世纪的美国，在它所有的地区都开始形成了一种以铅

纽约公共图书馆

字为基础的文化。在 1825 年至 1850 年之间，收费图书馆的数目翻了三番。那些专为劳动阶层开设的图书馆也开始出现，并成为提高文化教育程度的一种手段。1829 年，‘纽约学徒图书馆’有 1 万册藏书，曾有 1600 名学徒在此借书阅读。到 1851 年，这个图书馆已向 75 万人提供了服务。”[1]

从 1881 年开始，钢铁巨头卡耐基用自己 22% 的财产，捐建了 2509 座公共图书馆。他说，自己早年的经历让他决定，捐助社区公共图书馆，此外绝无更有效的方法，可以把财富用于帮助那些胸怀理想、有志向善的男孩女孩。在这个知识理想国里，无论等级、

1- [美] 尼尔·波兹曼：《娱乐至死》，章艳译，广西师范大学出版社 2004 年版，第 49 页。

官阶还是财富，都不构成门槛。

可以说，公共图书馆的发展直接推动了美国公费教育的兴起。在义务教育完善之前，社区公共图书馆成为穷人的孩子获取知识的主要渠道。

光绪二十八年（1902），富商徐树兰仿照西方图书馆模式建设的“古越藏书楼”，开创了中国公共图书馆的先例。徐树兰还制定了《古越藏书楼章程》，章程中写道：“不读古籍，无从考政治学术之沿革；不得今籍，无从借鉴变通之途径。”[22]张謇亲撰《古越藏书楼记》，盛赞徐氏“不以所藏私子孙，而推惠于乡人”。

此后不久，一批现代图书馆也相继成立，如湖南省图书馆、湖北省图书馆、福建省图书馆等。这场公共图书馆运动的高潮，是宣统元年（1909）兴建的京师图书馆。

当中国第一个国家图书馆正式开馆时，清朝已经结束，中国和图书馆一起进入了现代。

值得一提的是，这些现代图书馆与现代教育和现代大学基本上出现在同一时间，由官方组织和民间力量共同创建。虽然筚路蓝缕，惨淡经营，但知识与书籍毕竟第一次如此开放地走向社会和大众。

在早些时候，人们对图书馆这种新事物很好奇，称之为“公家书房”。“图书馆”一词作为日本汉语传入中国后，很快便取代了“公家书房”。[23]

现代印刷技术和出版制度让图书走向社会大众，这对中国人的思想来说如同一场洗礼。

中国传统文化深厚，关于现代文明的图书基本全靠翻译引进。与日本不同，早期被翻译为中文的西方图书几乎全部出自传教士之手，直到京师同文馆的出现，逐渐改变了这一局面。图书为中国打开了世界之窗和现代之门，19 世纪下半叶，引进译书已达 600 种，其中 400 种属于自然和科学，其余为历史和社科类。

同治三年（1864），丁韪良将《万国公法》翻译为汉语。在未来的一个多世纪里，源自欧美国际法的"权利（right）"[24]话语，营造出现代世界的"共同价值"。

百日维新催生了中国第一所大学——京师大学堂，曾担任同文馆总教习的传教士丁韪良被聘为京师大学堂的总教习，同文馆被合并为下属的译学馆。

严复担任京师大学堂译学馆总办期间，将亚当·斯密的《国富论》翻译成中文，当时译名为《原富》。这本《原富》出版后，很快就成为大学教科书，现代文明的浪潮似乎已势不可挡。

在中国近现代史中，商务印书馆具有标杆般的文化象征意义。

商务印书馆始建，由日本占一半股份并提供技工支持，在很短的时间里便迅速成为中国最大的现代印刷企业和出版商。在教育走向现代化的重要节点，由商务印书馆编辑出版的《最新教科书》，涵盖初小、高小和中学近百种教材，在 1903 年的印刷量达数百万之多。

《商务国语教科书》中一篇名为《地球》的课文写道："吾侪所居之地，圆而略扁，故名地球。人立高山之巅，远望海中来

商务印书馆印刷所

船，先见船桅，后见船身。其去时，船身先没，船桅后没。环游地球者，如向东而行，方向不变，久之，必回原处。此皆地圆之证也。”

1926年，商务印书馆将下属的“涵芬楼”更名为东方图书馆，以其50万册藏书成为当时中国最大的图书馆。

以此为契机，商务印书馆为推动中国的图书馆运动，编译出版了一系列普及性和专业性的丛书：“百科小丛书”包括四百余种图书；“汉译世界名著”丛书包括数百种图书；而雄心勃勃的“万有文库”涵盖一万多种图书，并设有“幼童文库”“小学生文库”和“大学生文库”。

《纽约时报》盛赞其“为苦难的中国提供书本，而非子弹”。

报纸的信息革命

有时候，历史会发生长时间的停滞。从谷登堡发明印刷机起，在之后 200 多年中始终没有多大变化，直到 17 世纪结束，一台机器每小时仍只能印刷 180 至 200 张纸；而此时欧洲的造纸技术，也还只能达到中国宋代的水平。

但印刷提升了欧洲对纸张的需求，随着纸的产量增长，纸更加廉价。再加上印刷书的普及，会读写的人越来越多，纸的使用越发普遍。

工业革命时期，法国人罗伯特发明了一种高效的造纸机器，它不需要任何人工协助，完全依靠机械就可以制造超大面积的纸张。[25] 手工造纸的历史走向终结，从蔡伦时代就领先世界的中国纸，逐渐被大量生产的机器纸取代。

与此同时，铅字压铸实现了工业化生产；谷登堡印刷机从木制手扳改为铁制滚筒，并由蒸汽动力驱动。这实际上实现了真正的机械化印刷，每小时可印 400 张，印刷效率提高了 1 倍。

作为一位与马克思齐名的德国思想家，马克斯·韦伯对中国历史文化有着深刻的研究，正是他奠基了现代社会学。

韦伯说，印刷术的成品曾见于中国，但只有在西方，才发展出一种单只设想成为印刷品，而且也只有通过印刷才有可能存活的文书，亦即“刊物”，尤其是“报纸”。[1]

作为一种典型的印刷品，报纸完全是印刷的产物。

在18世纪的英国棉纺工业中，印花布率先使用了滚筒。1814年，科尼格尝试用滚筒印刷书报。1846年，费城建造了第一台轮转印刷机，随后掀起一场世界范围内的印刷革命，大大促进了报纸时代的来临。

当印刷效率达到一定程度时，报纸就产生了类似爆炸的规模效应，从而区别于其他弱时间性的印刷品。

最早面向大众的报纸，可以追溯到古罗马时代的《每日纪事》[26]，它每天被张贴在罗马公共广场的公告板上，任何人都可以抄录、阅读，内容包括政治辩论的简要总结、新法律的提案、出生和死亡通告、公共节日的日期，以及其他的官方新闻。此外，它还有难以计数的副本，以莎草纸传抄的形式在人群中流传甚广。[2]

现代意义上的报纸，诞生于启蒙运动和工业革命时期。换句话说，报纸无疑是城市的标准产物。

因为报纸这种新媒介，“新闻”诞生了。

在报纸出现之前，“消息”只能靠人口口相传。语言与文字的差异造成了“三人成虎”的困局，而真实性一旦失去，新闻也就不

1- 可参阅［德］马克斯·韦伯：《新教伦理与资本主义精神》，康乐、简惠美译，广西师范大学出版社2007，前言第3页。

2-［美］汤姆·斯丹迪奇：《从莎草纸到互联网：社交媒体2000年》，林华译，中信出版社2015年版，第42～44页。

存在了。

新闻的出现不仅是文字的创新，也是历史的创新；今天的新闻就是明天的历史，今天的历史其实也是昨天的新闻。从某种程度上说，新闻和历史是同构的，真实是他们共同的生命。

新闻业的诞生为人们创造了一个真正意义上的公共空间。每一位公民都可以在这里“发声”，并以此来享受获得信息的权利。与承载知识的书籍相比，贩运信息的报纸更具有媒介性和传播性。如果说书籍的出现是一场知识革命，那么报纸的出现就是一场信息革命，标志着大众文化的全面来临。

报纸弱化了文字的文学性，以简洁精练和浅阅读实现了信息的最高效传输，改变了自古以来的信息匮乏。大众化的新闻纸为人类社会铺就了一条通向现代文明的阳关大道。在某种意义上，其巨大的革命性只有后来的互联网才可以与之相提并论。

大众文化出现的时代，由于有了电报、蒸汽船和大洋海底电缆，信息流通极其迅速，消除文盲成为社会需要，所谓的流行廉价报刊赢得压倒多数的读者的拥护，文化工业实现了巨大进步，于是大众文化便涌入了全球大部分国家。[1]

在传统时代，一个人要成名，要么有伟大的历史贡献，要么有出众的才华或德行。如今，一个人之所以出名，可能仅仅是因为他（她）与众不同。一夜成名变成现代社会的家常便饭。

在 18 世纪欧洲社会形成的“名人”与“名流”机制，与当时

1- 韩琦、[意]米盖拉：《中国和欧洲：印刷术与书籍史》，商务印书馆 2008 年版，第 232 页。

的“媒介革命”有直接关系，这是一种现代文化建构的产物。报纸时代的大众不同于以前的群众，“读者的国度”形成一种“想象的共同体”。此外，报纸使私人生活进入“去道德化”的公共视野，在阅读层面激发了公众的“窥视欲”，因此，妓女也可能像国王一样成为“名人”。

当伏尔泰成为名人后，几乎全巴黎的人都在谈论他，但没有人关心他的启蒙思想。就连伏尔泰自己也意识到，人们对他作品的关注越来越少，却对他的私人逸事兴致盎然。一幅展现伏尔泰早晨起床穿裤子的新闻画在大众消费市场上被不断复制和传播。

另一位启蒙思想家卢梭，似乎成了史上第一位“因不想出名而出名”的名流。为了对抗“被一群不认识他的人谈论”，卢梭奋笔疾书写作了《忏悔录》，他希望借助书来超越大众时代。

拿破仑非常擅长利用报纸来制造名声，建立个人崇拜。即使在滑铁卢战役后被流放圣赫勒拿岛，这位“媒体将军”依然声名远扬，就连夏威夷群岛的公鸡、马与牛都被取名为“拿破仑”。

1702 年，伦敦发行了第一份报纸，此后 80 年间，英格兰 37 座城镇都有了地方性的报纸。当时一台印刷机一天仍只能印 2000 份报纸，这使其影响很有限。

法国的启蒙思想家们对报纸深不以为然。在伏尔泰看来，报纸无非是“一些鸡毛蒜皮的琐事的记叙”。但英国的情形则完全不同，随着专业记者的出现，报纸已经对政治生态产生明显的影响，这是因为新兴资产阶级对新闻和表达具有极其强烈的需求。

18 世纪初，英国一年仅能售出 250 万份报纸，但到世纪末时，

每天看报成为资本主义社会早期中产阶级生活的一部分

每年的报纸销量已经达到1700万份。其中最后十年的增长速度最为迅猛，仅1792年和1793年两年时间就增加了300万份。

在日新月异的19世纪，英国人又一次见证了报纸销量的突飞猛进。

首先，纸的产量从1800年的1万吨增加到1900年的65万吨，价格从每磅1先令6便士下降到1便士。到19世纪末，随着城市文盲率的下降以及广告业和电报业的发展，报纸已经不再只是精英的奶酪，而成为普罗大众饭桌上的茶点。报纸的发行量从过去的几千份猛增到十几万、几十万乃至上百万份，读者群体包括各个阶层，从达官贵人、士绅商贾到丫鬟主妇、贩夫走卒。

及至1844年，英国国内发行、售卖的报纸有将近5500万种。由于公司里会读报，阅览室里也可以借阅报纸，因此报纸的实际阅读量比它的流通量大得多。据估计，在19世纪20年代，平均每份伦敦报纸有30个人读过。[1]

为了控制报纸的影响，英国政府出台了严苛的制度和法律，甚至推出针对报纸的“知识税”。从1712年到1815年，知识税增长了7倍，一份报纸卖7便士，税收占4便士。

因此在18世纪初的英国，报纸完全是精英化的，因为只有少数人买得起。当时的《快讯报》有10000个订户，《泰晤士报》只有5000个订户。

由于知识税按页数计税，这使得报纸在页数不变的前提下，逐渐走向大开本，从而与其他印刷品区分开来。

1- [美] 詹姆斯·弗农:《远方的陌生人：英国是如何成为现代国家的》，张祝馨译，商务印书馆2017年版，第123页。

第四种权力

18 世纪的英国正值在全世界开疆拓土的高峰期。当时，美洲殖民地已经发展得蔚为壮观，英国本土对殖民地的分离倾向非常警惕。相比于对本土的报纸管控，英国政府对北美殖民地的印刷和出版控制得更加严厉。

1733 年，印刷商人约翰·曾格在《纽约周报》上刊文抨击新上任的英国总督腐败与傲慢，舆论大哗，曾格被控煽动诽谤罪，报纸被当众焚毁。但不管怎么说，英国已经实现了法治文明，在很多时候，法律常常要高于政治。在这场改写历史的审判中，著名律师汉密尔顿进行了精彩的辩护，曾格最后被无罪释放。

此案的意义在于，它为美国确立了新闻自由的原则。[27] 到独立战争时，37 家本土报纸为美国的诞生提供了不遗余力的道义支持。

当《独立宣言》在 7 月 4 日被投票通过后，这份被议会正式批准的文本很快交给了印刷商约翰·邓拉普，他连夜印制了大约 200 份单面印刷的大报，这些大报立即通过邮路快马送往其他十二个殖民地。差不多一个月后，根据该印刷版誊录的、有着漂亮笔迹的羊皮纸版本就制作出来并得以签署。在此之前，7 月 6 日，《宾夕法尼亚晚邮报》头版刊登了《独立宣言》；7月10日，玛丽·凯瑟琳·戈达德在《马里兰日报》同样如此，其他许多报纸也紧随其后。正是通过印刷的新闻报纸和大报的形式，美利坚合众国最早宣告了它从英格兰独立出来。[1]

事实上，针对殖民地的《印花税法》提高了纸张成本，这直接伤害了整个北美殖民地的印刷业，而大多数报纸都是印刷商投资主办的。比如印刷厂主富兰克林就办了《宾夕法尼亚报》，甚至他本人还担任主编。因此，《印花税法》直接将殖民地的报纸变成了英国的敌人。

直到19世纪中期，破布始终是制约造纸和印刷的主要瓶颈。1860年，新的造纸工艺出现，来源广泛的木材、麦秆、稻草取代了有限的破布，才打破了印刷原材料的制约。而且这种新型纸更加挺括厚重，非常适用于印刷机，特别是双面印刷。

与此同时，更高效快速的轮转印刷机问世，印刷机本身也实现了工业化大量生产，印刷术至此得到最彻底的解放。

1814年11月19日的《泰晤士报》上写道："今天，本报将印刷术发明以来最伟大的进步展现给世界，1100多张报纸，在一个小时内全部印完。"到1848年，英国的《泰晤士报》每小时能印8000张，而当时美国最先进的印刷机，每小时可印刷2万张。

因为有自动送纸与裁纸装置，宽幅印刷机甚至可以将24版

1-［美］马丁·普克纳：《文字的力量：文字如何塑造人类、文明和世界历史》，陈芳代译，中信出版社2019年版，第284页。

1901年的纽约邮报大楼

的报纸一次印成。同一时期问世的铅字铸造机每分钟就可以生产1000个字，使用机械排字机每小时可以排列6000个字符。

随着照相排字机的出现，谷登堡发明的金属活字在400年后终于完成使命，传统的凸版印刷不可逆转地被平版印刷取代。

1876年的费城世博会特设了一个报纸展览馆。作为世界上最大的“读者之国”，仅仅一百年时间，美国的报刊总数就从37种发展到8129种，比世界其他国家的报刊总和还多。

世博会现场展示了一台新式轮转印刷机，高约 6 米，长约 12 米，每小时能印刷 5 万份厚达 16 页的报纸，并叠放整齐。这比五十年前的印刷速度提升了将近 300 倍。

工业进步在实现纸和印刷大众化的同时，也实现了信息和民主的大众化。

当广告成为报纸的主要收入来源时，读者变成了被动的信息消费者和受众。读者与写作者之间的鸿沟加大。资本兼并催生了报业巨头，资本主义用“廉价报纸”创造了人类历史上第一个大众传播时代。

在这个“机械复制时代”，“由于印刷越来越发达，不断把各种各样新的政治的、宗教的、科学的、专业的，以及地方的报刊推到读者眼前，越来越多的读者变成了作者——起先只是偶尔写写的作者”[1]。

美国革命与报纸的介入密不可分。杰弗逊当年曾说：“如果让我来决定，是要没有报纸的政府，还是要没有政府的报纸，我会毫不犹豫地选择后者。”

许多历史学家和社会学家都认为，报纸作为第一种现代化的大众媒介，实现了社会整合，使现代文化的阳光普照大地，帮助美国从移民集合变成统一国家。

1- [德] 瓦尔特·本雅明：《机械复制时代的艺术作品》，转引自 [德] 汉娜·阿仑特：《启迪：本雅明文选》，张旭东、王斑译，生活·读书·新知三联书店 2008 年版，第 251 页。

报纸从诞生之日起，就以其言论喉舌扮演着不容忽视的“第四种力量”，“报纸应该成为善良和美德的同义词”。报纸塑造了一个舆论化的社会。

托克维尔认为，“报刊是保护自由的最佳民主手段”，“在我们这个时代，公民只有一个手段可以保护自己不受迫害，这就是向全国呼吁，如果国人充耳不闻，则向全人类呼吁。他们用来进行呼吁的唯一手段就是报刊”[1]。爱默生赞叹道，在英国，没有一种力量比《泰晤士报》更令人感到它的存在，更令人畏惧和服从。

在小说《幻灭》中，巴尔扎克借小说人物费诺之口说：“报纸的影响和势力现在才不过刚刚开始，新闻还没有脱离童年时代，慢慢会长大的，十年之内样样要受广告统治。”[2]

报纸虽然使精英文化走向大众，但并不能完全弥合精英与大众之间的分歧。正如印刷纸书的出现让手抄羊皮卷的拥有者愤怒，报纸的泛滥也让“读书人”愤怒。

对于编书狂人狄德罗来说，报纸在他眼里根本毫无地位可言。他在《百科全书》中，对“报纸”的介绍充满鄙夷之情——所有的报纸都是无知者的精神食粮，是那些想不通过阅读来判断的人的对策，是劳动者的祸害和他们所厌恶的东西。这些报纸从来没有刊登一句杰出人物所说的话，也不阻止一部劣等作者的作品。

相比书的厚重、系统和弱时间性而言，报纸比较单薄和碎片

1-［法］托克维尔：《论美国的民主》，董果良译，商务印书馆 1988 年版，第 875 ~ 876 页。

2-［法］巴尔扎克：《幻灭》，傅雷译，人民文学出版社 1978 年版，序第 12 页。

化，具有强烈的时效性，只适合浅阅读和资讯娱乐。

斯宾格勒认为，书籍是个人的，而报纸是大众的，报纸将读者变成被蛊惑被利用的士兵和奴隶，报纸将书籍从人们的精神生活中排挤出去，“书的世界及其使人不能不用心去加以选择和批评的形形色色的观点，现在只有极少数的人才能真正占有了”[1]。

1-［德］奥斯瓦尔德·斯宾格勒：《西方的没落》，张兰平译，陕西师范大学出版社2008年版，第308页。

马礼逊

历史往往是被一些不经意的细节改变的。虽然纸张与印刷最早出现在中国，但真正被发扬光大却是在欧洲。

进入19世纪，造纸术和印刷术再次回到中国，从西方造纸技术到西方石印、油印、铅印技术，一场由技术和观念引发的波澜壮阔的现代文化革新，彻底改写了中国传统社会的既有格局。

1619年（明万历四十七年），耶稣会士金尼阁从欧洲带着7000部印刷书来到澳门；由于历史原因，这些书最后进入中国者仅十之一二，只有极个别被译为汉语。

两个世纪之后，新教传教士马礼逊第一次将《圣经》译成汉语。此外，他还编撰了第一本《华英字典》，创办了第一份中文报刊，他也是对汉字进行现代铅字印刷的第一人。

古老的汉字正是在这批“洋人”的努力下，第一次走上了机械化印刷的道路。在此前一个世纪，一位名叫刘亚匾的中国人因为教外国人学习汉字，而被清政府处死。

马礼逊去世后，麦都思在上海创办了专门印刷和出版书籍的机构——墨海书馆。曾在墨海书馆工作过的报人王韬回忆初去书馆的情景：

> 时西士麦都思主持“墨海书馆”，以活字板机器印书，竟谓创见。余特往访之……后导观印书。车床以牛曳之，车轴旋转如飞，云一日可印数千番，诚巧而捷矣。书楼俱以玻璃作窗牖，光明无纤翳，洵属琉璃世界。字架东西排列，位置悉依字典，不容紊乱分毫。[1]

马礼逊出生于澳大利亚，喜欢一个人旅行，他来到中国后，几乎走遍了所有省份。在这个陌生的国度，马礼逊单身一人，甚至没有携带武器，他只会一点儿中国话，但所到之处，却受到人们的热情接待。这让他逐渐摒弃了之前的成见，对中国人表现出无限的同情和感激。

自1897年起，马礼逊出任伦敦《泰晤士报》首任驻华记者。出于对中国文化的热爱，马礼逊开始系统地收集有关中国的西文书籍，并建立了一个专门的图书馆。因为马礼逊图书馆，王府井大街又被西方人称为马礼逊大街。

斯宾格勒说，宗教是一个有活力的人在征服、制约、否定和破坏存在时的觉醒概念。中国并没有严格意义上的宗教传统，也没有宗教战争，但马礼逊如同当年的谷登堡，同样引发了一场革命。

作为马礼逊的助手和第一位华人牧师，梁发编写的新教小册子《劝世良言》让落魄秀才洪秀全如获至宝，“拜上帝会”和太平天国运动由此发端。[28]

1- 王韬：《弢园老民自传》，江苏人民出版社1999年版，第26页。

在温州的英国传教士苏慧廉，用拉丁字母编制了温州方言拼音文字，并将《圣经》翻译为温州方言；他翻译的《论语》英文译本被印刷了三十多版。

面对数量巨大的汉字和浩如烟海的古籍，活字铅印在短时期内并未发挥作用，反倒是石印术恰逢其时。这种无须雕版却能保持古籍原版的快速影印技术风靡一时。“以西法石印留真，流传古籍，一无讹误。商利既厚，教学尤便。因集股购机械以为之。”[1]

因为制版成本低，石印书一改中国传统印刷书品种的局限，上自二十四史、《古今图书集成》《全唐诗》，下至士子应试、干禄之所需，凡数万种，尤其是汗牛充栋的大部头著作和罕见珍本，以其丰富的内容和低廉的价格，极大地促进了书籍的普及。

值得一提的是，虽然石印设备并不复杂，但基本进口自英国和法国，甚至连石板也不例外。

洋务运动期间，传教士丁韪良、艾约瑟等人在北京创办了一份期刊，即《中西闻见录》，致力于推介西方科技。[29]印刷机械化使书的形式和内容都悄然改变，传统的手工线装书逐渐被钉装和胶装取代。

大航海时期的西班牙流传着这样一句名言：“语言从来都是帝国的最佳伴侣。”

1- 刘善龄：《西洋风：西洋发明在中国》，上海古籍出版社 1999 年版，第 128 ~ 129 页。

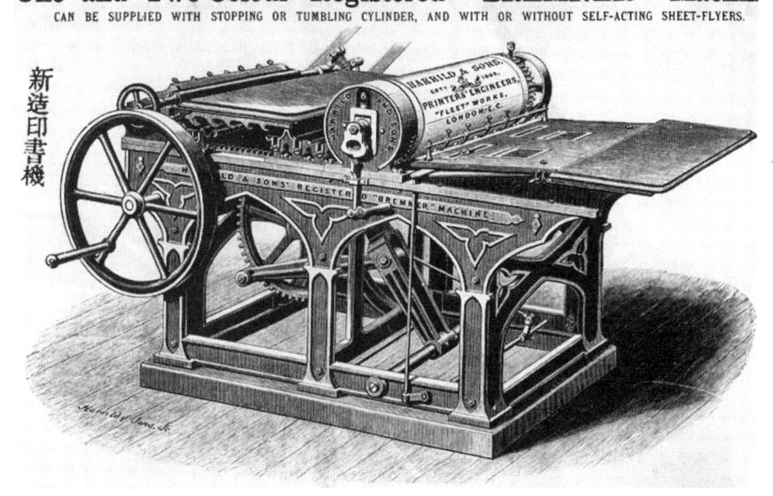

《中西闻见录》中专门介绍了所用之印刷机

康熙二十八年（1689），清朝与俄国签订《中俄尼布楚条约》，所用文字为拉丁文、俄文和满文，唯独没有中文；咸丰八年（1858），清朝与俄国签订《瑷珲条约》，所用文字为俄文、蒙文和满文，依然没有中文；到了宣统三年（1911），清朝与俄国签订《满洲里界约》时，所用文字为俄文和中文，没有拉丁文，没有蒙文，也没有满文。

从文字这一细节上看，中国历史翻开了走向现代文明的新篇章。

苏报案

1872年，英国人美查以西方石印技术大量翻印中国古籍，中国第一次走出了印刷品短缺和匮乏的时代。同时，他还创办了中国第一份日报——《申报》。

清朝末期，面对时代危局，担任清廷驻美公使的伍廷芳认为，外援不足恃，密约不足凭，要从根本上变革，首先就是引进报纸和议会——

> 古者国有大谋，询及士庶，春秋时陈迫于吴楚，犹朝国人而问焉。盖舆论所在，公论自出也。西法议院与报馆相为表里，政有不便，报馆引其端，议院即为伸其绪，故上畏清议而下无隐情。相应请旨，通饬督抚，于所属郡县，次第扩充，广开报馆，风声所播，民智自开。公理在人心，公议在天下，则强邻环伺，可以豫伐其谋；敌兵要求，可以籍却其请。[1]

在印刷技术的推动下，现代报纸如雨后春笋般从无到有，迅速

1- 国家档案局明清档案馆编：《戊戌变法档案史料》，中华书局1958年版，第37～38页。

成为中国城市的现代文化象征。一篇《中国报纸进化小史》写道：

> 洎乎宣统，内地府县，并有地方报纸之刊，已骎骎焉自披露新闻而入于宣传民意之时期矣。武汉首义，全国响应，报纸之传播，不为无功，一时民气发言，政党各派，竞言办报。北京首都，骤增至二十余家，上海一隅，亦有十余家。新闻事业，遂如怒潮奔腾，一日千里。不仅通商大埠，报馆林立，即内地小邑，亦各有地方报一二种。[1]

报纸在中国的出现，开始改变人们的日常生活。这对于一个喜欢向后看的社会来说，令人眼花缭乱的新消息，带来很大的观念冲击。

随着电报向民间开放，新闻更加广泛和快捷。发生在南方边陲的中法战争，不仅激发了公众对新闻的欲望，也让报纸成为酒楼茶肆的公共话题；原本只属于庙堂和宫廷的政治外交话题突然之间进入民间，舆论的力量就此形成。一些守旧的大臣抱怨，一份报纸怎敢“妄议”朝廷大事。

光绪末年开放报禁，全国各地创办各类报刊达302种，仅上海就有66家报刊，出版刊物达239种；著名的有上海的《申报》《时报》，天津的《大公报》，北京的《中外纪闻》和香港的《华字日

1- 秦理斋：《中国报纸进化小史》，载申报馆编《最近之五十年——申报馆五十周年纪念刊》第三编，上海书店出版社2015年版，第23～24页。

清末时期的上海报纸印刷厂

报》等。[1]这些独立的现代媒体不遗余力地鼓吹民生、民智、民权和自由思想，推动中国成为现代世界的一部分。

1896年《苏报》创刊于上海，1900年陈范接办后倾向社会改良。1903年，《苏报》聘请章士钊、章太炎、蔡元培为主笔和撰稿人，报道了各地学生的爱国运动，刊登了许多宣传革命的文章，尤其是介绍刊发邹容的《革命军》和章太炎的《驳康有为论革命书》，震动朝野，为清政府所不容。清政府对租界施压引渡，将

1- 可参阅［加］季家珍：《印刷与政治：〈时报〉与晚清中国的改革文化》，王樊一婧译，广西师范大学出版社2015年版。

章、邹逮捕判刑，《苏报》被封，邹容死于狱中，章太炎于两年后刑满释放。是为“苏报案”。

1909年，于右任在上海创办了《民呼日报》，被禁后再创《民吁日报》，不久又被租界当局查禁，“机器不准再作印刷报纸之用”。不久，于右任又筹集资本办起《民立报》。1911年5月4日发表的《资本家》短评写道：

> 今日之世界，金钱之所弥缝；今日之风云，资本家之所卷舒也。设吾资本家日渐衰落，不足以支配此四百兆之众，则贤而勤者，终身奴隶以谋某生，愚而惰者，直沟瘠而已。是虽他族不割宰我，我已为肉登于俎，鱼游于釜矣。资本家之关乎于国势，顾不重欤？[1]

事实上，在此之前，中国的《京报》已经存在了几个世纪，不过它其实更接近于传单。[30]

作为当时主要的两种印刷品，历书和《京报》如同朝廷手中的发动机，对朝廷的运行起了极其重要的作用——

> 通过发行历书，时刻提醒人们奉行一些迷信活动，对这些活动，朝廷显然是着意鼓励的。《京报》则是有力的宣传工具，向帝国的各个角落传播当今君主慈父般的大仁大德，大

1- 转引自王洪祥编著：《中国（古近代）新闻史》，郑州大学新闻系教材，1986年版，第193页。

力颂扬他不仅因朝廷官员做错事对他们进行惩罚，还因他们玩忽职守而进行惩罚。[1]

《京报》本是民间印行的，却起着“官方”通讯的作用，加上民间的《申报》《苏报》，“报纸”的概念已经发生了革命性的改变。

梁启超有言：“报馆有两大天职：一曰，对于政府而为其监督者；二曰，对于国民而为其向导者是也……著书者，规久远明全义者也。报馆者，救一时明一义者也。”[2]从一定意义上来说，正是这些新兴媒体，使康梁维新和孙文革命能够在世纪变局中一呼百应。

1931 年，《大公报》在发行量超万的专号纪念辞中写道：“近代中国改革之先驱者，为报纸……近代国家，报纸负重要使命，而在改革过渡时代之国家为尤重。”[3]其实早在 1919 年，《申报》的发行量就已经从创刊时的 600 份发展到 3 万份。

与大众化的报纸相比，类似小册子的杂志更加受精英阶层和知识分子的青睐。吕思勉先生在《三十年来之出版界（一八九四—

1- ［英］约翰·巴罗：《我看乾隆盛世》，李国庆、欧阳少春译，北京图书馆出版社 2007 年版，第 283 页。

2- 梁启超：《敬告我同业诸君》，转引自张静庐辑注：《中国出版史料补编》，中华书局 1957 年版，第 165 ~ 167 页。

3- 张季鸾：《大公报一万号纪念辞》，转引自王芝琛、刘自立：《1949 年以前的大公报》，山东画报出版社 2002 年版，第 1 ~ 4 页。

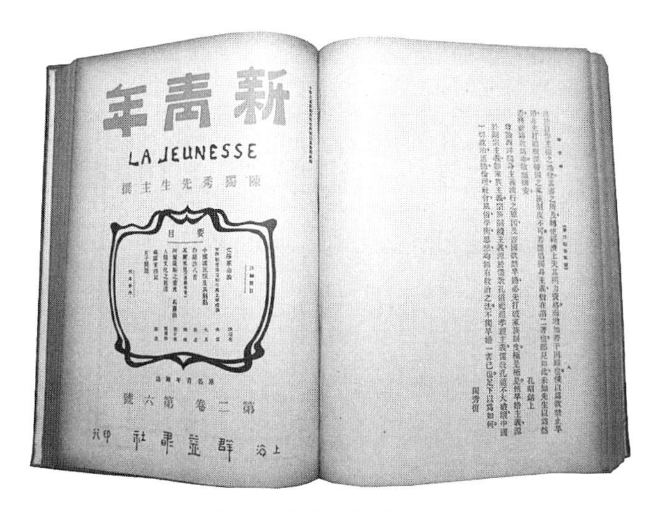
新青年

LA JEUNESSE

陳獨秀先生主撰

原名青年雜誌

第二卷第六號

上海群益書社印行

《新青年》对中国新兴知识分子产生了强烈的思想冲击

一九二三）》中就承认：“三十年来动撼社会之力，必推杂志为最巨。”[1]

新媒体带来新思想，象征现代思想启蒙的五四运动应运而生。这其中，《新青年》[31]高举民主与科学（即德先生与赛先生）的大旗，直接影响了现代中国的政治走向，成为新文化运动兴起的标志。

在《新青年》的创刊词中，陈独秀对中国的青年一代提出了六点要求：自主的而非奴隶的；进步的而非保守的；进取的而非退隐的；世界的而非锁国的；实利的而非虚文的；科学的而非想象的。

1919 年 5 月，《新青年》出版了“马克思主义专号”，宣告马

1- 吕思勉：《吕思勉论学丛稿》，上海古籍出版社 2006 年版，第 287 页。

克思主义正式进入中国。1920年3月,《新青年》刊登苏俄政府的《告中国人民和南北政府宣言》译文。同年,在“共产国际”[32]的资助下,《共产党宣言》中文译本问世。

在风起云涌的20世纪二三十年代,在刚刚兴起的城市中,蜡版手写油印机和传单掀起了一场接一场的群众运动。

新文化运动

1900年（清光绪二十六年）八国联军侵华后，有感于几乎亡国的惨剧，社会各界有识之士纷纷组织阅报社、宣讲所、演说会，发起戏曲改良运动，推广识字运动和普及教育，创办白话报刊，展开了一场史无前例的民众启蒙运动。在这场运动中，诞生了北京第一份画报——《启蒙画报》。

作为中国启蒙运动的最高潮，五四运动无疑是印刷繁荣和出版自由带来的，这代表着中国从思想和观念上走向现代化的真正起步，甚至有历史学家将中国的五四运动与欧洲的文艺复兴和启蒙运动进行类比。

五四运动中很值得一提的，是推动汉语改革的新文化运动。思想变革是一切变革的先导和基础，如果没有新文化运动，那么中国的现代化不过是水月镜花。在“五四”以前，鼓吹新文化运动的期刊只有《新青年》《每周评论》《新潮》等少数几种。“五四”后的一年中，新出版品种骤然增至四百余种之多。

梁启超和胡适都是中国现代启蒙运动中承上启下的标志性人物。胡适称，从文言文到白话文，这一转变简直与西洋思想史上把地球中心说转向太阳中心说的哥白尼的思想革命一样。

《新青年》从第4卷（1918年1月）起，改为白话文和新式标点，白话文运动由此滥觞。

1920 年 1 月 12 日，北京政府教育部宣布废止文言文教科书，由此出现了新式教科书的出版高潮。吴稚晖曾说："古书是无价值的糟粕，应该把它们从学生手上扔到茅坑里去！"[1]

口语化的白话文取代古老的文言文成为通用书面语，这一方面使汉语文字更普及与通俗化，另一方面也削弱了汉语表达的丰富与精确。尽管一些古汉语以成语的形式得到保留，但除了 3000 多个常用字，90% 以上的汉字遭到废弃。在"拿来主义"的狂热中，甚至一度兴起"扔掉线装书"、废除汉字的字母化运动。

从世界范围来看，文言文和拉丁文的终结都是文化世俗化的结果，新的语言体现的是新的逻辑和思维方式。用白话文取代文言文，不仅是一次语体形式的革命，而且是一次新语义系统的创造过程，其目的在于适应变迁了的现代社会心态，以及满足与外部世界交流的需要。[33]

事实上，取消科举制度本身，就已经宣告长达两千多年的儒家时代走向变革。

1905 年，清朝废除科举；民国建立后，新学堂勃兴，各种公办和私立学校全面取代私塾，延续数千年的"终日咿唔，不求解悟"的教授方式被勒令中止。

新文化运动之后，学校体制进一步改变，口语吟诵走向没落，

1- 吴稚晖：《科学周报编辑话》，转引自［英］格里德尔：《知识分子与现代中国：他们与国家关系的历史叙述》，单正平译，广西师范大学出版社 2010 年版，第 227 页。

书面语默读成为新潮流，一个普及了识字、阅读的社会逐渐兴起。

“一旦现代化进程开始——即一旦一个醉心现代化的知识分子核心在政治舞台上出现，要阻止或逆转这一进程，即便不是不可能的，也是十分困难的。”[1] 五四运动更大的意义，在于现代知识分子群体的崛起，他们已经完全不同于儒家文化熏陶下的传统士大夫。[34]

在中国传统的四民社会中，官吏（“大夫”）来源于“士”。废除科举造成近代中国社会结构的剧变：作为四民之首的“士”走向没落，出现了新式“知识分子”这一社会群体。士与知识分子的一个根本区别就是政治权利，参政与议政。士集道统与政统于一身，以“社会的良心”主导政治，而知识分子则困守书斋，与社会疏离，在政治上被边缘化。

科举废除，民国既立，缺乏相应的官吏选拔机制。一时间，斯文扫地，政治混乱，官场腐烂，国无重心，军阀、商人、乡绅、流氓、投机者等原先的社会边缘群体纷纷崛起，中国社会出现剧烈的动荡与不安。

太平天国时期，西方世界已经借助电报和报纸构建起一个影响巨大的传媒网络，特别是马克思，对这场“中国革命”格外关注。而当时的中国既没有报纸，也没有邮局，以至于北京城里养尊处优的很多清朝显贵竟对南方的战乱一无所知，更不知曾国藩和洪秀全

1- [美] 塞缪尔·P. 亨廷顿：《变化社会中的政治秩序》，王冠华、刘为等译，上海人民出版社 2008 年版，第 171 页。

陝北軍事形勢轉變
劉子丹徐海東有合股勢
東西南三路援軍開陝北
太原召開晉西防共會議

張學良
即赴陝北
陝軍事佈置就緒
綏蒙商聯防辦法

西京日報

陝北殘匪
匪首劉子丹已擊

圍勦陝北共匪
晉綏陝甘寧將聯合夾擊

劉匪子丹已伏誅
朱徐殘匪即可殲滅

《大公报》《西京日报》等报纸上有关陕北红军的消息
（图片来自延安革命纪念馆）

是何许人也。[35]

70多年后，中央红军突破重重“围剿”，在甘肃岷县哈达铺镇的邮局意外得到不少报纸，如1935年7月23日《大公报》载阎锡山的报告说：陕北共产党“甚为猖獗，全陕北二十三县几无一县非赤化，完全赤化者有八县，半赤化者十余县……”。红军因此明确了长征的目的地而奔赴陕北，中国历史就这样被几张报纸所改写。[36]

在20世纪30年代，希特勒的《我的奋斗》在世界范围内掀起一场法西斯狂潮。[37]1943年，蒋介石出版了《中国之命运》，这本由他人代笔的小册子，采用当时最好的纸，以极低的价格，在识字率只有10%左右的中国狂卖了100多万册。

在书中，蒋对现代资本主义和自由主义思潮提出强烈的批判，认为：长此以往，中国国民对于西洋的文化，由恐惧而屈服；对于固有文化，由自大而自卑；屈服转为笃信，极其所至，自认为某一外国学说的忠实信徒；自卑转为自艾，极其所至，忍心侮蔑我们中国固有文化的遗产；云云。正在重庆的费正清发现，书中谬误多多。

闻一多指出，《中国之命运》是公开向五四精神宣战。陕北的共产党称，“这是一本对中国人民的宣战书”。1944年5月17日，《新华日报》发表了一篇名为《民主即科学》的评论，对蒋书的观点予以反驳：

> 科学为求真理，而真理是不分国界的。只能有在某国发展起来的科学，却没有只适用于某国的科学。外国的水是氢二氧一，中国的水也还是氢二氧一；外国的大炮是那样造成的，中国的大炮也同样是那样造成的；外国在“声光化电”之学上已经研究出了许多道理，这些道理移到中国来也还是有用。——既然外国已经先发展了这些科学，而中国还没有，那就没有办法，只好“用夷变夏”一下，从头学起来。
>
> …………
>
> 民主制度比不民主制度更好，这和机器工业比手工业生

产更好一样，在外国如此，在中国也如此。而且也只能有在某国发展起来的民主，却没有只适用于某国的民主。有人说：中国虽然要民主，但中国的民主有点特别，是不给人民以自由的。这种说法的荒谬，也和说太阳历只适用外国、中国人只能用阴历一样。[1]

1-《民主即科学》，载《新华日报》1944年5月17日。

注 释

引 言

[1]《上帝也疯狂》(*The Gods Must Be Crazy*)，南非 Mimosa 公司制作，拍摄于1980年。

[2] 西德尼·史密斯(1771—1845)，作家，英国国教牧师，《爱丁堡评论》创办者。

[3] 先秦时期的《尸子》中说："四方上下曰宇，往古来今曰宙。""宇"指的是所有空间，"宙"指的是所有时间。

[4] 1871年，泰勒在《原始文化》一书中，对"文化"下了一个定义："文化是一个复杂的复合体，包括知识、信仰、艺术、道德、法律、风俗，以及人类在社会生活中所得到的一切能力与习惯。"中文中的"文化"一词，可以追溯到《周易》中"观乎天文，以察时变，观乎人文，以化成天下"。西汉刘向《说苑》中说："圣人之治天下也，先文德而后武力。凡武之兴，为不服也。文化不改，然后加诛。"

[5] 荣格(1875—1961)，瑞士心理学家，著有《人及其象征》《寻求灵魂的现代人》等。

第一章

[1] 奥维德(前43—约17)，古罗马诗人，代表作有《变形记》《爱的艺术》《爱情三论》。

[2] 霍金在《时间简史》中，以宇宙的历史替换了时间的历史，宇宙是一种空间概念，也就是以空间的历史取代了时间的历史。这在某种意义上是一个物理学家眼中的时间，而不是历史学家和社会学家眼中的时间。对于缺乏相应物理知识的人来说，读霍金的《时间简史》无疑有点儿不知所云。

[3] 奥古斯丁（354—430），古罗马帝国时期天主教思想家，著有《忏悔录》《论三位一体》《上帝之城》《论自由意志》等。

[4] 这里可以参考下社会学家对时间的定义：时间是对于人们想要确定位置、间隔的长度、变化的速度，并且采取与这一时间流平行的视角来看待他们自己的方位这一事实的表达。按照这种观点，在不同的社会发展状态下，时间作为一种社会建构，一种用于定位的符号手段，得到了截然不同的构想，它被行为、社会习惯和人际互动所巩固，并形成体制。这就是社会中存在着不同时间观念的原因，它们随着现在这一时间段对社会集合体所提出的要求的变化而变化。（[奥] 赫尔嘉·诺沃特尼：《时间：现代与后现代经验》，金梦兰、张网成译，北京师范大学出版社 2011 年版）

[5]《庄子·逍遥游》曰："上古有大椿者，以八千岁为春，八千岁为秋。此大年也。"

[6] 另说一劫相当于大梵天之一白昼，或一千时（梵语 yuga），即人间四十三亿二千万年。

[7] 在世界各个古代文明中，印度文明是最缺乏历史感的，这一点与中国重历史的传统截然相反。日本历史学家冈田英弘甚至说，印度是"没有历史的文明"。印度人相信他们的功业都是过眼云烟，因此很少做什么记录。

[8] 由于阴历闰月的设置，使得月份无法准确地反映季节，故此创立二十四节气，将太阳周年的运动均匀地分成二十四等份，每个节气标志着太阳在一周年运动中的一个固定位置。现行的二十四节气为战国时期关中地区所创造。

[9] 出自《周易·系辞上》。《春秋元命苞》记载："（仓颉）生而能书，又受河图洛书，于是穷天地之变，仰视奎星圆曲之势，俯察鱼文鸟羽，山川指掌，而创文字。"

[10] 商朝在最后的 250 多年间定都于殷（即河南安阳），故商朝又名殷朝，殷都遗址称为殷墟。《竹书纪年》（金陵书局本）载："自盘庚迁殷，至纣之灭，二百五十三年，更不徙都。"

[11] 罗振玉在《殷墟书契考释》中提出："卜辞中书十三月者凡四见，殆皆有闰之年也。"

[12]《史记·历书》："王者易姓受命，必慎始初，改正朔，易服色。""改正朔"即改变历法。"正"是一年的开始，"朔"是一月的开始。"正朔"就是一年开始的第一天。在古代，夏朝以孟春（正月）为正，平旦（天明）为朔；殷朝以季冬（十二月）为正，鸡鸣为朔；周朝以仲冬（十一月）为正，夜半为朔。

[13] 隋唐之际，多位印度天文学家在中国司天监供职。开元年间，印度高僧善无畏来到长安传授印度天文历法，善无畏的学生一行编修了《大衍历》。至元元年（1264），忽必烈命阿拉伯学者编制《万年历》，并创制"西域仪象"。至元八年（1271），元朝在上都建立"回回司文台"，进行观测并编制历书。

在此基础上，郭守敬等人修订了《授时历》。明末清初，欧洲传教士汤若望、南怀仁等人主持司天监，制定《时宪历》。

[14] 王夫之认为，古人对日食和月食的迷信源自无知：“士文伯之论曰：‘国无政，不用善，则自取谪于日月之灾。’呜呼！此古人学之未及，私为理以限天，而不能即天以穷理之说也。使当历法大明之日，朔望转合之不差，迟疾朒朓之不乱，则五尺童子亦知文伯之妄，而奚敢繁称于人主之前，以传述于经师之口哉？”（《续春秋左氏传博议 · 士文伯论日食》）

[15] 每年农历二月初二，俗称“龙抬头”，皇帝要亲自主持“春耕大礼”，即在立春前一天，皇帝带着他的朝臣行亲耕的仪式，一是为百姓做榜样，二是宣告春天的来临。而地方官也要执行类似的典礼，其中一项仪式是鞭打一只为宣告农时已到而制作的土牛，即“鞭打春牛”。

[16] 阿拉伯天文学家札马鲁丁带着七种天文仪器献给忽必烈。此事见于《元史》。其中提到所制地球仪：“其制以木为圆球，七分为水，其色绿，三分为土地，其色白。画江河湖海，脉络贯串于其中，画作小方井，以计幅圆之广袤、道里之远近。”可见阿拉伯在天文地理方面的先进水平。颇为讽刺的是，16 世纪之后，奥斯曼帝国由盛而衰，逐步走向反科学的蒙昧主义。最能说明问题的是，借口天文观测是瘟疫的罪魁祸首，土耳其军队于 1580 年将伊斯坦布尔的天文台夷为平地。

[17]《圣祖仁皇帝庭训格言》中记载了康熙学数学的原因：“尔等惟知朕算术之精，却不知我学算之故。朕幼时，钦天监汉官与西洋人不睦，互相参劾，几至大辟。杨光先、汤若望于午门外九卿前，当面赌测日影，奈九卿中无一知其法者。朕思，己不知，焉能断人之是非，因自愤而学焉。”当时服务宫廷的教士马国贤（Matteo Ripa）在回忆录中说：“这位皇帝认为他自己是一位出色的音乐家，又是卓越的数学家，但是，尽管总的来说他对科学以及其他知识怀有兴趣，他对音乐一无所知，也几乎不懂最基础的数学知识。”（《马国贤神父回忆录》）

[18] 中国古代皇帝常常以几何级数来决定其行房次数。皇后可以独享皇帝一个晚上，一晚给予三夫人，一晚为九嫔，其后三晚为二十七世妇，之后九晚为八十一御妻。这个算法属于等比数列的数学概念，即每组女性的数量都是前一组的三倍，确保以十五天为一个周期里，皇帝能够临幸后宫中的每个嫔妃。由此可见，数学在中国古代也发挥了重要的作用。

[19] 在汉代，官员在每五天之中可以有一天不办公，这个假日称为“休沐”，下至隋代仍然奉行这一个假日。不过在汉代以后，梁朝规定每十天之中有一天休假。自唐至元，也都奉行这一规定。这些假日称为旬假或旬休，在每月的十日、二十日和最后一天（即二十九日或三十日）。明清有所缩短，民国以后

改为星期日休息。

[20] 在出土的居延汉简中发现，“元始”这个年号被用至元始二十六年，即公元26年。汉平帝是中国历史上首个只改过一次年号的皇帝。

[21] “七曜历”为基督教历法，在唐朝时就已传入中国，《唐律疏议》中有禁止七曜历的记载。现存西安碑林的《大秦景教流行中国碑》所载建碑日期“建中二年岁在作噩（酉年）太簇月（元月）七日大曜森文日”，即公元781年2月4日，星期日。

[22] 1913年7月，袁世凯颁令：“我国旧俗，每年四时令节，即应明文规定，定阴历元旦为春节、端午为夏节、中秋为秋节、冬至为冬节，凡我国民都得休息，在公人员，亦准假一日。”这是历史上第一次将农历新年命名为“春节”，现代春节由此发端。南京政府成立后，自1929年1月1日起，全国使用公历，同时废除旧历和禁过旧年。当时一些地方政府还以暴力手段强行禁止春节中的一切庆祝游乐活动。

[23] 伊斯兰教历在中国旧称“回历”或“希吉来历”。计年法有太阴年和太阳年两种，前者供伊斯兰教的宗教活动和历史纪年之用，后者供阿拉伯人农业耕种之用。太阴年以月相圆缺一次为一个月，每年12个月，共355日，每过一年，约比阳历提前11天。太阳年以春分为岁首，以太阳行12宫为一年，每年365日。伊斯兰教历每年的第九个月为斋月，斋月期间从日出到日落禁止进食。

[24] 拉伯雷（1494—1553），文艺复兴时期法国作家，著有《巨人传》。

[25] 公元325年，欧洲基督教国家在尼斯召开宗教大会，决定共同采用恺撒制定的儒略历法。

[26] 在古罗马的努马历中，与儒略历7月对应的月份为5月，名为Quintilis；与儒略历8月对应的月份为6月，名为Sextilis。可参阅徐振韬：《日历漫谈》，科学出版社1978年版。

[27] 《周礼》：“以土圭之法，测土深，正日景，以求地中。日南，则景短多暑；日北，则景长多寒。”

[28] 《周髀算经》：“周髀长八尺，夏至之日晷一尺六寸……冬至日晷丈三尺五寸。”

[29] 中国古籍中称漏壶为黄帝所创，如南北朝时梁代《漏刻经》记载：“漏刻之作，盖肇于轩辕之日，宣乎夏商之代。”《隋书·天文志》载：“昔黄帝创观漏水，制器取则，以分昼夜。”

[30] “日本与中国完全不一样，中国人是宿命的，是被动的。经常有人这么评价中国人，说他们是生活在空间的范畴里的，而日本人则不同，他们是生活在时间的范畴里的。中国文化起源于其广阔的北方平原，在这广阔的空间里，他

们形成了浩瀚宇宙井然有序的思想，他们习惯于静观其变，他们和其他大多数东方文化一样，把生命看成一种轮回……日本人有很强的时间观念，他们的时间观念在非西方的文化里是独有的，这种时间观与日本社会对物力论的强调是相一致的。”（保罗·约翰逊：《现代：从1919年到2000年的世界》，江苏人民出版社2001年版）关于中国历史的空间性研究，可参阅鲁西奇：《中国历史的空间结构》，广西师范大学出版社2014年版。

[31] 出自唐代诗人杜甫《崔氏东山草堂》。全诗曰：爱汝玉山草堂静，高秋爽气相鲜新。有时自发钟磬响，落日更见渔樵人。盘剥白鸦谷口栗，饭煮青泥坊底芹。何为西庄王给事，柴门空闭锁松筠。

[32] 农人每天的时间表，是从日出到日落都在田里工作。仅有在中午他的家人给他送饭时才停歇，这是自古以来的习惯。依照地方习惯的不同，农人的妻子会或多或少地在田里共同工作。不过通常她是纺纱织布的人，如果有足够的灯油，她会一直工作到半夜。从事纺织的妇女共同使用灯火，也是一项自古以来的习俗。（杨联陞：《帝制中国的作息时间表》，江苏人民出版社2007年版）

[33] 可参阅陈鸿彝：《中国古代治安简史》，群众出版社1998年版。在灯火相对困难，需要凭借日光的传统社会，“昼伏夜出”被认为是违背常理的。中国自古代到近代，两千年来一直有“巡夜”的制度，“一更三点钟声绝，禁人行，五更三点钟声动，听人行”。到了夜里，不可在城内随意行走，在闭门鼓后，除了“公事急速及吉凶疾病之类”，凡是夜行者都算是“犯夜”，要受到惩罚。如中唐元和时代，一个内廷中使郭里仅仅是因为“酒醉犯夜”，就被“杖杀”，负责夜禁而失职的金吾和巡使，也都被连累贬逐。

[34] 中国在周代就将一天均匀分为100刻，这是一种等间距计时制。汉代以后漏刻制度多有改革，西汉建平二年（前5）和居摄三年（8），昼夜100刻改为120刻，但通行未久即废。南北朝梁武帝天监六年（507）曾改一昼夜为96刻，改刻制的原因就是方便十二辰计时和刻制结合，从此中国才开始了类似于午时三刻这样的计时法。梁武帝死后，大同十年（544）又改为108刻，通行数十年。到陈文帝时（约563）朱史造漏，又恢复百刻制。唐宋以来，仍用百刻法，明清时期，又将100刻制改为96刻制。

[35] 从1050年到1350年这段时间里，欧洲建造的教堂数量多得惊人——仅法国就建造了超过80座大教堂、500余座大型和10000座小型教堂。在英格兰，1100—1400年间修建了25座教堂，改造了30座，这些教堂的规模都与威斯敏斯特大教堂不相上下，此外还有数不胜数的修道院和教区教堂。

[36] 从8世纪到14世纪末，阿拉伯科学很可能是当时世界上最先进的科学，超过西方和中国。在其涉及的每个领域，如天文学、炼金术、数学、医学、光学

等领域，阿拉伯科学家几乎都处于科学发展的前沿。在天文学方面，它的权威地位一直延续到16世纪中期，直到哥白尼的新天文体系出现。在中世纪时期，幅员辽阔的伊斯兰世界（不限于阿拉伯人，也包括犹太人和基督徒）是一个高度包容和流动的社会，旅行游历是一项普遍活动，不论贫富都很热衷，著名如白图泰。游历者们热心地向其他社会学习，不论是过去的社会还是现在的社会。伊斯兰世界的文化和技术构成了欧洲重要的思想源泉，来自中亚、印度、非洲乃至中国的思想也为之增色。早期的伊斯兰社会是一个崇拜学问的社会，有很多图书馆，热衷于对各种知识进行搜集、汇总以及编目。在公元700—1200年间，穆斯林比其他任何文明都更加熟悉已知世界的各个不同部分。阿拉伯－伊斯兰文明在13、14世纪开始衰落之前，为近代科学的发展，尤其是为逻辑、数学和方法论等方面的知识积累做出了重大贡献。可以说，近代科学完全是跨文明交流碰撞的产物。

[37] 1世纪时，印度发明了一种数字系统，后来传至阿拉伯，十字军运动时这种数字又被引入欧洲。到了1000年，在教皇西尔维斯特二世的倡导下，“阿拉伯数字”在欧洲得到推广，随着一些阿拉伯书籍被翻译为拉丁文，欧洲的数学也开始腾飞。但阿拉伯数字的广泛使用，还是在复式记账法出现以后。有意思的是，1299年佛罗伦萨专门发布了一道法令，禁止银行家使用阿拉伯数字。

[38] 欧洲第一台现代钟表出现于13世纪。据说，西敏寺在1288年、坎特伯雷大教堂在1292年、圣阿尔本大教堂在1326年分别有了自己的大钟。欧洲留存至今的最古老的钟表，是布尔戈斯大教堂的钟表，该钟表的一些部件可以追溯到1325年。伦敦索尔兹伯里教堂的钟表可追溯到1386年，这只钟表历史地位显赫，迄今仍保持运行。这些以重锤或弹簧驱动的钟表有自己独特的擒纵器，和苏颂在水运仪象台中使用的擒纵器不同，但原理是一样的。

[39] 这座精美别致的自鸣钟至今仍走时准确，是当地的热门景点。

第二章

[1] 托马斯·霍布斯（1588—1679），英国政治家、哲学家。他创立了机械唯物主义的完整体系，认为宇宙是所有机械地运动着的广延物体的总和。认为国家是人们为了遵守“自然法”而订立契约所形成的，是一部人造的机器。著有《论公民》《论人》《论社会》《利维坦》等。

[2] 1900年，潜水员在希腊安提基特拉岛附近水下的古罗马商船残骸中，发现了世界最古老“计算机”安提基特拉机器（Antikythera Mechanism）。100多年来，科学家们通过不断的研究发现，安提基特拉机器可能是用来预测日月食、

记录希腊发生的大事件的。还有科学家认为，它可以用来预测水星、金星、火星、木星和土星的运动。

[3] 金观涛先生认为，地球呈球形的观点，显然超出了古人用常识和直观逻辑所能把握的范围。中国古人凭自己的直观经验，一般都认为地球是平面的，虽然有很多山川湖泊。此外，古代中国有"浑天"之说，认为"天地之体，状如鸟卵，天包地外，犹壳之裹黄也。周旋无端，其形浑浑然，故曰浑天也"。张衡《浑天仪注》曰："天如鸡子，地如鸡中黄，孤居于天内，天大而地小。天表里有水，天地各乘气而立，载水而行。周天三百六十五度四分度之一，又中分之，则半覆地上，半绕地下。故二十八宿半见半隐，天转如车毂之运也。"(《晋书 · 天文志》)元末明初的大学者宋濂（1310—1381）在《楚客对》中指出，"月圆如珠，其体本无光，借日为光""盖地居天内如鸡子中黄，其影不过与月同大"。浑天说蕴含一定的大地是球形的意思，但哲学色彩浓厚。古代天文学家虽经各种方法实地测算，证实前人所说确有错误之处，但始终没有得出大地是球形的结论。尤其是郭守敬所处的时代，地球仪已传入中国。晚清学者王韬在《弢园文录外编》中说："大地如球之说，始自有明，由利马窦入中国……而其图遂流传世间，览者乃知中国九州之外，尚有九州，泰西诸国之名，稍稍有知之者，是则始事之功为不可没也。"可参阅祝平一：《说地：中国人认识大地形状的故事》，商务印书馆 2016 年版。

[4] 在流传至今的未受西方影响的中国古代地图中，从未发现经纬度的标识。中国古代地图的绘制数据，显然不是经纬度数据。事实上，中国很早就掌握了测量经纬度的技术，但主要是为了制定与农业活动有关的天文历法，而不是为了绘制地图而进行测量活动。中国古代地图一般采取比较粗略的方向和距离数据，这与中国古代绘画具有相似的"画图"技法。(成一农：《中国传统舆图的秘密》，《地图》2014 年第 1 期）

[5] 杜卡托（Docat），威尼斯古金币名，也是中世纪欧洲通行的钱币，其他欧洲国家多有仿铸。16 世纪后也有杜卡托银币。

[6] 对现代人来说，空间几乎完全被时间所取代，空间常常只是一种抽象的概念。对飞机、高铁或高速公路上的乘客来说，出发地与目的地之间仅仅意味着一段时间；在互联网中，甚至只有时间，而没有地点。

[7] 1884 年的华盛顿会议上，世界各国以格林尼治时间为基础划分了时区。有趣的是，德意志帝国拖延到了 1893 年才终于接受这一标准。

[8] 可参阅［美］戴维 · S. 兰德斯《国富国穷》，新华出版社 2010 年版，第 240 页。亚当 · 斯密在《国富论》(1776）首卷 11 章第 3 节中记载："上世纪中叶一只手表要价 20 镑，现在约只 20 先令。"1 英镑 =20 先令，百年间的表价从 20 镑跌到 1 镑，相差 20 倍。18 世纪末，英国已年产 20 万只表，几乎是全欧

洲的一半，这让劳动阶级也都能拥有自己的私人钟表。1800年左右，全英国共有140万到310万只表，平均1.8—4个成年人就有一只。1815年时，英国工资约是瑞士的两倍。19世纪30年代，廉价的瑞士表已取代英国表在欧洲的市场，每年约有8000至10万只瑞士表走私进英国。到了40年代，这种情形更严重好几倍。英国制表业被外国表打败后，大量人才与资金流向其他行业，间接推动了各行业的技术进步。

[9] 在欧洲，从机器时代开始，工时的延长和逐渐缩短经历了一个戏剧性的发展过程。例如，德国在18世纪前后盛行的日工作时间是10—12小时，1820年上升到11—14小时。1830年到1860年间，英国由于劳工运动，颁布了《10小时工作日法案》，而同一时期的德国，却将日工时增长到了14—16小时，礼拜天和节假日常常被剥夺，每周的工时也被大大延长。1871年，一个英国男性工人一生预计要工作56年；到1950年，下降为51年；1981年则降至46年。

[10] 8小时工作制的关键，不只是减轻工人长时间工作的单调乏味与辛苦，还是要提升他们——鼓动他们争取更高的工资或更短的工时，这会使一贫如洗的工人从酗酒的满足中振作起来，促进他们用成年人的思维来想一想更好的事情，并且以组织化的方式要求这些东西。减少劳动时间，会在劳动阶级中间减少饮酒无度、淫乱与犯罪，并推进他们使用报纸与图书馆、讲演室、会议厅。

[11] 大意为：古代的时间与现在的时间一样吗？一样。古代的人与现在的人一样吗？不一样。为何？因制度差异。

[12] 钟表（仪表）制造者精于微小零件加工，能采用分轮仪和锉齿仪之类的特制工具，使产品达到高精确度的标准。这些工具以及机械师设计的其他类似工具，同样可以放大尺寸，应用在其他领域。纺织机械中的传动装置就有这样来自钟表的传动系统。钟表的大量制造以及可互换零件，其实也是早期的批量生产实验。

[13] 17世纪晚期，英国在钟表制造上处于世界领先水平。法国因为反新教浪潮，导致大量优秀的钟表技师逃亡国外，而英国则对拥有特殊技能的人才不拘一格，不论其宗教信仰，一概欢迎。因此在后来，大批钟表制造者的机械技能就顺理成章地变成新的工业技术的基石。

[14] 随着时间测量技术的进步，科学界开始用时间来准确地测量距离。米被定义为光在以铯原子钟测量的0.000000003335640952秒内行进的距离。取这个特别数字的原因是，它对应于历史上米的定义——按照保存在巴黎的特定铂棒上的两个刻度之间的距离。同样地，人们也用光秒和光年来作为新长度单位，这就是光在1秒或1年中行进的距离。

[15] 明代张岱《石匮书》中有《方技列传·利玛窦列传》，其中写道："（窦）又有自鸣钟，秘不知其术，而大钟鸣时，小钟鸣刻，以定时候。尝言彼国人他

无所长，独于天文有晷器，类吾浑天仪。又有四刻漏，以沙为之……尝为《山海舆地全图》，荒大比邹衍，言大地浮于天中，天之极西即通地底而东，极北即通地底而南，人四面居其中，多不可信。”

[16]《明史》记载：“明太祖平元，司天监进水晶刻漏，中设二木偶人，能按时自击钲鼓。太祖以其无益而碎之。”

[17] 早在明朝晚期，中国就出现了学习钟表技术并仿制生产的情况。葡萄牙传教士曾德昭在上海、南京、杭州等地生活多年，1640年回欧洲后，完成一本《大中国志》(上海古籍出版社1998年版)，其中记载：“他们最欣赏的工艺品是齿轮钟。他们现在已经造得很好了。可以摆在桌子上。如果出和我们一样的价格，他们可以造出最小的。”

[18] 杨联陞先生在《国史探微》中有一段评论说：“现代的西方人有时批评中国人在日常事务上缺乏时间观念。但是应该记住，在机器时代以前，中国是一个农业国家，没有特殊的需要去注意一分一秒的时间。传统对勤劳的强调及遵守作息时间表的习惯，大概有助于中国这一个长久的帝国的维持，而这些因素无疑地将会证明有助于中国的工业化和现代化。”

[19] 同样作为东方帝国，幕府时代的日本与中国有所不同。他们大规模制造钟表，不仅供王公贵族使用，而且供应社会各界更多的顾客，同时使钟表带有鲜明的日本特色。在欧洲之外，再也没有一个国家像日本这样将西方产品如此本地化。日本造出了可以随身携带的表，中国却做不到。日本钟表甚至将欧洲钟表挤出了日本市场。当然，日本人也从来不像中国人那样买表，他们只买一只表，是用来看时间的。但实际上，日本表的计时精确性并不很好。

[20] 利玛窦带来钟表的同时，也带来了鼻烟。鼻烟到了中国，演变出中国独有的“鼻烟壶文化”。至清中期，鼻烟壶甚至成为清朝的国粹和国礼，令世界瞩目。

[21] 在16到18世纪，收藏中国瓷器是欧洲上流社会最典型的炫富风潮，特别是那些国王们：西班牙腓力二世1598年去世时，留下的瓷器达3000件之多；法国路易十四在凡尔赛专门建了一座收藏瓷器的“中国宫”；英国玛丽二世的汉普顿宫收藏着800件瓷器；普鲁士威廉一世和俄国彼得大帝也都有自己专门的瓷器藏馆。神圣罗马帝国萨克森选帝侯兼波兰国王奥古斯特二世，不仅拥有一座瓷制的大型宫殿，更疯狂的是他用自己的600名骁勇的龙骑兵，从普鲁士威廉一世手里换取了151件中国瓷器；这些瓷瓶因此被称为“龙骑兵瓶”，而那600名龙骑兵被编入普鲁士陆军后，被称为“瓷器兵团”。

[22] 乾隆二十三年(1758)正月初四给广州将军李永标的上谕中称：“向年粤海关办贡外，尚有交养心殿余银，今即着于此项银两内办洋货一次……金线、银线及广做器具俱不用办。惟办钟表及西洋金珠奇异陈设并金线缎、银线缎或

新样器物皆可。不必惜费，亦不令养心殿照例核减，可放心办理。于端午前进到，勿误。”

第三章

[1] 按照现代生物学界的分类法，人类属于动物界—脊索动物门—哺乳纲—灵长目—类人猿亚目—人科—人属—智人种。

[2] 英国语言学家维严·埃文斯认为，并不存在语言本能。“如果语言是所有人的本能，世界上 7000 多种语言本质上都是一样的，但现实是各种语言之间差别巨大，许多语言没有副词，有的语言如老挝语没有形容词。另外，如果语言是一种本能，语言源于一种语法基因，那我们的大脑中应该有一个语言模块，大脑中应该有一个区域专门负责语言。但认知神经科学研究，整个大脑都参与语言的处理。”可参阅薛巍：《语言本能是否存在？》，《三联生活周刊》2015 年第 34 期。

[3] 日语假名与佛教有一定的关系。佛教传入日本后，日本的僧人跟唐僧一样到印度去寻找原始佛经文本。在那里，他们与梵文和梵文字母相遇。他们认为，基于语音的梵文文字系统比字符数以千计的汉字书写系统更有优势，于是创造出假名系统。这个新的系统包括日语口语中 47 个不同的语音，然后用 47 个符号来表达它们。一些符号代表的是音节而非单个的语音，这个语音系统被称为音节文字。在某种程度上，假名音节要比语音字母更复杂，但它仍比非语音文字的中文简单得多。

[4] 古代中国为大一统帝国，口语与文字是完全不同的两个体系，公共生活完全以文字为主。西方文明始于城邦小国，口语文化比较盛行，其语言与拼音文字基本一致。现代西方比较典型的口语文化是讨论和辩论，现代中国比较有代表性的口语文化是相声和小品。

[5] 在中国古代，士人和士绅对文字推崇备至，历代朝廷都颁布禁令，禁止回收印有和写有文字的废纸（即“字纸”）用于制作灯芯、雨伞、扇子和盒子，更不得用来包裹食物，或做鞋底，也禁止糊墙和卷烟。一般会专门有人收集字纸，在寺庙进行焚化。

[6] 联合国教科文组织对“读写能力”（literacy）的定义是：“读写能力意味着能够识别、理解、解释、创造、交流、计算和使用与不同情形相关的印刷或手写材料的能力。读写能力包含了一个连续性的学习过程，这种学习使得个人可以实现自己的目标，发展自己的知识和潜力，充分参与到一个更广泛的社会当中。”无论古代还是现代，读写能力都必须经过复杂的训练；即使在有文化的

人当中，也只有极少数人能具有高水平的阅读和写作技能。

[7] 1977年，在周原出土甲骨17000余片。

[8] 传说汉字由仓颉所创。《淮南子》有云：昔者仓颉作书，而天雨粟，鬼夜哭。史称仓颉“龙颜四目”，“生有睿德”。荀子说“好书者众矣，而仓颉独传”。

[9] 何尊为西周早期的青铜酒器，乃成王五年（前1038）一何姓贵族所作；浮雕为“饕餮纹”，尊内底铸有铭文122字，其中有：“惟武王既克大邑商，则廷告于天，曰：余其宅兹中国，自兹乂民……唯王五祀。”这段铭文意味着何尊成为目前发现的西周最早有明确纪年的青铜器，也是“中国”二字已知的最早出处。上海博物馆馆长马承源最先发现铭文，将其命名为“何尊”。

[10]《论语·述而》：“子所雅言，《诗》《书》，执礼，皆雅言也。”

[11] 有学者认为，中国文字影响了人们接受文化教育的方式，创造和使用新词汇比西方字母文字要困难，最基本的一点是无法直接借用其他的字母文字。因此，与字母文字的开放外向不同，汉字偏向封闭和内倾，缺乏灵活性和适应性。字母文字是专为语音和语义设计的，而汉字则可以指代任何东西，也可以什么都不指代。“由于文化幽闭恐惧症是中国社会恒久的危险，所以中华帝国一直在追求文化的繁荣。”（[英] S.A.M. 艾兹赫德：《世界历史中的中国》，姜智芹译，上海人民出版社2009年版）

[12] 在汉字发展史上，字的数量基本上是由少到多，笔画也由简到繁。秦代《三苍》只有3300字，汉代《说文》为9353字，三国时的《声类》收11520字，南北朝时期的《字林》12824字，《字统》13734字，《玉篇》16917字。到了清朝，《康熙字典》所收汉字达到47035字。文字的增加主要是为了减少一字多义带来的不确定性。

[13]《韩非子·外储说左上》：“郢人有遗燕相国书者，夜书，火不明，因谓持烛者曰：‘举烛。’云而过书‘举烛’。举烛，非书意也。燕相受书而说之，曰：‘举烛者，尚明也；尚明也者，举贤而任之。’燕相白王，王大说，国以治。治则治矣，非书意也。”

《吕氏春秋·慎行论·察传》：“宋之丁氏，家无井而出溉汲，常一人居外。及其家穿井，告人曰：‘吾穿井得一人。’有闻而传之者曰：‘丁氏穿井得一人。’国人道之，闻之于宋君。宋君令人问之于丁氏，丁氏对曰：‘得一人之使，非得一人于井中也。’”

[14] 文字作为“能够用来表达任何思想和一切思想的符号系统”，汉字在表音方面不如西方字母文字。因此有学者认为，中国人或日本人学会熟练地阅读要比西方人多花几年时间，而日文是世界上最复杂的文字。在现代白话文改革之前，当时在华的美国传教士丁韪良（1827—1916）曾对中西文字有过一段对比，他说：在西方各国的字母语言中，读和写的能力意味着用笔表达思想的

能力，以及理解他人用笔表达的思想。而对于中文，尤其是文言和书面语言，其意味则完全不同。一个店主可能除了会写数和记账之外，写不了其他任何东西；一个读过几年书的小伙子，能够准确地读出一本书上的字，但却连一句话也理解不了。

[15] 典故出自《韩非子·外储说左上》：楚国都城有人写信给燕国的相国。夜晚写信时光线不够明亮，就对手持蜡烛的仆人说："举烛。"结果这人顺手在信里也写了"举烛"两个字，而这并不是信里要说的内容。燕相看到信中的"举烛"二字却很高兴，以为"举烛"是崇尚清明廉洁的意思。这个典故说明，人们在解释前人言论时往往穿凿附会，凭主观臆断，把原本没有的意思勉强加上去。

[16] 孔子晚年见道之不行，于是致力于教育，整理《诗》《书》等古代典籍，以寄托自己的政治理想和伦理观念。为了避免政治迫害，孔子在属辞比事上常常使用隐晦的语言，其微言大义，只口授给弟子，并不笔之于书。孔子死后，弟子各以所闻辗转传授，于是逐渐形成不同的《春秋》师说。

[17] 德国哲学家卡尔·雅斯贝斯（1883—1969）在《历史的起源与目标》一书中提出了"轴心文明"理论。他通过对世界历史的比较发现，在公元前500年前后，即春秋战国时期的中国、城邦时期的希腊和列国时期的印度，都出现了一系列思想和科技创新，从而影响了世界历史文明的发展。雅斯贝斯指出，轴心期所创造的精神成果，揭示了人类"某种深刻的共同因素，即人性的唯一本源的表现"，达到了"人类历史的最大包容和最高统一"。因此，"这个轴心位于对人性的形成而言最卓有成效的历史之点，自它以后，历史产生了人类所能达到的一切"；"直至今日，人类一直靠轴心期所产生、思考和创造的一切而生存"。

[18] 没有文字而能形成一个发号施令的国家社会的例子也有，如成吉思汗的蒙古帝国，初期只有铁器而没有文字，美洲的印加帝国，既没有铁器也没有文字。研究者还发现，苏美尔文明在文字出现之前就已经形成了国家权力，正是出于国家管理的需要才创造了楔形文字。

[19] 从历史角度来看，法律经过了从习惯法到成文法的过程。法律只有在具备书面形式后，才具有坚实的效力。书面文字的广泛使用，最终增强了手中没有武器的人们的地位。国王和贵族通过文字来表述自己的权力，这被臣民效仿后，便要求以宪法或特许状的形式来保护自己免遭权力侵犯。《大宪章》就是君主与臣民签署的文字契约，确定不移的文字极大地限定了国王的权力。

[20] 莎草纸是用盛产于尼罗河三角洲的纸莎草的茎制成的，古埃及人用芦苇的茎来造写字的笔，并用水混合黑烟灰及胶浆制成最早的墨水在莎草纸上写作。莎草纸在干燥的环境下可以数千年不腐，许多古埃及莎草纸文书和图画保存

至今。莎草纸不但是古埃及最主要的书写材料，而且也是古埃及重要的出口特产。在羊皮纸发明之前，整个地中海地区都流行使用莎草纸，古希腊贤哲的著作也大都写在莎草纸上。但是除古埃及以外的国家不但缺乏制造莎草纸的技术，也无法种植纸莎草，所以导致了古埃及对莎草纸的绝对垄断。不过由于原料纸莎草的稀有和制纸步骤的复杂烦琐，莎草纸后来被中国造纸术替代，甚至一度失传。英文中的纸（paper）这个词就是从莎草纸（papyrus）衍化而来的。

[21]《周易》郑玄注："结绳为约，事大，大结其绳；事小，小结其绳。"

[22]《史记·李斯列传》："高曰：'高固内官之厮役也，幸得以刀笔之文进入秦宫，管事二十余年，未尝见秦免罢丞相、功臣有封及二世者也，卒皆以诛亡。'"

[23]《史记·张释之冯唐列传》："秦以任刀笔之吏，吏争以亟疾苛察相高，然其敝徒文具耳，无恻隐之实。以故不闻其过，凌迟而至于二世，天下土崩。"

[24]秦朝以李斯的小篆为标准文字，隶书为狱吏程邈所创。"以奏事烦多，篆字难成，乃用隶字为隶人佐书。"（鲁迅《汉文学史纲要》）"杜预注云：'隶，贱臣也。'古史、吏一字，吏、隶音同，古官、史、吏同源，惟后世太史的史是高级的官，而'府史''佐史'的史是吏，即使役之吏，乃贱官……隶书即吏书，即佐吏之书。"（陈梦家《中国文字学》，中华书局2006年版）

[25]清代龚自珍在《说刻石》一文中写道："古者刻石之事有九：帝王有巡狩则纪，因颂功德，一也。有畋猎游幸则纪，因颂功德，二也。有大讨伐则纪，主于言劳，三也。有大宪令则纪，主于言禁，四也。有大约剂大诅则纪，主于言信，五也。所战，所守，所输粮，所了敌则纪，主于言要害，六也。决大川，浚大泽，筑大防则纪，主于形方，七也。大治城郭宫室则纪，主于考工，八也。遭经籍溃丧，学术岐出则刻石，主于考文，九也。九者，国之大政也，史之大支也。或纪于金，或纪于石。石在天地之间，寿非金匹也。其材巨形丰，其徙也难，则寿侔于金者有之，古人所以舍金而刻石也欤？"

[26]石经在古代实现了五经整合和文字一统，不仅有重要的文化价值，也成为皇权合法性的象征。较晚的碑刻石经是在五代时期，后蜀皇帝孟昶命宰相毋昭裔刻《论语》《孟子》《孝经》等"十三经"，后人赞"蜀石经经注并刻，宏工巨制，可谓空前绝后"。此后，石经大多被雕版印刷取代。

[27]班超家族人才辈出，在后世声名显赫。班超之父班彪，班超的哥哥班固，妹妹班昭，三人都博学多才，他们共同完成了中国第一部纪传体断代史《汉书》。唯独班超志趣不同，虽涉猎书传，但更喜欢身体力行。

[28]1450年到1650年之间出生的、被认为有资格收入到《科学家传记词典》中的欧洲科学家，大约有87%接受过大学教育。更重要的是，这一群体中相当一部分人还在大学任职。包括哥白尼、伽利略、第谷、开普敦和牛顿等，他们

无一例外都是欧洲经院大学的非凡产物。

[29] 据传，秦始皇创制的传国玉玺由和氏璧制成，上刻“受命于天，既寿永昌”。作为中国皇帝的合法权象征，该玺一直被传承至唐末五代间。

[30] 1784年，日本出土一枚刻有“汉委奴国王”五个字的金印。金印为纯金铸成，印体方形，长、宽各2.3厘米，高2厘米，蛇纽，阴刻篆体字。

[31] 敦煌“藏经洞”所出咸通九年（868）王玠刻印的《金刚般若波罗蜜经》一卷，长488厘米，宽30.5厘米，由七个印张粘连而成。此经卷首尾完整，刻印精美，现存英国伦敦大英博物馆。

[32] 据钱存训博士研究，晚唐时期（9世纪初），专业抄书的工作是每卷一千文，每卷书五千到一万字，相当于一文钱五到十字，而同时期印本佛经的价钱，每卷平均售价一百文，印本与抄本的价钱比是1∶10，也就是说印刷术使书籍的成本降低了90%。

[33] 按照美国学者卡特在《中国印刷术的发明和它的西传》中的说法，冯道及其同僚对中国印刷术的贡献，可以和谷登堡在欧洲的贡献相比。谷登堡以前，欧洲已有雕版印刷，可能还有活字印刷的试验，但谷登堡圣经的印行，为欧洲的文明打开了一个新纪元。同样，在冯道以前已有印刷，但它只是一种不显于世的技术，对于国家文化很少影响。冯道的刊印经书，使印刷成为一种力量，促进了宋代文化教育的重兴。

[34] 一份历史统计显示，从1250年到1600年，在印刷业繁荣的江南地区刊刻100个字的价格，从35文钱下降到了3.5文，下降了90%。关于宋体，需要说明一下，宋朝作为印刷字体出现的“宋体”，在后来被称为“仿宋”，现在真正可以称之为宋体的字体，是到了明代才出现的。

[35] 中国古代比较有影响的活字印刷书，是清朝康熙、雍正时的《古今图书集成》和乾隆时的《武英殿聚珍版丛书》，前者为铜活字印刷，全书逾一万卷，后者为木活字印刷，有二千三百卷。这两次大型活字印刷工程都属于国家行为，民间仍以雕版印刷为主。康熙四十年（1701），为了印刷《古今图书集成》，清廷制成25万枚铜活字，到了乾隆九年（1744），这些铜活字便被熔化，铸造成了雍和宫的三世佛；乾隆三十九年（1774），为了印刷《武英殿聚珍丛书》，又制成25万枚枣木活字，没过多久，这些活字就被用来烤火取暖了。

[36] 大意是：文章是道的载体，就好像车是人的载体。如果车不载人，车轮和扶手装饰得再好也没用。也就是说，文字的作用在于表达思想。

[37] 以一个普通读书人为例：在明朝末期，一个私塾先生每月薪水为一两纹银，而一套印刷版《封神演义》的售价为二两纹银，相当于他两个月的收入。

[38] 根据一份敦煌文书记载，古代抄写一部480万字的《大般若经》，抄手所得相当于3000斤麦子。按一人一天抄2000字计算，需六年半左右，平均每天所

得不过一斤多点。

[39] 一份历史调查证明，手写本，尤其是抄本，在1796年前所产生的书籍中占有“惊人的高比例”。1177年，宋代皇家藏书中，印本只占8.5%，其余均为抄本和稿本。明代北京文渊阁的藏书中，手抄本占70%，印本只占30%。直至16世纪，手抄本书都比印本要便宜得多。在中国古代，抄手一般都是识字的读书人，而刻工大多不识字，因此，抄手不仅比刻工的社会地位高，而且收入也要高一些，尤其是一些书法出众的名人。明代著名的文人黄道周有一段时间就以抄书维持生计，他抄写的《孝经》每部售价二金，大概是二两银子。

[40] 语出晋代葛洪《抱朴子 · 遐览》。意思是说，文字抄写三遍，鱼字就会被写成鲁字，虚字就会写成虎字。原意是指道家的符箓因传写多误而导致失去效力。

[41] 赵翼《廿二史札记》中有“明初文字之祸”记：杭州教授徐一夔贺表，有“光天之下，天生圣人，为世作则”等语。朱元璋看后大怒，“生”者僧也，“光”剃发也，“则”字音近贼也，遂斩之。但万历《杭府志 · 职官表》记载，徐一夔“洪武六年任杭府教授，下接建文二年教授”。由此可推出，徐一夔其实死于建文帝初期。

[42] 张秀民在《中国印刷史》中指出，因为汉字数量大，在前工业时代生产大量活字的费用远比直接雕版要高，晚清来华传教的米怜在印刷汉字圣经时，就采用了中国传统的雕版印刷，根据他的记录，与雕版印刷相比，“用我们所拥有的劣质活字来印刷，费用会达到四倍以上”。中国雕版印刷往往采用流水线方式，有人负责刻水平笔画，有人专门刻斜笔画，还有人专刻垂直笔画；这其实与景德镇瓷器画工流程极其类似。刻工根本不需要识字，妇女也能胜任，因此，刻工的工资“低得不可思议”。

[43] 晚唐藏书家柳玭（大书法家柳公权的侄孙）随唐僖宗逃亡四川时，在《柳氏家训序》中记载当时成都书业的繁荣：“中和三年癸卯（883）夏，銮舆在蜀之三年也，余为中书舍人。旬休，阅书于重城之东南，其书多阴阳、杂记、占梦、相宅、九宫、五纬之流，又有字书小学，率雕版印纸，浸染不可尽晓。”是为唐代已有雕版的确证。

第四章

[1] 西安出土的汉灞桥纸将中国造纸的历史提前到西汉，让蔡伦造纸术发明者的地位不再稳固。出土于天水放马滩汉墓的地图，又将造纸术的历史提前到了西汉初年，并且，在将中国现存最早地图的制作年代大幅度提前的同时，还成为

全世界现存最早的地图实物。

[2] 谷登堡本名为约翰·根斯弗莱希（Johannes Gensfleisch，1398—1468），谷登堡是他在德国美因茨的出生地。

[3] 西班牙神父门多萨编撰的《中华大帝国史》印刷出版于1585年，其中专门写到谷登堡与中国印刷术："一般认为印刷术的发明始于1458年的欧洲，发明者是一个叫作谷登堡的德国人。确切地说，第一台印刷机是在马古西亚城制造的。在那里，一个叫作科拉多的德国人将机器运到意大利。该印刷机印出的第一部著作是圣奥古斯丁的《上帝之城》。这一事实为严肃的作者们所一致认同。但中国人却肯定地认为，第一部印刷机出自他们国家，他们对发明者像圣人一样崇敬。他们说印刷机使用多年以后，印刷术通过俄罗斯和莫斯科公国传到德国。他们还说，一些中国商人通过陆路，经红海和阿拉伯福地把很多书籍带到德国，谷登堡见到，从中受到启发，也制造了印刷机，于是历史便把印刷术的发明归功于谷登堡。但中国人坚信并证实印刷术是他们发明的。"（[西班牙]门多萨：《中华大帝国史》，孙家堃译，译林出版社2014年版，第77页）

[4] 中国传统雕版印刷属于纯手工业，即手工雕版，手工印制，手工装订。一般而言，传统线装书制作需要一系列复杂工序：先是刷印，即在木板上涂上松烟墨，再覆宣纸，用棕刷用力刷；其次是齐栏，逐张将书页前口折缝上的鱼尾栏弄整齐；接下来是折页，以中缝前口为标准，将单面印的书页的白面向里，图文朝外对折；此外还需黏口、糊面、贴签、钤印等，直到成书；最后是雕版保存。

[5] 当代经济史学家指出，当培根断言活字印刷术原本很可能由古代希腊人发明出来的时候，培根是错误的，因为活字印刷术依赖于中世纪时期冶金学上的进步。谷登堡所创活字是由锡、锌和铅组成的合金制成的，而字模是由铁和铜制造而成。对谷登堡来说，铸造活字面临的一个技术难题是，所有字母必须具有同等的长度和厚度，却有不同的宽度。他发明了由两个重叠的L型部分组成的字模，这种运用机械方式的解决办法具有独创性。此外，金属活字必须由一种柔软的特殊合金制造，这只有具备深厚冶金学背景，并在机械方面有一定素养的人才能发明出来。

[6] 葡萄榨汁机是欧洲很古老的发明，在公元70年就已经有记录。

[7] 朝鲜王朝铜活字为铸造，中国铜活字为雕刻，相对而言，前者更经济一些。中国有庞大的刻工群体，这是朝鲜王朝所不具备的。一般认为朝鲜王朝铸造铜活字是受铸钱的启发。此外，朝鲜王朝因为文化人群受限，图书需求种类多而印量小，因此活字印刷比雕版印刷更划算。

[8] 1470年，一位意大利主教观察到，三个人使用一部印刷机工作三个月，可以

印出300册书，这么多书要是用手工抄录，需要三个抄写人一辈子的时间。

[9] 中国的雕版印刷者不同于谷登堡，不需要铸造厂来铸造活字，不需要昂贵而复杂的机器来进行印刷和装订，甚至不需要厂房来放置设备。中国雕版印刷中，除了一些简单的雕刻工具外，刻工们只需一张桌子和一只凳子，出版所需的资金也小得多。

[10] 这些四十二行本《圣经》中，有40册为羊皮，其余为纸本，开本为16×12英寸，共1300页。每章起始的大写字母不是印刷，而是用红色或蓝色手绘，同时还绘有一些花边，因此每册之间略有差异。纸本售价20基尔德，羊皮本售价50基尔德，1基尔德约合现在的1000美元。流传至今并保存完整的四十二行本《圣经》还有25册，其中美国有9册。这些“谷登堡《圣经》”如今成为各个著名图书馆的“镇馆之宝”。

[11] 1460年，威尼斯共和国向两个发明者批准了一项特权：“未经他们的许可，任何人不得复制其发明。”1474年，威尼斯制定了一套正式的专利法律体系，该体系的前言写道：“下述规定是为极富天分的发明者所发明的机器和器具制定的，其他有可能见到这些机器和器具的人不得制造它们，不得剥夺该发明者的荣誉，更多的人将得以发挥他们的天分……制造对大众福利具有重大效用的装置。”虽然威尼斯真正授予的专利不多，但是它树立了一种榜样，到16世纪，专利观念已经在大多数欧洲国家为人们所接受。

[12] 谷登堡依靠技术垄断确立了印刷商的行业主导地位，印刷商集出版、印刷、销售功能于一身，同时也是印刷设备、油墨纸张材料和厂房库房的投资者。但随着印刷技术的扩散，很多印刷商因为新书内容选择失败而破产，这使得印刷商更乐意成为书商付费的承印者，以此促成了印刷商与书商的分离。书商的首要任务是销售书籍，他们往往拥有书籍版权和零售店铺，到17世纪中叶，英国书商已经成为书业商会中的主导者。1774年，英国法律规定，书商对新书拥有14年的专有版权，这一时间的限定促使一些书商将出版重点转向新书，出版业更加专业化。到19世纪初，英国出版商完成了与书商和印刷商的分离，并在出版产业链中逐步占据主导地位。他们承担市场风险，将作者、印刷商、书商以及完成图书的编、印、发等整合在一起，这种行业运营模式一直持续到今天。

[13] 中国纸在8世纪就传入伊斯兰世界。在10世纪、11世纪时，数以百计的图书馆散布于整个中东地区，它们通常隶属于清真寺或穆斯林学校（学院），这些图书馆收藏着数以千计的手抄本文献。研究者认为，伊斯兰对创建公共图书馆所做出的贡献比同时期的中国更巨大。12—13世纪，在西班牙、西西里岛和意大利北部，出现了一场以大学为主的“翻译运动”，使亚里士多德及其注释者的作品和其他希腊阿拉伯作品传到西方。欧洲人热情地接受了这些科

学著作，并将其置于大学课程的核心，使大学学习得以制度化。

[14] 有学者指出，如果仅仅从字面上来说，文艺复兴就好像科学这只“凤凰”，从中东飞到希腊，再飞到罗马，然后死了，不料在千年后竟然从意大利的灰烬中涅槃重生。但实际是，这只凤凰先是回到拜占庭，然后飞遍了整个阿拉伯世界，并从印度和中国拾取了一些羽毛，然后才飞回到意大利。

[15] 米兰多拉在《论人的尊严》中强调，人之所以高贵，原因在于，人的形象和上帝依自己模样创造出的犯罪之前的亚当很相似，和复活之后的基督很相似。人在天地之间的位置介于兽类和天使之间。人可以无所不能，皆因上帝曾将圣形置于人身。

[16] 因为没有十进制，罗马数字靠简单的相加排列，例如MDCCCXXV，其实就是阿拉伯数字1825。

[17] 文艺复兴时期，艺术家从传统匠人中脱颖而出，其社会地位大大提高，人们逐渐认可艺术家具有创造性的天赋，甚至称其为“神圣的天才”。达·芬奇每年可赚2000金币，生活可谓豪华，米开朗琪罗甚至免费为圣彼得教堂作画，因为他已经富得不需要钱了。

[18] 有不少历史学家认为，中国印行佛像在文字之先，现在发现的最早印刷品就是一张佛像。佛教文化中有“百万塔陀罗尼经”的行为，就是一个版印刷一百万。从印刷原理来说，印章和碑刻拓印都是一对一的“复印”，而佛像捺印则实现了一次大量复制，因此更接近于印刷。

[19] 在发明活字印刷机的同时，欧洲还发明了在金属板上镂刻的图案印刷技术。这项技术最初于16世纪50年代发源于莱茵河谷和意大利北部，同样要归功于金匠。它对文艺复兴时期的知识传播起到了推动作用，尤其是在某些科学领域更是作用非凡。印刷术从传统的精细木制版技术中脱离出来，迅速促进了科学的发展。

[20] 古希腊时期的数学家埃拉托色尼（约前275—前194）就已经成功测量出地球的周长。他在担任亚历山大图书馆馆长期间，利用太阳的光影测得地球周长为46240千米，并写成《地球大小的修正》和《地理学概论》。埃拉托色尼还用经纬网绘制地图，最早把物理学的原理与数学方法相结合，创立了数理地理学。但后来的地理学家都认为古希腊人高估了地球的大小，天文学家兼地理学家托斯康内利将地球周长估为27000公里，欧洲到中国的陆地距离为2万公里，按此计算，那么海洋距离就只有7000公里；马可·波罗说中国东边1600公里是日本，那么欧洲到日本的距离就只有5400公里。他曾告诉哥伦布：“通过大西洋到黄金和香料王国，是一条比葡萄牙人所发现的沿非洲西海岸的道路更短的途径。”哥伦布对此坚信不疑。

[21] 马可·波罗（1254—1324）还在世时，《马可·波罗游记》就有各种各样的

手抄本，包括拉丁文版和各种方言版。15世纪前的手抄本被保存至今的就有138种之多。谷登堡时期，印刷版本更多，著名的如1477年的德文版和1485年的拉丁文版。当时欧洲知识界几乎人手一册，被视为“世界一大奇书”。哥伦布当时携带的《马可·波罗游记》遗留到了今天，保存在西班牙的哥伦布纪念馆里。在这本书里，随处可见哥伦布所做的笔记。尤其是“汗八里”一节，哥伦布在正文左侧空白的地方标注了着重记号，并在偏下的位置记录了“商品不计其数”。“汗八里”指忽必烈的“大都”，即今北京。可参阅［英］约翰·拉纳:《马可·波罗与世界的发现》，姬庆红译，上海三联书店出版社2015年版。

［22］1492年，哥伦布抵达新大陆后，西班牙人和葡萄牙人就新土地的归属问题发生矛盾。1494年，教皇亚历山大六世批准了《托德西利亚斯条约》，把新大陆一分为二，以教皇子午线（在大西洋中部亚速尔群岛和佛得角群岛以西100里格［1里格约5.5千米］处从南到北划的分界线）以西270里格处子午线为界，西班牙获得了继续探索和开发以西地区的权利，而葡萄牙则将以东（包括巴西）纳入自己的势力范围。

［23］美国学者艾尔弗雷德·W.克罗斯比在《生态扩张主义：欧洲900—1900年的生态扩张》中说：“新欧洲就是远离欧洲数千公里的诸地域，它们彼此之间也可能相隔有数千公里之遥。”

［24］哥伦布的发现对美洲原住民来说则是一场灾难。哥伦布坚称他发现的是亚洲，说这块土地富饶多金，人民温和驯顺，易于奴役欺骗。这是关于美洲的众多谎言中的第一条。其实，他发现的不是亚洲，这里并非遍地黄金，人民也不温顺易骗。原住民最终的确沦为了奴隶，男人去做苦工，女人成为性奴，但是他们的新主人从未真正明白他们是什么样的人。没有人真正理解美洲原住民，没有人想到他们最终会声索自己与生俱来的权利。他们被送进矿井，赶到田里；他们的生命力被榨干，文化被消灭。（［美］玛丽·阿拉纳:《银、剑、石：拉丁美洲的三重烙印》，林华译，中信出版社2021年版）

［25］可参阅［英］菲利普·费南德兹–阿梅斯托:《1492：那一年，我们的世界展开了》，谢佩妏译，台北左岸文化2012年版。该书作者说：“我们置身的现代世界绝大部分始于1492年，所以对于研究全球史某一特定年代的历史学家来说，1492年是很显而易见的选择，但实情是这一年却反常地遭到忽略。”哥伦布发现美洲，是改变世界的重大事件，“从此以后，旧世界得以跟新世界接触，借由将大西洋从屏障转成通道的过程，把过去分立的文明结合在一起，使名副其实的全球历史——真正的‘世界体系’——成为可能，各地发生的事件都在一个互相联结的世界里共振共鸣，思想和贸易引发的效应越过重洋，就像蝴蝶拍动翅膀扰动了空气。欧洲长期的帝国主义就此展开，进一步重新

打造全世界；美洲加入了西方世界的版图，大幅增加了西方文明的资源，也使得在亚洲称霸已久的帝国和经济体走向衰颓。”

[26] 瓦德西穆勒版的世界地图被视为美洲的“出生证”，流传至今的“孤本”一直保存在德国。它是由十二块精雕细琢的木质刻版印制而成的，十分精美，于1901年被耶稣会学校的老师重新发现。经过反复谈判，德国政府于近年以数千万美元的价格将此地图售予美国，由美国国会图书馆收藏。

[27] 塞巴斯蒂安·明斯特（1488—1552），德国人，做过神父和大学教授。他二十年如一日，苦心孤诣，隐居斗室，收集一切可能获得的世界文献，野心勃勃地想把关于世界的所有知识都纳入到一本书中。明斯特不像哥伦布或麦哲伦那样闯荡四海，他相信一个更加广阔的知识世界。他的经历就是研究学习、阅读记录，他将所有听到、读到的信息进行整理和分类。他痴迷于一切新的发现，虽然他没有发现其中一个，但他发现了世界，而不仅是“描述”了一个世界。他是一个超级读者，也是一个超级作家，他也是收藏家、思想家、地理学家、历史学家和语言学家。他为当代人和后来几百年的人们提供了一幅关于16世纪世界的最精准图像。他为此而活。可参阅［德］君特·维瑟尔：《世界志：一个不出门而发现世界的人，一幅十六世纪世界的精准图像》，刘兴华译，金城出版社2012年版。

[28] 艾兹赫德在《世界历史中的中国》中认为，从印度、伊朗、两河流域到欧洲，在语言上都属于印欧语系，都使用字母文字，都受到希腊文化、基督教和伊斯兰教的影响。但在包括日本、朝鲜在内的东亚地区，无论是政治、经济、文化等，都受到中国文化的支配和影响。按照这种说法，成吉思汗征服无疑是达·伽马之前唯一一次打破这种隔绝的东西方大融合。

[29] 有记载的第一本使用新技术印刷的书是1457年的《美因茨诗篇》，由当时的大主教下令印制。在这本书的引言里，印制者的自豪显露无遗：“这本《诗篇》里华丽的大写字母和红色标题全部由机械制作的活字印制，从头到尾没有使用哪怕一支笔。在上帝的庇佑下，美因茨市民约阿希姆·富斯特与格尔斯海姆的彼得·肖菲尔不辞劳苦，于我主1457年圣母升天节前夕完成了这件工作。”

[30] 谷登堡印刷术出现不久，邻近欧洲的奥斯曼帝国苏丹巴耶塞特二世于1485年颁布法令，禁止人们持有印刷品，此后的塞利姆一世于1515年重新颁布并强化了该禁令。

[31] 在中世纪，天主教是“罗马帝国的幽灵”。这不仅仅是说天主教在教义和组织形式上都大量继承了罗马帝国的政治和组织传统；同样重要的是，通过对于单一上帝的追求，对于《圣经》文本真理性的探索，以及对于神秘魔术性宗教思潮的打击，天主教还保留和继承了古希腊的理性传统，从而为文艺复

兴后欧洲理论理性和工具理性的全面扩展铺平了道路。(赵鼎新:《民族国家在欧洲的兴起》,载《南方周末》2008年5月8日)。

[32] 谷登堡晚年贫困潦倒,美因茨大主教给了他一笔养老金。

[33] 1453年,奥斯曼土耳其攻陷了基督教在东方的堡垒——君士坦丁堡。教会呼吁西方世界组织一支军队,夺回君士坦丁堡。教会承诺,参战者的一切罪行都将获得宽恕。无法参战的人可用捐款作为替代,这样他们的罪行也能获得赦免。每位捐款者都会收到一张证明,上面具体地列出捐款者的名字、日期和被赦免的罪行。有了这张"赎罪券",他就可以找神父告解,神父会为他们举行赦免仪式。

[34] 可参阅[法]费夫贺、马尔坦:《印刷书的诞生》,李鸿志译,广西师范大学出版社2006年版。实际上,在路德之前已经有14种南德方言和3种北德方言的《圣经》译本。有学者认为,路德的成功与其出众的文字语言能力有很大关系,"他对书面语言的感受力,他对重要成语的记忆,他词语表达的广泛性(抒情性的、引经据典的、讽刺的和通俗的),在英语里,只有莎士比亚才能跟他媲美"。

[35] 在路德之前,14世纪的英国哲学家约翰·威克利夫阐述过类似的观点,波希米亚(现捷克共和国的一部分)的一位神父约翰·胡斯接受了威克利夫的观点,并大力宣传。威克利夫和胡斯都遭到了教会的谴责,1415年,胡斯被宣布为异端,被绑在火刑柱上活活烧死。威克利夫和胡斯只能靠抄录手稿来传播思想,路德却有印刷机相助,这使他能把思想迅速传给大批的受众,并得到广泛支持。

[36] 2016年10月31日,为纪念路德的《九十五条论纲》诞生499周年,教皇方济各造访瑞典隆德,以此表示整个基督教世界的大和解。也许,这标志着由谷登堡和路德带来的分裂正在逐渐弥合。

[37] 最早将《新约》译为英文的是威廉·廷代尔,英国宗教改革运动由此拉开序幕。英文版《圣经》于1526年在沃尔姆斯印刷了3000本。虽然有官方禁令,这些价格低廉的译本还是很快售罄。那个年代一本手抄本《圣经》价格超过30英镑,相当于一个劳工年工资的15倍,而廷代尔版《圣经》只需要一星期左右的工资。廷代尔于1536年被以异端罪名处以火刑。他死前最后一句话是:"主啊,请您让英格兰的王睁眼!"

[38] 印度高僧库玛拉吉瓦(344—413)对佛经翻译甚不以为然,他批评说:"当有人把印度佛经翻译成汉语时,它们失去了文字的优美。虽然人们可以理解经文的大概意思,但完全失去了原来的风格。就像一个人把米饭咀嚼了之后再给另一个人吃,他食而无味还在其次,很可能还会吐出来。"

[39] 禅宗一扫传统佛教烦琐复杂的哲学,不需读经念经,去除了底层民众学佛的

文字障碍，佛在自性中，顿悟便成佛，“前念迷即凡，后念悟即佛”。佛教禅宗和净土宗的日益流行，降低了文字和学习文献的重要性。从某种意义上说，这种去文字化的佛教改革也消除了佛国的权威和佛的至上性，泯灭了佛国极乐世界与现实的世界、出世间与世俗间的界限，带有强烈的泛神论倾向。因此说，禅宗思想包含有毁灭佛教本身的契机，禅宗在中国的胜利也意味着佛教在中国走向式微和边缘化。

[40] 与偶像崇拜的佛教不同，犹太教的“摩西十诫”中禁止“雕刻偶像”，这使得犹太人的上帝仅存于文字中，或通过文字而存在；这要求人们必须阅读，并进行最精妙的抽象思考，因而犹太人成为最热爱阅读的民族。作为一个长期以来漂泊不定、没有固定生活空间的民族，犹太人的生命空间是基于《圣经》而延续的。《旧约全书》是犹太教和基督教的共同圣经。马克思说，基督教起源于犹太教，又还原为犹太教。关于犹太人，尼采在《快乐的科学》中说：“欧洲受犹太人的帮助颇大，尤其是德国人……犹太人的思想影响到哪里，哪里的人便会被教以更精密的分析、更敏锐的辩论，书写更清晰更精简。”犹太作家茨威格在《昨日的世界》中说：“发财致富对犹太人来说只是一个过渡阶段，是达到真正的目的的一种手段，而根本不是他的内在目标。一个犹太人的真正愿望，他的潜在理想，是提高自己的精神文明，使自己进入更高的文化层次。”犹太民族对现代世界的贡献极其卓越，马克思于哲学、卡夫卡于文学、弗洛伊德于心理学、爱因斯坦于物理学、罗斯柴尔德于金融、沃克菲勒于商业，无一不是开创性的。值得一提的是，以色列作为犹太人国家也是现代的产物。还有学者认为，现代文化即是犹太文化，现代也就是犹太人的世纪：“现代时期是犹太人的时代，尤其是 20 世纪，这个世纪是犹太人的世纪。现代化是指每个人都变得城市化、流动灵便、知文达理、能言善辩、头脑睿智、生活考究、职业灵活；现代化是指如何培养人、创造符号，而不是耕耘土地、牧放牛羊；现代化是指为学问而追求财富，为财富而追求学问，为财富和学问本身而追求财富和学问；现代化是指把农民和王公变成商人和牧师，用努力争取的声望取代世袭继承的特权，为个人、核心家庭和读书部落（民族）的利益而摧毁社会等级制度。换句话说，现代化就是每个人都成为犹太人。”可参阅 [美] 尤里·斯廖兹金：《犹太人的世纪》，陈晓霜译，社会科学文献出版社 2020 年版。

[41] 与韦伯在《新教伦理与资本主义精神》中的观点不同，一些学者认为，新教与资本主义之间并无必然的联系。在深受加尔文教派影响的苏格兰地区，并没有什么资本家，相反，比利时的安特卫普主要信奉天主教，但也是一座极为成功的商业化城市。

[42] 一份统计资料显示，虽然清教徒在英国占少数，但皇家学会 68 名会员中，清

教徒却占42位。欧洲天主教徒总人口是新教徒的3倍，但在著名科学家中，清教徒人数却超过天主教徒。

[43] 与天主教徒相比，新教徒更关注时间，购买时钟和手表的比例也高得多。即使在法国和巴伐利亚这样的天主教地区，大多数钟表制造者也都是新教徒。从时钟的普及情况来看，普及率更高的英国、荷兰也远比南欧的天主教国家发达先进。从文化上来说，没有比时间的敏感性更能促进农村社会的现代化和城市化了，它包含着新的价值观和生活品位的传播。

[44] 可参阅［美］尼尔·波兹曼：《娱乐至死》，章艳译，广西师范大学出版社2004年版。波兹曼认为，天主教有利于诉诸华丽的装饰、美妙的音乐和绘画，而北美作为新教地区，比较注重词语，并发展出以文字文本为基础的现代民主政体：没有君主的神圣权力，没有神秘主义，仅仅几页纸的文本——美国宪法。换言之，美国宪法、独立宣言和圣经，这三份被广泛印刷的文件，构成美国的根基。

[45] 作为农民的儿子，路德在这场农民起义中，积极地站在作为镇压者的骑士和士兵一边。为了平息失控的局势，路德发表了题为《马丁路德诚恳告诫所有基督徒谨防叛乱和暴动》的小册子。他警告农民说："统治者不公正和不道德的事实不能作为骚动和叛乱的托词；惩罚邪恶不是每个人的权力，这种权力只属于世间佩剑的统治者。"

[46] 在17世纪，新兴资本主义国家荷兰之所以崛起，是因为抵抗西班牙的宗教大审判。无论是资本或技术劳工，都被代表欧洲主要土地势力的王室赶到北海边缘的尼德兰。日本的德川幕府在全国消灭基督教时，西班牙人和葡萄牙人被赶出日本，唯独荷兰人能够留在日本继续贸易。1637—1638年，数万名日本基督教信徒起义，荷兰人主动向幕府军队出借枪炮帮助镇压。

[47] 威斯特伐利亚体系以其超越宗教、超越终极价值的程序性设计，为各民族国家的和平相处，提供了国际法的公共尺度。然而，因为其背后价值合法性的不足，使得和平永远是战争之间的空隙，一旦国家间的均势被打破，就会有诱导战火的挑战者出现。哈佛大学一项研究表明，历史上的新兴大国和原有大国互动的15个例子中，有10个最后走向了战争。

[48] 1605年（明万历三十三年）初，利玛窦写道："在中国，通过我们的科学，就能收获累累硕果。"5月12日，他写信要求耶稣总会"派数学家并随身带科学书来北京"。

[49]［美］罗伯特·芬雷：《青花瓷的故事：中国瓷的时代》，郑明萱译，海南出版社2015年版。传教士从中国寄回的信件被人们如饥似渴地阅读，16世纪40年代的时候，这些信件会被给予"特别关照"，后来这些信件被编辑整理，汇总出版。著名的数学家、哲学家莱布尼茨也曾编纂过《中国近事》，为时人

提供来自中国的最新消息。

第五章

[1] 尼古拉·米哈伊洛维奇·卡拉姆津（1766—1826），俄国作家、历史学家。他认为是伟大人物主宰历史。著有12卷本的《俄罗斯国家史》。

[2] 在世界文明史上，文艺复兴（Renaissance）、宗教改革（Reformation）和罗马法复兴（Revival of Roman law）共同奠定了近代政治基础，被合称为“3R”运动。

[3] 在某种程度上，英国光荣革命与印刷密不可分。17世纪30年代，英国出版物每年平均只有624种，但到了1641年，发展到2000多种，1642年达到4000种以上。1644年，弥尔顿发表了《论出版自由》。从1640年到1660年，出版物总数有4万种，如果以每种书印1000册计，那么总印数可达几千万，而英国当时人口只有500万。这足以使路德时期的德国印刷热相形见绌。这一景象同样出现在法国大革命时期，仅1789年一年内，法国就印刷出版了1000万本小册子。

[4] 孟德斯鸠的《论法的精神》，在1748年第一次发行后的18个月内再版了21次，共印刷了大约35000本。伏尔泰的《老实人》，在1759年出版后一年内重印了8次。阿贝·雷纳尔的《东西印度欧洲人殖民地与贸易的哲学与政治史》(1770)，重印多达70次。布封的《自然史》尽管体量巨大，也获得了极大成功。

[5] 据说狄德罗并没有因为《百科全书》而发财，女儿出嫁时没有钱置办嫁妆，只好拍卖自己的藏书。好在俄国女皇叶卡捷琳娜二世出手相助，高价买下他的藏书，又委托其负责保管，还付给他作为图书管理员的薪资。

[6]《百科全书》在营销方面大胆采用招股预订的方式，解决了编撰资金的困难；用现在的话来说，它是一场成功的“众筹”。狄德罗撰写的“招股书”简洁明快，引来了社会各界的大量投资。第一卷一经出版，就销售了三千本。对一部如此厚重和昂贵的大书来说，这无疑是一个巨大的成功，可说是“巴黎纸贵”。到了第五卷时，它已经提前售出了四千多套。这些预订者都预付了费用，对新书的出版翘首以盼。

[7] 在传统历史语境中，启蒙思想一直被表述为法国大革命的“先驱”和“指导”；换言之，大革命是由启蒙思想发动和推进的。

[8]《百科全书》的坎坷遭遇，所表明的不仅仅是狄德罗等人的英勇和团结。尽管国家组织起各种力量来打击《百科全书》的作者和出版人，但是一卷卷厚厚的

书籍仍然连续不断地出版，参与者没有一人因此被囚或丧生。与现代极权政府相比，衰落的旧制度效率低得多，《百科全书》的主要参与者如狄德罗、达朗贝尔、伏尔泰、卢梭、孟德斯鸠、杜尔哥、魁奈、马孟戴尔、霍尔巴赫、沃康松、哈勒、多邦东、孔多塞都安然无恙。1789 年 7 月 14 日，巴黎人民攻破巴士底狱。这座国家监狱当日只关押了 7 名囚犯（其中一人，即为以色情作家著称的萨德侯爵），而在储藏室里，则堆满了被禁的书籍。人们发现，哲学家们的著作与大量色情读物、政治诽谤和丑闻类的小册子比邻而居，同声共气。

[9] 伏尔泰对开明专制极为推崇，反过来对个体平等发展的能力相当怀疑。他曾经说过："至于下层民众，我不关心；他们永远都是下层民众。"

[10] 同一时代的德国政治家根茨将美国革命和法国革命进行比较后认为，在美国革命中，天赋和不可让渡的人权宣言、人民主权的概念是浮华的修辞，而在法国革命中则是幻觉和错误。法国革命从美国革命中接受了这两种理念，但它们在法国革命中造成了严重谬误、政治灾难和人类苦难。可参阅［德］弗雷德里希·根茨：《美法革命比较》，刘仲敬译，上海社会科学院出版社 2014 年版。

[11] 启蒙运动时期，很多思想家都得到贵族或国王的供养和慷慨资助，如卢梭得到华伦夫人资助。当时的巴黎上流社会还有不少社交沙龙，作为《百科全书》的非正式教母，乔佛红夫人的沙龙常常群贤毕至，高朋满座，很多有教养的贵族和哲学家们在此高谈阔论，阅读朗诵。

[12] 据《马克思传》记载，马克思的一生可以说是在贫病交加中度过的。因为他的大多数写作无法出版，或出版后反响平平，稿费根本不足以养家，因此只能靠恩格斯等朋友的接济，以及其母的遗产，甚至把其妻燕妮的最后一件首饰都送进了当铺。即使如此，马克思还是长期被众多债务人逼债，六个孩子夭折了三个。

[13] 1616 年，天主教会宣布哥白尼主义是"虚假的和错误的"，伽利略被允许不带有倾向地写作一本有关亚里士多德和哥白尼的书。1632 年，《关于托勒密和哥白尼两大世界体系的对话》经审查后出版，受到欧洲各界的欢迎。不过，不久教皇就后悔了，认为该书支持哥白尼，违背了禁令，伽利略被宗教法庭判处终身软禁。1642 年，软禁中的伽利略将他的《两种新科学》手稿秘密托人送到荷兰出版，这部著作成为现代物理学的发端。

[14] 1688 年，英国资产阶级和新贵族发动了推翻詹姆士二世的统治、防止天主教复辟的非暴力政变。这场革命没有发生流血冲突，因此历史学家将其称为"光荣革命"。

[15] 在实际操作中，欧洲国家的审查者基于各种考虑，也会有网开一面的默许和容忍。就连法国审查机构也承认，自由出版有利于国民智识的发展，他们深

信“一个只读政府允许发行的书籍的人比他同时代的人几乎要落后一百年”。1792年，革命当局从流亡贵族那里查获大量“违禁书籍”，比如路易十六的私人读物中便有孟德斯鸠、伏尔泰、高乃依等人的著作。

[16] 在《大清律例》中，“大逆”罪是指“不利于君”的“谋毁宗庙山陵及宫阙”，属行为罪，与文字思想无关。但皇帝口含天宪，法律作为文字不过是皇帝的新装罢了。

[17] 龚自珍《咏史》全诗为：金粉东南十五州，万重恩怨属名流。牢盆狎客操全算，团扇才人踞上游。避席畏闻文字狱，著书都为稻粱谋。田横五百人安在，难道归来尽列侯？

[18] 乾隆在关于编撰《四库全书》的上谕中称：“明季末造，野史甚多，其间毁誉任意，传闻异辞，必有抵触本朝之语。正当及此一番查办，尽行销毁，杜遏邪言，以正人心而厚风俗。断不宜置之不办。……若此次传谕之后，复有隐匿存留，则是有心藏匿伪妄之书。日后别经发觉，其罪转不能逭（赦免），承办之督抚等亦难辞咎。”

[19] 明代范钦天一阁的规训非常严格，凡阁橱锁钥分房掌之，禁以书下阁梯，非各房子孙齐至不开锁。明代另一藏书家祁承㸁规定：“子孙取读者就堂检阅，阅竟即入架，不得入私室。亲友借观者，有副本则以应，无副本则以辞，正本不得出密园外。”明代藏书家叶盛的规训是“读必谨，锁必牢，收必审，阁必高”。有些沿海地区的藏书家甚至将藏书楼建在孤岛上，使任何人都无法接近。清初文人归庄将这种藏书批为“幽囚”——“公私图籍，谨藏箱箧，累月积年，而人不之窥，永隔风日，长谢几案，是曰幽囚。灭绝与流亡，二者之不幸，人皆知之；独所谓幽囚者，今人往往以此为爱惜其书，不知天下有用之物，被其扃锢闭塞而遂为无用，此为不幸之甚也。”

[20] 书籍在古代基本上属于奢侈品，也是一种变相的资本。明末钱谦益买一套宋版《汉书》花了1200两银子，而当时一个丫鬟也才值3两银子。古人说“遗子黄金满籯，不如一经”。在科举制度下，一个读书家庭很容易变成一个做官家庭，从而有钱有势。此外，书不像土地，不用课税。在税赋沉重的江南地区，藏书往往被视为财富保值和提升社会地位的理想方式。明代藏书家项元汴在每件藏书上都写下购买时的价格，以免子孙出售时忘记了真正的价值，其实这些标价都偏高。

[21] 天一阁藏书虽丰，却不对外人开放，黄宗羲是第一个能够进入天一阁读书的外姓人。黄宗羲曾说：“藏书家每得秘册，不轻示人，传之子孙，未能尽守，或守而鼠伤虫蚀，往往残缺，无怪古本之日就湮没也。”晚明一个藏书家感叹：“余见保产业之家多至六七代，而保书籍者不过一二代尔。”晚清时期的藏书家杨继振刻有一方252字的藏书印，告诫子孙“勿以鬻钱，勿以借人，

勿以贻不肖子孙”。

[22] 晚明藏书家曹学佺对传统藏书家的封闭式做法提出严厉批评。他指出，藏书者将读者拒之门外，减少了这些文献流传下去的机会，再加上水、火、盗贼和继承等威胁，藏书更加脆弱。为了避免这种弊端，他号召藏书者联合起来，编纂和发行文献目录，将藏书变成类似佛藏和道藏那样的公共藏书。曹为此努力半生，终未实现这一设想。在某种意义上，清代藏书家周永年将曹学佺的理想变成了现实，他向读书人开放了自己的藏书。

[23] 1880—1940 年，有四分之三的中国新词汇来源于日文，通过已在日文中通用的汉字词组传入。日本的影响不但涉及书的内容，而且也涉及书的形式。日本的现代印刷，大约可以追溯到赫伯恩及其日本伙伴岸田吟香于 19 世纪 60 年代在上海采购印刷机的时期。半个世纪以后，中国留学生在日本发现了新的印刷技术以及西式装订方法，就把它们用于刊物和翻译著作，转而输入中国。

[24] 今天，汉语所使用的代表现代政治文明的“权利”“义务”以及“自治”“自主”“主权”等词语，都源自丁韪良翻译的《万国公法》。“用于翻译的术语既不能完全按照中文，也不能完全按照英文的逻辑来理解，因为衍指符号的意义总是介于二者之间，就像新词语‘权利’一样……现代国际法的普世主义，既不能单独在西方的法学传统内部实现，也不可能单独在中国的知识传统中实现，它需要打开一个更广阔和更普世的空间。”可参阅刘禾:《帝国的话语政治：从近代中西冲突看现代世界秩序的形成》，生活 · 读书 · 新知三联书店 2009 年版。

[25] 1789 年，路易斯 · 罗伯特发明连续转动的滚压机，造纸厂可以生产长达 15 米的卷纸。英国佛得瑞尼尔兄弟把造纸机改良为长网造纸机，它成为所有现代造纸机的原型。长网造纸机是一个革命性的发明，它将生产一张纸的时间从 3 周缩短到 3 分钟。可参阅 [法] 埃里克 · 奥森纳，《一张纸铺开的人类文明史》，林盛译，鹭江出版社 2017 年版。

[26] 也有学者认为，我国西汉初年（前 2 世纪左右）时的邸报是世界上最早的报纸，比罗马帝国的《每日纪事》大约要早一百年。西汉时各郡在京城长安设立办事处，联络官员定期把皇帝谕旨、臣僚奏议等官方文书以及宫廷大事等有关的政治情报，写在竹简或绢帛上，然后派遣信使，通过驿道传送给各郡长官。这种官方文书，有人视为报纸的起源，“邸报”的名称是宋代开始有的。

[27] 汉密尔顿对陪审团说：如果批评执政官员的权利不允许存在和实行的话，那么，好人将会缄默，腐化和暴政将会盛行。曾格案不是他个人的事情，而是影响到北美每一个公民的自由问题，即说出真相和写出真相、揭露和反对专制的自由。对于我们的自由，真正的危险不是来自军队，而是执政机关暴

虐施政却不允许说真话。不仅是一个可怜的印刷商的案件，也不只是纽约的案件，它事关美洲大陆每一个自由人的生活，这是一个事关自由的案件！曾格案在人类法律史上首次奠定了两个法律原则，即新闻自由和陪审团否决权。这两个原则后来在美英的宪法中都得到确认。尤其是新闻自由原则，此后二三百年，陆续写入全世界大多数国家的宪法。可参阅［美］理查德·克鲁格：《永不消逝的墨迹：美国曾格案始末》，杨靖、殷红伶译，东方出版社2018年版。

［28］洪秀全的族弟洪仁玕在1855—1858年受雇于伦敦传道会，1859年离开香港到南京，被封为“干王”。“洪仁玕带头撰写太平天国的政治宣传文章，并用他王府内的西式铅字印刷机大量印制出版，其中有些出版品重述他的工业化信念：铁路、机械化武器、汽船和电报的重要，创立全国性报纸的需要。印刷机本身是极新奇之物，而他底下的印刷工很快就掌握了洋人的活字印刷术。”（裴士锋：《天国之秋》，社会科学文献出版社2014年版）

［29］同治十一年（1872），在京的西方传教士成立“在华实用知识传播会”，以介绍“近代科学和自由思想”标榜，作为其重要的传播媒介，《中西闻见录》“系仿照西国新闻纸而作”，每月一期，每期发行1000份，大部分免费散发，主要限于北京，偶尔也行及外省。至光绪元年（1875），共刊出36期。《中西闻见录》除了介绍大量近代西方的科技知识和工业技术，也有一部分新闻、语言、杂记、论说、历史等内容。

［30］《宋会要辑稿》载，宋代已有印刷新闻，“矫撰敕文，印卖都市”。宋英宗治平三年（1066），监察御史张戬上书，指斥“奸佞小人，肆毁时政，摇动众情，传惑天下”，应该“严行根捉造意、雕卖之人，行遣”。

［31］《新青年》前身为《青年杂志》，于1915年9月由陈独秀在上海创立。为避免与基督教上海青年会主办的《上海青年》杂志混名，于1916年9月易名为《新青年》。1917年，陈独秀被聘为北大文科学长，《新青年》由上海转往北京。每期的发行量从早期的1000份发展到15000份。

［32］俄罗斯苏维埃联邦社会主义共和国成立之后，列宁和他的布尔什维克于1919年3月在莫斯科组建了共产国际，也称第三国际。其目标和任务就是世界革命，“人类的全部文化已经荒废，人类本身则处于完全毁灭的威胁之中。只有一种力量能够挽救它，那就是无产阶级”（《共产国际行动纲领》）。

［33］对于这次汉语革命，钱穆批评“书不焚而自焚，其为祸之烈，殆有难言”；汉学家史华慈认为，“知识分子和政治精英的语言与大众语言之间的关系问题并没有得到解决”。当代学者张志扬认为，“邯郸学步”的现代汉语完全是西语语法对古汉语宰割的结果，从而损害了古汉语“天人合一、博大精深的空间性”。

[34] 历史学家周谷城先生在为他主编的大型丛书《民国丛书》写的序言中指出："'五四'时期及其后的一段时间里，中国几乎变成了世界学术的缩影，各种主义、党派、学派、教派纷纷传入，形形色色，应有尽有。一个时间，中国历史上出现了春秋战国以后的又一次百家争鸣的盛况。在学术思想界、文化教育界，产生了许多前所未有的代表人物和代表著作，呈现出空前繁荣的景象。"

[35]《清代野记》卷十记载："予戊寅之夏再入都，……问予曰：'闻前十余年，南方有大乱事，确否？'予遂举粤捻之乱略言之，彼大诧曰：'如此大乱，其后如何平定？'予曰：'剿平之也。'又曰：'闻南方官兵见贼即逃，谁平之耶？'予又举胡、曾、左、李诸人以封，皆不知……此公名阿勒珲，在黑龙江为副都统三十年。"

[36] 另据说，在未进入哈达铺之前，红军已经从聂荣臻送去的《山西日报》上获知陕北有红军活动。到 1937 年，中国公开发行的各种民办报纸共有 1518 种，公私电台 78 家，公私通讯社 520 家，影响力较大的报纸如《申报》《大公报》均为私营。

[37]《我的奋斗》由希特勒的助手代笔，1933 年出版，原先的书名为《与谎言、愚蠢和懦弱奋斗的四年半》。这本书"只有 10% 是自传，其他 90% 是在宣扬纳粹思想，100% 都是宣传。每一个字都被用来加强宣传效果"。该书在德国和欧洲的发行量仅次于《圣经》，截至 1939 年，《我的奋斗》已被译成 11 种语言，全球销量达 520 万册。有历史学家指出，平均而论，《我的奋斗》里每一个字，使 125 人丧失了生命；每一页，使 4700 人丧失了生命；每一章，使 120 万人丧失了生命。《我的奋斗》也被看作"世界上最危险的书"。